21世纪高等学校规划教材 | 计算机应用

数据库设计与应用
——Visual FoxPro程序设计
（第2版）

颜辉 王路 主编
王艳敏 王煜国 副主编

清华大学出版社
北京

内 容 简 介

本书根据国家计算机等级考试的考纲要求，以 Visual FoxPro 6.0 中文版为语言背景，通过大量实例，系统地介绍了数据库原理、Visual FoxPro 的基础知识、项目管理器、数据库、表和索引、查询与视图、结构化查询语言 SQL、结构化程序设计、面向对象程序设计、表单及控件、报表和标签设计、菜单设计、生成数据库管理系统等内容，最后通过一个综合实例——学生管理系统，使得内容体系更加完整、新颖。

本书在第 1 版的基础上，对其内容的顺序和层次依据教学特点不断精化，例题更加丰富、体系化，在教学的过程中效果显著。

本书有配套教材《数据库设计与应用——Visual FoxPro 程序设计实践教程（第 2 版）》，在教学过程中与本书配合使用。本书既可作为大专院校 Visual FoxPro 程序设计课程的教材，也可作为计算机等级考试的参考书。

图书在版编目（CIP）数据

数据库设计与应用——Visual FoxPro 程序设计（第 2 版）/颜辉，王路主编. —北京：清华大学出版社，2011.3
（21 世纪高等学校规划教材·计算机应用）
ISBN 978-7-302-24672-5

Ⅰ. ①数…　Ⅱ. ①颜…　②王…　Ⅲ. ①关系数据库—数据库管理系统，Visual FoxPro—程序设计—高等学校—教材　Ⅳ. ①TP311.138

中国版本图书馆 CIP 数据核字（2011）第 014768 号

责任编辑： 梁　颖　李玮琪
责任校对： 徐俊伟
责任印制： 李红英
出版发行： 清华大学出版社　　地　址：北京清华大学学研大厦 A 座
http://www.tup.com.cn　　邮　编：100084
社 总 机：010-62770175　　邮　购：010-62786544
投稿与读者服务：010-62795954，jsjjc@tup.tsinghua.edu.cn
质 量 反 馈：010-62772015，zhiliang@tup.tsinghua.edu.cn
印 装 者： 北京鑫海金澳胶印有限公司
经　　销： 全国新华书店
开　　本： 185×260　**印　张：** 19.75　**字　数：** 496 千字
版　　次： 2011 年 3 月第 2 版　**印　次：** 2011 年 3 月第1 次印刷
印　　数： 1～4000
定　　价： 33.00 元

产品编号：040896-01

编审委员会成员

（按地区排序）

出版说明

随着我国改革开放的进一步深化，高等教育也得到了快速发展，各地高校紧密结合地方经济建设发展需要，科学运用市场调节机制，加大了使用信息科学等现代科学技术提升、改造传统学科专业的投入力度，通过教育改革合理调整和配置了教育资源，优化了传统学科专业，积极为地方经济建设输送人才，为我国经济社会的快速、健康和可持续发展以及高等教育自身的改革发展做出了巨大贡献。但是，高等教育质量还需要进一步提高以适应经济社会发展的需要，不少高校的专业设置和结构不尽合理，教师队伍整体素质亟待提高，人才培养模式、教学内容和方法需要进一步转变，学生的实践能力和创新精神亟待加强。

教育部一直十分重视高等教育质量工作。2007 年 1 月，教育部下发了《关于实施高等学校本科教学质量与教学改革工程的意见》，计划实施“高等学校本科教学质量与教学改革工程（简称‘质量工程’）”，通过专业结构调整、课程教材建设、实践教学改革、教学团队建设等多项内容，进一步深化高等学校教学改革，提高人才培养的能力和水平，更好地满足经济社会发展对高素质人才的需要。在贯彻和落实教育部“质量工程”的过程中，各地高校发挥师资力量强、办学经验丰富、教学资源充裕等优势，对其特色专业及特色课程（群）加以规划、整理和总结，更新教学内容、改革课程体系，建设了一大批内容新、体系新、方法新、手段新的特色课程。在此基础上，经教育部相关教学指导委员会专家的指导和建议，清华大学出版社在多个领域精选各高校的特色课程，分别规划出版系列教材，以配合“质量工程”的实施，满足各高校教学质量和教学改革的需要。

为了深入贯彻落实教育部《关于加强高等学校本科教学工作，提高教学质量的若干意见》精神，紧密配合教育部已经启动的“高等学校教学质量与教学改革工程精品课程建设工作”，在有关专家、教授的倡议和有关部门的大力支持下，我们组织并成立了“清华大学出版社教材编审委员会”（以下简称“编委会”），旨在配合教育部制定精品课程教材的出版规划，讨论并实施精品课程教材的编写与出版工作。“编委会”成员皆来自全国各类高等学校教学与科研第一线的骨干教师，其中许多教师为各校相关院、系主管教学的院长或系主任。

按照教育部的要求，“编委会”一致认为，精品课程的建设工作从开始就要坚持高标准、严要求，处于一个比较高的起点上；精品课程教材应该能够反映各高校教学改革与课程建设的需要，要有特色风格、有创新性（新体系、新内容、新手段、新思路，教材的内容体系有较高的科学创新、技术创新和理念创新的含量）、先进性（对原有的学科体系有实质性的改革和发展，顺应并符合 21 世纪教学发展的规律，代表并引领课程发展的趋势和方向）、示范性（教材所体现的课程体系具有较广泛的辐射性和示范性）和一定的前瞻性。教材由个人申报或各校推荐（通过所在高校的“编委会”成员推荐），经“编委会”认真评审，最后由清华大学出版社审定出版。

目前，针对计算机类和电子信息类相关专业成立了两个“编委会”，即“清华大学出版社计算机教材编审委员会”和“清华大学出版社电子信息教材编审委员会”。推出的特色精品教材包括：

（1）21 世纪高等学校规划教材·计算机应用——高等学校各类专业，特别是非计算机专业的计算机应用类教材。

（2）21 世纪高等学校规划教材·计算机科学与技术——高等学校计算机相关专业的教材。

（3）21 世纪高等学校规划教材·电子信息——高等学校电子信息相关专业的教材。

（4）21 世纪高等学校规划教材·软件工程——高等学校软件工程相关专业的教材。

（5）21 世纪高等学校规划教材·信息管理与信息系统。

（6）21 世纪高等学校规划教材·财经管理与计算机应用。

（7）21 世纪高等学校规划教材·电子商务。

清华大学出版社经过二十多年的努力，在教材尤其是计算机和电子信息类专业教材出版方面树立了权威品牌，为我国的高等教育事业做出了重要贡献。清华版教材形成了技术准确、内容严谨的独特风格，这种风格将延续并反映在特色精品教材的建设中。

清华大学出版社教材编审委员会
联系人：魏江江
E-mail:weijj@tup.tsinghua.edu.cn

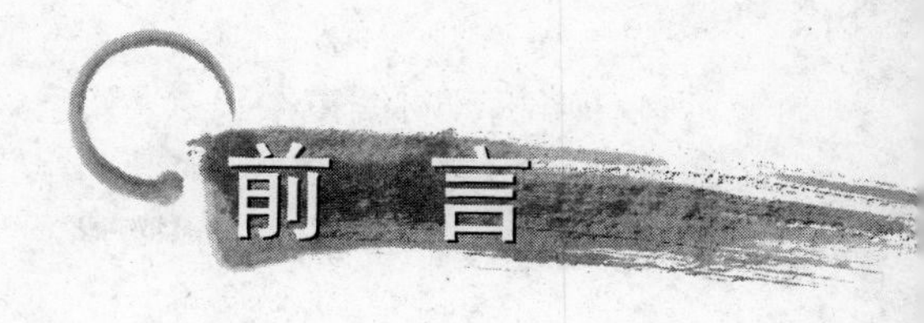

前　言

Visual FoxPro 是面向对象的、可视化的数据库管理信息系统的开发平台，它具有快速开发应用程序、良好的网络及数据库支持、方便的多媒体及图形操作等强大功能，深受广大数据库编程人员的好评。

目前，介绍 Visual FoxPro 编程的书很多，并且大同小异，如何使其更有特色，就成了我们编写本书努力的目标。本书以一个完整的“学生管理系统”为实例，在各章节中通过实例的创建，使学生既学习了基础理论知识，又学习了数据库管理系统的基本开发过程。同时，本书在第 1 版的基础上，对知识体系结构及内容讲述的逻辑顺序进行了精心的设计和安排，力求内容深度适宜，例题典型全面，讲解深入浅出。

本书覆盖了计算机等级考试（二级 Visual FoxPro）大纲，既适合作为高等院校各专业相关课程的教材、计算机等级考试（二级 Visual FoxPro）的培训教材，也可作为广大数据库设计与应用系统开发人员的参考书。本书是一本涵盖面广、实用性强、内容较全面的教科书。

全书由颜辉、王路主编，王艳敏、王煜国副主编，董大伟、翟朗、孟雪梅参编完成。其中第 1 章、第 2 章、第 3 章由王煜国编写，第 4 章、第 13 章由孟雪梅编写，第 5 章由翟朗编写，第 6 章、第 7 章由董大伟编写，第 8 章、第 9 章、第 10 章由王艳敏编写，第 11 章、第 12 章由颜辉编写，附录部分由王路编写，全书由颜辉、王路主审。

由于作者水平有限，书中难免有错误和不妥之处，敬请读者批评指正。

编　者

2010 年 12 月

目录

第1章 数据库设计基础

数据库技术是近年来计算机科学技术中发展最快的领域之一，它已成为计算机信息系统与应用系统的核心技术和重要基础。计算机应用人员只有掌握数据库的基础知识，熟悉数据库管理系统的特点，才能开发出适用的数据库应用系统。本章将介绍数据库的基本概念和关系数据库设计的基础知识，掌握这些内容是学好、用好 Visual FoxPro 的必要前提条件。

1.1 数据库基础知识

1.1.1 基本概念

1. 数据与信息

数据是对客观事物记录下来的事实，是描述或表达信息的物理形式。在计算机领域，凡能为计算机所接受和处理的物理形式，如字符、数字、图形、图像、声音等都可称为数据。因此，数据泛指一切可被计算机接受和处理的符号。

信息是指数据经过加工处理后所得到的有价值的知识。

信息与数据既有联系又有区别，数据反映了信息，而信息又依靠数据来表达。

2. 数据库

数据库（Data Base，DB）是存储在计算机存储设备上的、结构化的相关数据的集合。实际上，数据库就是一个存放大量业务数据的场所，其中的数据具有特定的组织结构。所谓“组织结构”是指数据库中的数据不是分散的、孤立的，而是按照某种数据模型组织起来的，不仅数据记录内的数据之间是彼此相关的，而且数据记录之间在结构上也是有机地联系在一起的。

3. 数据库管理系统

数据库管理系统（Data Base Management System，DBMS）是一种负责数据库的定义、建立、操纵、管理、维护的软件系统，是数据库系统的核心部分。数据库管理系统是在操作系统的支持下进行工作的，它实现了对数据库资源进行统一管理和控制，使数据结构和数据存储具有一定的规范性，提高了数据库应用的简明性和方便性。Visual FoxPro 6.0 就是一种数据库管理系统。

4. 数据库系统

数据库系统（Data Base System，DBS）是指引进数据库技术后的计算机系统，是一个具有管理数据库功能的计算机软硬件综合系统。具体说，它主要包括五部分：计算机硬件、数据库、数据库管理系统及相关软件、数据库管理员和用户。其中数据库管理系统是数据库系统的核心。

数据库系统、数据库管理系统和数据库三者之间的关系如图 1-1 所示。

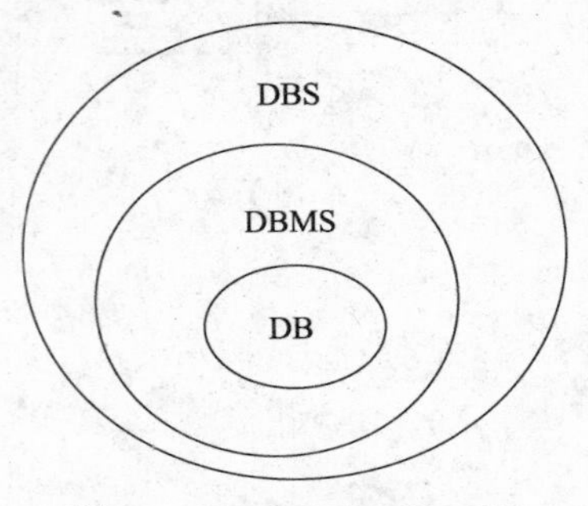

图 1-1　DBS、DBMS、DB 三者之间的关系

5. 数据库应用系统

数据库应用系统（Data Base Application System，DBAS）是系统开发人员利用数据库系统开发出来的，面向某一类实际应用的应用软件系统，例如以数据库为基础的学生管理系统、人事管理系统、图书管理系统等。

1.1.2　数据管理技术的发展

数据库技术是 20 世纪 60 年代末出现的以计算机技术为基础的数据处理技术。数据处理的核心问题是数据管理。数据管理指的是对数据进行组织、编码、分类、存储、检索与维护等操作。数据管理经历了人工管理、文件管理和数据库系统三个阶段。

1. 人工管理

人工管理阶段始于 20 世纪 50 年代。当时计算机的存储设备没有磁盘，数据只能存放于卡片、纸带上。在软件方面，也没有专门管理数据的文件，数据由计算数据的程序携带。在人工管理阶段对数据的管理存在的主要问题是：

（1）数据不能独立，编写的程序是针对程序中携带的数据的，当修改数据时，程序也得修改。

（2）数据不能长期保存，数据被包含在程序中。程序运行结束后，数据和程序一起从内存中释放。

（3）没有对数据进行管理的软件，即当时还没有开发出专门进行数据管理的软件。

2. 文件管理

在 20 世纪 60 年代，计算机软、硬件技术得到了快速发展，硬件方面，有了磁盘等大容量且能长期保存数据的存储设备，软件方面，有了操作系统。操作系统中有专门的文件系统，用于管理外部存储器上的数据文件，数据与程序分开，数据能长期保存。文件管理阶段可以把有关的数据组织成一个文件，这种数据文件可以脱离程序而独立存储在外存储器上，由一个专门的文件管理系统对其进行管理。与早期人工管理阶段相比，文件管理的效率有了很大的提高，但仍存在以下问题。

（1）数据没有完全独立：虽然数据和程序分开了，但所设计的数据是针对某一特定程序的，所以无论是修改数据文件还是程序文件都要相互影响。

（2）存在数据冗余：文件系统中的数据没有合理、规范的结构，使得数据的共享性极差，哪怕是不同程序使用部分相同的数据，只要数据结构有一点不同，就都要创建各自的数据文件，造成数据的重复存储。

（3）数据不能集中管理：文件系统中的数据文件没有集中的管理机制，数据的安全性和完整性都得不到保障。各数据之间、数据文件之间缺乏联系，给数据处理造成不便。

3．数据库系统

由于文件系统管理数据的缺陷，迫切需要新的数据管理方式，把数据组成合理结构，能集中、统一地进行管理。数据库系统将所有的数据集中到一个数据库中，形成一个数据中心，实行统一规划、集中管理，用户通过数据管理系统来使用数据库中的数据。在数据库系统阶段，数据与应用程序的关系如图 1-2 所示。

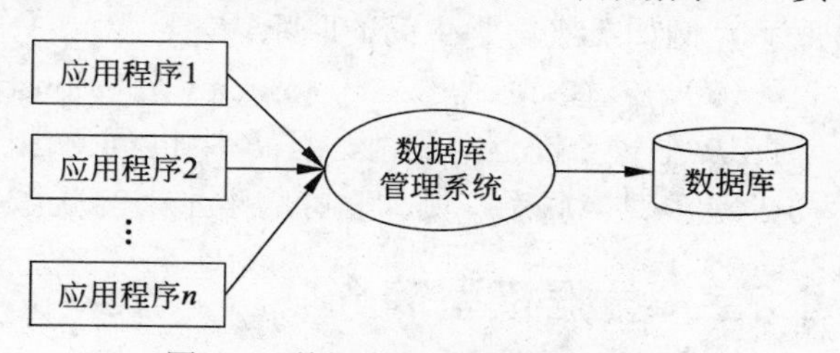

图 1-2　数据库与应用程序的关系

数据库系统的主要特点如下：

（1）实现数据共享，减少数据冗余；

（2）采用特定的数据模型；

（3）具有较高的数据独立性；

（4）具有统一的数据控制功能。

1.2　数据模型

1.2.1　实体及实体间的联系

数据库中的数据模型可以将复杂的现实世界的要求反映到计算机数据库中的物理世界，这种反映是一个逐步转化的过程，它分为两个阶段：由现实世界开始，经历信息世界而至计算机世界，从而完成整个转化，如图 1-3 所示。

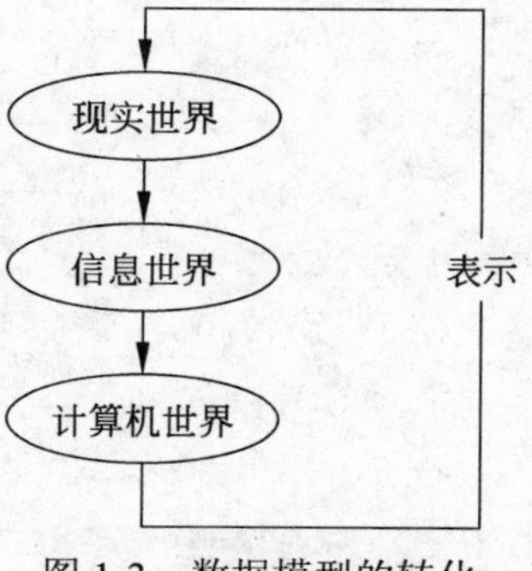

1．实体的描述

现实世界存在各种事物，事物与事物之间存在着联系。这种联系是客观存在的，是由事物本身的性质所决定的。例如，学校中有教师、学生、课程，教师为学生授课，学生选修课程并取得成绩。

实体。客观事物在信息世界中称为实体，它是现实世界中任何可区分、识别的事物。实体可以是具体的人或物，也可以是抽象的概念，如学生、图书等。

现实世界
信息世界
计算机世界
表示

图 1-3　数据模型的转化

实体的属性。描述实体的特性称为属性，一个实体可用若干属性来刻画。例如，学生实体用（学号，姓名，性别，出生日期，党员，籍贯）等若干个属性来描述。

实体集和实体型。属性值的集合表示一个实体，而属性的集合表示一种实体的类型，称为实体型。同类型的实体的集合，称为实体集。例如，在学生实体集中，（201001，陈勇，男，05/29/90，.T.，汉族，西安，420.0）表示学生中的一个具体的学生实体。

2．实体间联系及联系的种类

实体之间的对应关系称为联系，它反映现实世界事物之间的相互关联。例如，学生可以选修若干门课程，同一门课程可以被多个学生选修。

实体间的联系可以归结为以下三种类型（设 *A* 和 *B* 表示两个实体）。

（1）一对一联系（one-to-one relationship），简记为 1:1。若 *A* 中的任一属性至多对应 *B* 中的唯一属性，反之亦然，则称 *A* 与 *B* 是一对一联系，例如班级与班长间的联系。

（2）一对多联系（one-to-many relationship），简记为 1:*M*。若 *A* 中至少有一个属性对应 *B* 中一个以上的属性，且 *B* 中的任一属性对应 *A* 中的一个属性，则称 *A* 对 *B* 是一对多联系，例如班级与学生间的联系。

（3）多对多联系（many-to-many relationship），简记为 *M*:*N*。若 *A* 中至少有一个属性对应 *B* 中一个以上的属性，且 *B* 中也至少有一个属性对应 *A* 中一个以上的属性，则称 *A* 与 *B* 是多对多联系，例如教师与学生间的联系。

1.2.2 数据模型简介

为反映事物本身及事物之间的各种联系，数据库中的数据必须有一定的结构，这种结构用数据模型来表示，它是数据库管理系统用来表示实体及实体间联系的方法。数据模型不同，相应的数据库系统就完全不同，任何一个数据库管理系统都是基于某种数据模型的。数据库管理系统常用的数据模型有三种：层次模型、网状模型和关系模型。

1. 层次模型

用树形结构表示实体及其之间联系的模型称为层次模型，如图 1-4 所示。在这种模型中，数据被组织成由“根”开始的倒挂树，根结点在上，是最高层，子结点在下，逐层排列。例如，学校的行政机构、企业中的部门编制等都是层次模型。支持层次模型的数据库管理系统称为层次数据库管理系统。

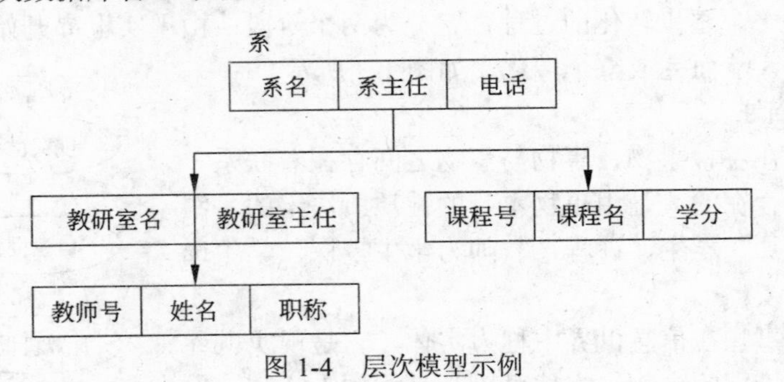

图 1-4 层次模型示例

2. 网状模型

用网状结构表示实体及其之间联系的模型称为网状模型，如图 1-5 所示。例如，铁路运行就是一个网状模型。支持网状模型的数据库管理系统称为网状数据库管理系统。

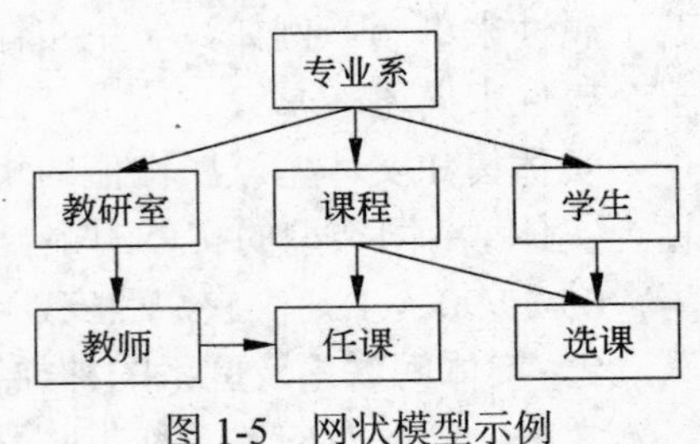

图 1-5 网状模型示例

3. 关系模型

用二维表的形式表示实体及其之间联系的模型称为关系模型。关系模型用一张二维表来描述一个关系（如表 1-1 所示）。支持关系模型的数据库管理系统称为关系数据库管理系统。Visual FoxPro 就是一种典型的关系型数据库管理系统。

表 1-1 学生表（一）

学号	姓名	性别	出生日期	党员	民族	籍贯	高考成绩
201001	陈勇	男	1990-5-29	T	汉族	西安	420
201008	刘东华	男	1991-2-8	F	汉族	长春	522.5
201005	于丽莉	女	1990-10-11	F	汉族	沈阳	499
201003	李玉田	男	1992-9-9	F	满族	北京	510
201006	刘英	女	1991-2-6	T	汉族	长春	390
201002	王晓丽	女	1992-12-3	F	朝鲜族	上海	462.5
201007	张杰	男	1992-7-18	T	汉族	北京	428
201009	黄超	男	1990-4-22	F	汉族	上海	513
201004	高大海	男	1989-1-1	F	朝鲜族	上海	537
201010	于娜	女	1991-11-5	T	汉族	长春	398.5

1.3 关系数据库

1.3.1 关系术语

关系是建立在数学集合概念的基础之上的，它由行和列的二维表组成。

（1）关系：一个关系就是一张二维表，在 Visual FoxPro 中一个关系就称为一个数据表。每个关系都有一个关系名，对应有一个表名。

（2）元组：指表中一行上的所有数据，在 Visual FoxPro 中一行称为一个记录。

（3）属性：指表中的一列，在 Visual FoxPro 中一列就称为一个字段。

（4）域：指表中属性的取值范围。在 Visual FoxPro 中字段的取值范围称为一个字段的宽度。

（5）关键字：指关系中能唯一区分、确定不同元组的属性或属性组合。单个属性组成的关键字称为单关键字，多个属性组合的关键字称为组合关键字。需要强调的是，关键字的属性值不能取“空值”，所谓空值就是“不知道”或“不确定”的值，因而无法唯一地区分、确定元组。在 Visual FoxPro 中，主关键字和候选关键字具有唯一标识的作用。例如，学生表里的学号是关键字，但出生日期就不是关键字。

（6）外部关键字：表中的一个字段不是本表的主关键字和候选关键字，而是另外一个表的主关键字和候选关键字，这个字段称为外部关键字。

（7）关系模式：是对关系的描述，一个关系模式对应一个关系的结构。

关系模式的格式：关系(属性 1，属性 2，…，属性 *n*)

在 Visual FoxPro 中表示为表结构：表名(字段名 1，字段名 2，…，字段名 *n*)。

1.3.2 关系的特点

关系模型应具有以下特征。

（1）关系必须规范化，每个属性都必须是不可分割的数据单元，即表中不能再包含表。表 1-2 就不是二维表，而是复合表。

表 1-2 复合表

<table>
<tr><th rowspan="2">姓名</th><th rowspan="2">职称</th><th colspan="3">应 发 工 资</th><th colspan="3">应 扣 工 资</th><th rowspan="2">实发工资</th></tr>
<tr><th>基本工资</th><th>奖金</th><th>津贴</th><th>税</th><th>水电</th><th>医疗保险</th></tr>
<tr><td></td><td></td><td colspan="3"></td><td colspan="3"></td><td></td></tr>
</table>

（2）在同一个关系中不能出现相同的属性名，Visual FoxPro 中不允许同一个表中有相同的字段名。

（3）关系中不允许有完全相同的元组，即冗余。

（4）在一个关系中元组的次序无关紧要，也就是说，交换任意两行的位置并不影响数据的实际含义。

（5）在一个关系中列的次序无关紧要。交换任意两列的位置也不会影响数据的实际含义。

1.3.3 关系运算

在关系数据库中，经常需要对关系进行特定的关系运算操作。关系的基本运算有两类：一类是传统的集合运算（并、差、交），另一类是专门的关系运算（选择、投影、连接、自然连接）。

1. 传统的集合运算

进行并、差、交集合运算的两个关系必须具有相同的关系模式，即结构相同。

（1）并

两个相同结构关系的并是由属于这两个关系的记录组成的集合。

例如，有两个结构相同的学生关系 *R* 和 *S*，分别表示两个班的学生，那么 *R* 并 *S* 表示把 *S* 班的学生记录追加到 *R* 班学生记录后面。

（2）差

设有两个关系 *R* 和 *S*，*R* 差 *S* 的结果是由属于 *R* 但不属于 *S* 的记录组成的集合，即差运算的结果是从 *R* 中去掉 *S* 中也有的记录。

例如，设参加计算机小组的学生关系为 *R*，参加美术小组的学生关系为 *S*。求参加了计算机小组但没有参加美术小组的学生，就应当进行差运算。

（3）交

设有两个关系 *R* 和 *S*，*R* 交 *S* 的结果是由既属于 *R* 又属于 *S* 的记录组成的集合，即交运算的结果是 *R* 和 *S* 中共同的记录。

例如，设参加计算机小组的学生关系为 *R*，参加美术小组的学生关系为 *S*。求既参加计算机小组又参加美术小组的学生，就应当进行交运算。

2. 专门的关系运算

(1) 选择

选择运算是从关系中找出满足条件的记录。选择运算是一种横向的操作，它可以根据用户的要求从关系中筛选出满足一定条件的记录，这种运算可以改变关系表中的记录个数，但不影响关系的结构。

例如，从表 1-1 中找出高考成绩大于 500 分的学生，如表 1-3 所示。通过 Visual FoxPro 的命令可以从学生表中找出高考成绩大于 500 分的四个记录（灰色记录）。

表 1-3 学生表（二）

学号	姓名	性别	出生日期	党员	民族	籍贯	高考成绩
201001	陈勇	男	1990-5-29	T	汉族	西安	420
201008	刘东华	男	1991-2-8	F	汉族	长春	522.5
201005	于丽莉	女	1990-10-11	F	汉族	沈阳	499
201003	李玉田	男	1992-9-9	F	满族	北京	510
201006	刘英	女	1991-2-6	T	汉族	长春	390
201002	王晓丽	女	1992-12-3	F	朝鲜族	上海	462.5
201007	张杰	男	1992-7-18	T	汉族	北京	428
201009	黄超	男	1990-4-22	F	汉族	上海	513
201004	高大海	男	1989-1-1	F	朝鲜族	上海	537
201010	于娜	女	1991-11-5	T	汉族	长春	398.5

(2) 投影

投影运算是从关系中选取若干属性组成新的关系。投影运算是一种纵向操作，即从列的角度进行的运算。经过投影运算可以得到一个新的关系，其关系所包含的属性个数往往比原来关系的少，或者属性的排列顺序不同。投影操作可以改变关系的结构。

例如，从学生表中显示学号、姓名和出生日期三个字段（灰色记录），如表 1-4 所示。

表 1-4 学生表（三）

学号	姓名	性别	出生日期	党员	民族	籍贯	高考成绩
201001	陈勇	男	1990-5-29	T	汉族	西安	420
201008	刘东华	男	1991-2-8	F	汉族	长春	522.5
201005	于丽莉	女	1990-10-11	F	汉族	沈阳	499
201003	李玉田	男	1992-9-9	F	满族	北京	510
201006	刘英	女	1991-2-6	T	汉族	长春	390
201002	王晓丽	女	1992-12-3	F	朝鲜族	上海	462.5
201007	张杰	男	1992-7-18	T	汉族	北京	428
201009	黄超	男	1990-4-22	F	汉族	上海	513
201004	高大海	男	1989-1-1	F	朝鲜族	上海	537
201010	于娜	女	1991-11-5	T	汉族	长春	398.5

（3）连接

连接运算是对两个关系通过共同的属性名进行连接生成一个新的关系。这个新的关系可以反映出原来两个关系之间的联系。选择和投影均属于一维运算，其操作对象只是一个关系，相当于对一个二维表进行切割。而连接运算是二维运算，需要两个关系作为操作对象，相当于对两个表进行拼接。

（4）自然连接

在连接运算中，按照字段值对应相等为条件进行的连接操作称为等值连接。自然连接是去掉重复属性的等值连接。自然连接是最常用的连接运算。

1.3.4 关系数据库

以关系模型建立的数据库就是关系数据库（Relational Data Base，RDB）。一个关系就是一张二维表格。

在 Visual FoxPro 系统中，与关系数据库对应的是数据库文件，一个数据库文件包含若干个表，表由表结构与若干个数据记录组成，表结构对应关系模式；每个记录都由若干个字段构成，字段对应关系模式的属性，字段的数据类型和取值范围对应属性的域。

在关系数据库领域中有许多数据库管理系统 DBMS，比较著名的有：dBASE、FoxBASE、FoxPro、Sybase、Informix、Oracle、Unify、SQL7、Clipper、Ingres、Access 和 DB2 等。这些 DBMS 分为两类：一类属于大型数据库管理系统，如 Oracle、Sybase、DB2、Ingres、Unify 和 SQL7；另一类属于小型数据库管理系统，如 Visual FoxPro 6.0、Access、Clipper、dBASE 等。大型 DBMS 中也有许多经过简化而成为微型机上的版本，如 Oracle、Sybase、Unify。

1.4 数据库设计基础

关系数据库是若干依照关系模型设计的二维表文件的集合。在 Visual FoxPro 中，一个关系数据库由若干个数据表组成，每个数据表又由若干个记录组成，每个记录由若干个数据项组成。数据表中的数据如何收集、如何组织，这是一个重要的问题。因此，要求数据要实现规范化，形成一个组织良好的数据库。

1.4.1 数据库的设计

1. 设计原则

（1）关系数据库的设计应遵从“一事一地”的原则。一个表描述一个实体或实体间的一种联系。

（2）避免在表之间出现重复字段。除了保证表中有反映与其他表之间存在联系的外部关键字之外，还要避免在表之间出现重复字段。

（3）表中的字段必须是原始数据和基本数据元素。表中不应包括通过计算可以得到的“二次数据”或多项数据的组合。例如，学生表中包括出生日期字段，而不应该包括年龄字段。

（4）用外部关键字保证有关联的表之间的联系。

2．设计步骤

利用 Visual FoxPro 开发数据库应用系统，可以按照以下步骤来设计。

（1）需求分析。确定建立数据库的目的。

（2）确定需要的表。

（3）确定需要的字段。

（4）确定联系。需要分析各个表所代表的实体之间存在的联系，即一对一、一对多或多对多联系。其中多对多实现的方法是创建第三个表，把多对多的联系分解成两个一对多联系。

（5）设计求精。检查存在的缺陷和需要改进的地方。

1.4.2　一个典型的数据库

本书采用学生管理数据库里的三张表来表示学生的各种详细信息，如图 1-6 所示。

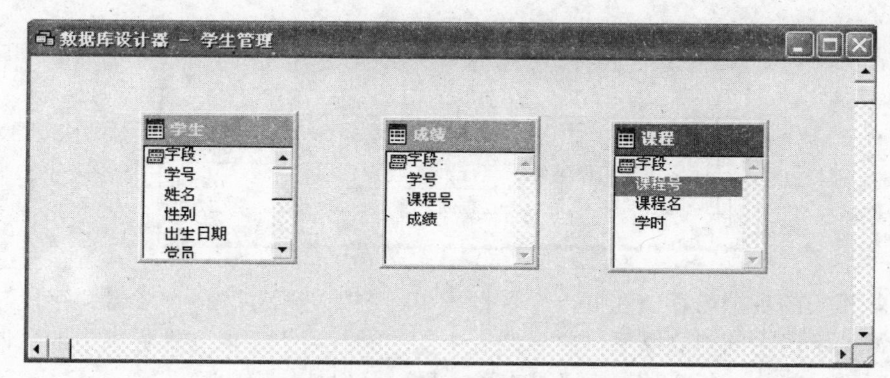

图 1-6　学生管理数据库中的三张表

1．学生表

学生表如表 1-5 所示。

表 1-5　学生表（四）

学生

学号	姓名	性别	出生日期	党员	民族	籍贯	高考成绩	简历	照片
201001	陈勇	男	05/29/90	T	汉族	西安	420.0	Memo	Gen
201008	刘东华	男	02/08/91	F	汉族	长春	522.5	Memo	Gen
201005	于丽莉	女	10/11/90	F	汉族	沈阳	499.0	Memo	Gen
201003	李玉田	男	09/09/92	F	满族	北京	510.0	Memo	Gen
201006	刘英	女	02/06/91	T	汉族	长春	390.0	Memo	Gen
201002	王晓丽	女	12/03/92	F	朝鲜族	上海	462.5	memo	gen
201007	张杰	男	07/18/92	T	汉族	北京	428.0	memo	gen
201009	黄超	男	04/22/90	F	汉族	上海	513.0	memo	gen
201004	高大海	男	01/01/89	F	朝鲜族	上海	537.0	memo	gen
201010	于娜	女	11/05/91	T	汉族	长春	398.5	memo	gen

2. 成绩表

成绩表如表 1-6 所示。

表 1-6 成绩表

学号	课程号	成绩
201001	001	84
201001	002	30
201001	003	69
201002	001	92
201002	002	90
201002	003	97
201003	002	75
201003	003	80
201004	001	45
201004	002	89

3. 课程表

课程表如表 1-7 所示。

表 1-7 课程表

课程号	课程名	学时
001	高等数学	68
002	大学英语	64
003	计算机基础	132

把这些相关的数据表存储在同一个数据库中，例如将学生表的“学号”字段与成绩表中的“学号”字段之间建立联系，将成绩表中的“课程号”字段与课程表中的“课程号”字段建立联系，就能使每个数据表既具有独立性，又保持一定的联系。

本章小结

本章介绍了数据库的基本概念及分类；数据、数据库、数据库系统的概念；数据管理的三个阶段；数据模型的分类。并详细阐述了关系数据库的数据模型及相关概念，包括关系术语、关系的特点、关系运算等。

综合练习

一、选择

1．数据库（DB）、数据库系统（DBS）、数据库管理系统（DBMS）三者之间的关系是（　　）。

A．DB 包括 DBS 和 DBMS　　B．DBS 包括 DB 和 DBMS

C．DBMS 包括 DBS 和 DB　　D．三者等级，没有包含关系

2．数据库系统的核心是（　　）。

A．数据库　　B．操作系统

C．数据库管理系统　　D．文件

3．计算机数据管理依次经历了（　　）几个阶段。

A．人工管理、文件管理、数据库系统

B．文件管理、人工管理、数据库系统

C．数据库系统、文件管理、人工管理

D．文件管理、数据库系统、人工管理

4．用树形结构来表示实体之间联系的模型是（　　）。

A．网状模型　　B．层次模型　　C．关系模型　　D．数据模型

5．在 Visual FoxPro 中，支持的数据模型称为（　　）。

A．层次模型　　B．网状模型　　C．关系模型　　D．联系模型

6．在 Visual FoxPro 中，专门的关系运算不包括（　　）。

A．选择　　B．投影　　C．连接　　D．更新

7．从表中取出满足条件记录的操作是（　　）。

A．选择　　B．投影　　C．连接　　D．排序

8．设有参加美术小组的学生关系 R，参加书法小组的学生关系 S，既参加美术又参加书法的学生应该用（　　）运算。

A．交　　B．差　　C．并　　D．笛卡儿积

9．设有参加美术小组的学生关系 R，参加书法小组的学生关系 S，只参加美术，没参加书法的学生应该用（　　）运算。

A．交　　B．差　　C．并　　D．笛卡儿积

10．设有部门和职员两个实体，每个职员只能属于一个部门，一个部门可以有多名职员，则部门与职员实体之间的联系类型是（　　）。

A．M:N　　B．1:M　　C．M:1　　D．1:1

二、填空

1．在连接运算中，（　　）连接是去掉重复属性的等值连接。

2．DBMS 的含义是（　　）。

3．在关系模型中，把数据看成是二维表，每一个二维表称为一个（　　）。

4．在奥运会游泳比赛中，一个游泳运动员可以参加多项比赛，一个游泳比赛项目可以有多个运动员参加，游泳运动员与游泳比赛项目两个实体之间的联系是（　　）联系。

5．数据管理技术的发展经过了人工管理、文件系统和数据库系统三个阶段，其中数据独立性最高的阶段是（　　）。

第2章 Visual FoxPro概述

Visual FoxPro 是目前微机上优秀的数据库管理系统之一，它采用了可视化的、面向对象的程序设计方法，大大简化了应用系统的开发过程。要使用 Visual FoxPro，必须将系统安装到本地机上。本章将介绍该系统的使用环境，系统的安装与启动、Visual FoxPro 的用户界面，以及向导、设计器与生成器，使读者对其整体环境有一个概要的了解。

2.1 Visual FoxPro 6.0 的发展与特点

2.1.1 Visual FoxPro 6.0 的发展

Visual FoxPro 6.0 是 Microsoft 公司于 1998 年发布的可视化编程语言集成包 Visual Studio 6.0 中的一员，是最新一代数据库管理系统，它继承了以往所有版本数据库管理系统的功能，并且扩展了对应用程序的管理和在 Internet 上发布用户数据的功能，使得用户开发数据库的工具更加完善与快捷。Visual FoxPro 6.0 是面向对象程序设计技术与传统的过程化程序设计模式相结合的开发环境，它建立在事件驱动模型的基础之上，给程序的开发提供了极大的灵活性。要真正掌握 Visual FoxPro 6.0，并使用它开发专业级的应用程序，就必须首先透彻地理解面向对象的程序设计思想，以及事件驱动模型，并把它们完美、紧密地结合起来，只有这样才能创建真正高效、功能强大、灵活性强的 Visual FoxPro 6.0 应用程序。

Visual FoxPro 的发展概况如下：

- 1986 年，推出 FoxBASE+ 1.0 版。
- 1987 年，推出 FoxBASE+ 2.0 版。
- 1988 年，推出 FoxBASE+ 2.1 版。
- 1989 年，FOX 公司正式推出 FoxPro 1.0，引入了图形用户界面设计技术。
- 1991 年，推出 FoxPro 2.0。
- 1992 年，推出更为成功的 FoxPro 2.5。
- 1996 年，Microsoft 公司推出 Visual FoxPro 3.0，使用了可视化和面向对象技术。
- 1997 年，推出 Visual FoxPro 5.0。
- 1998 年，推出 Visual FoxPro 6.0。

2.1.2　Visual FoxPro 6.0 的特点

Visual FoxPro 6.0 中文版在性能、系统资源利用和设计环境等各方面都采用了很多新技术，并对系统进行了全方位的优化。具体表现在以下几个方面。

（1）完全的 32 位开发环境。

（2）可以更好地利用 ActiveX 控件，更进一步加强了 OLE 和 ActiveX 的集成，充分体现了 ActiveX 无处不在的思想。

（3）对 SQL 的支持和完整的数据库前台开发能力，使得 Visual FoxPro 更适合于 Internet/Intranet，并为已有的应用向 Client/Server 过渡提供了很好的支持。

（4）真正的面向对象程序开发环境，同时支持标准的过程程序设计模式。

（5）增加了许多新的语言元素，包括对象、对象属性、命令、函数和一些系统变量等。

（6）增强了工程和数据库管理，可通过 Visual SourceSafe 等来使用源代码控制产品，也可在项目管理器中查看构件状态，这些都是 Visual FoxPro 3.0 所不具备的功能。

Visual FoxPro 6.0 中文版以更快的速度、更强的能力和更大的灵活性给开发者提供一个面貌全新的 32 位、真正面向对象的数据库开发环境。

2.2　Visual FoxPro 6.0 的安装、启动与退出

要使用 Visual FoxPro 6.0 开发应用系统，必须将系统安装到本地机上。Visual FoxPro 6.0 的功能强大，但是它对系统的要求并不高，个人计算机的软硬件基本配置如下。

1. 硬件配置

（1）CPU 的最低配置为 80586/133MHz，推荐使用 586 以上的处理器。

（2）内存至少 16MB，推荐使用 24MB 内存。

（3）硬盘容量典型安装需要 85MB 硬盘空间；最大安装需要 90MB 硬盘空间。

（4）需要一个鼠标、一个光盘驱动器，推荐使用 VGA 或更高分辨率的监视器。

2. 软件环境

由于 Visual FoxPro 6.0 是 32 位产品，因此需要在 Windows 95/98/2000/XP 或 Windows NT 等操作系统下安装。

2.2.1　Visual FoxPro 6.0 的安装

安装步骤如下：

（1）将 Visual FoxPro 6.0 的系统光盘插入光盘驱动器。

（2）启动安装程序。从资源管理器或我的电脑中打开光盘，找到 SETUP.EXE，双击该文件，运行安装向导。

（3）按照安装向导的提示，单击“下一步”按钮进行安装，并选择安装方式（典型安装、自定义安装）。

（4）安装 MSDN 组件（Visual FoxPro 6.0 的帮助文档）。

（5）完成 Visual FoxPro 6.0 安装。

2.2.2 Visual FoxPro 6.0 的启动和退出

1. 启动 Visual FoxPro 系统

启动 Visual FoxPro 的方法如下：

（1）使用 Windows 的系统菜单，选择“开始”→“程序”→Microsoft Visual FoxPro 6.0 命令，如图 2-1 所示。

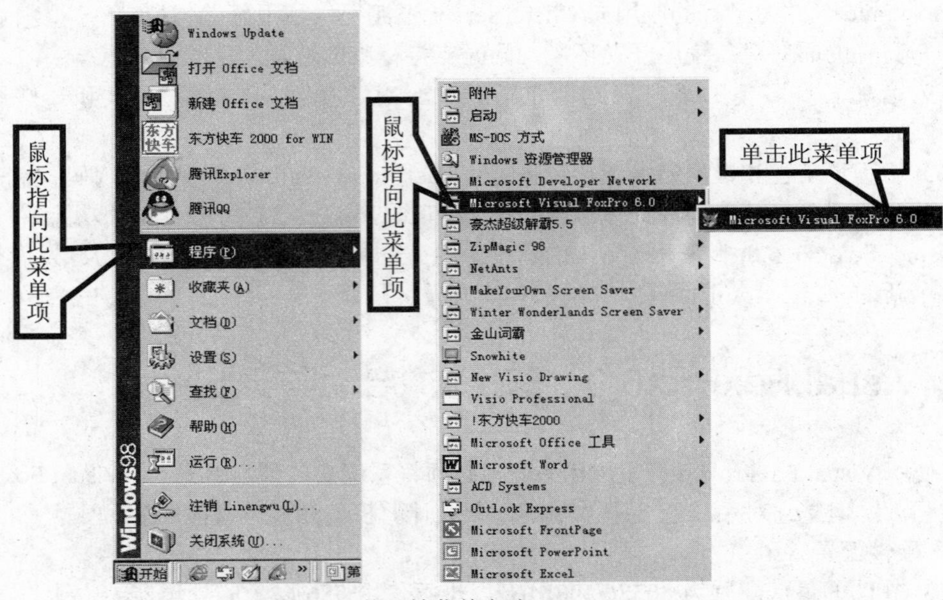

图 2-1 从开始菜单启动 Visual FoxPro

（2）双击桌面上的 Visual FoxPro 快捷图标，如图 2-2 所示。

图 2-2 Visual FoxPro 快捷图标

（3）找到 Visual FoxPro 安装后的文件夹 Vfp98，打开此文件夹，找到可执行文件 Vfp6.EXE，如图 2-3 所示。

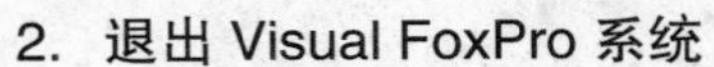

2. 退出 Visual FoxPro 系统

有以下四种方法可以退出 Visual FoxPro 6.0，返回 Windows。

（1）单击 Visual FoxPro 6.0 标题栏最后面的关闭窗口按钮。

（2）从“文件”下拉菜单中选择“退出”选项。

（3）单击主窗口左上方的狐狸图标，从窗口下拉菜单中选择“关闭”选项，或者按 Alt+F4 键。

（4）在命令窗口中输入 QUIT 命令，按 Enter 键。

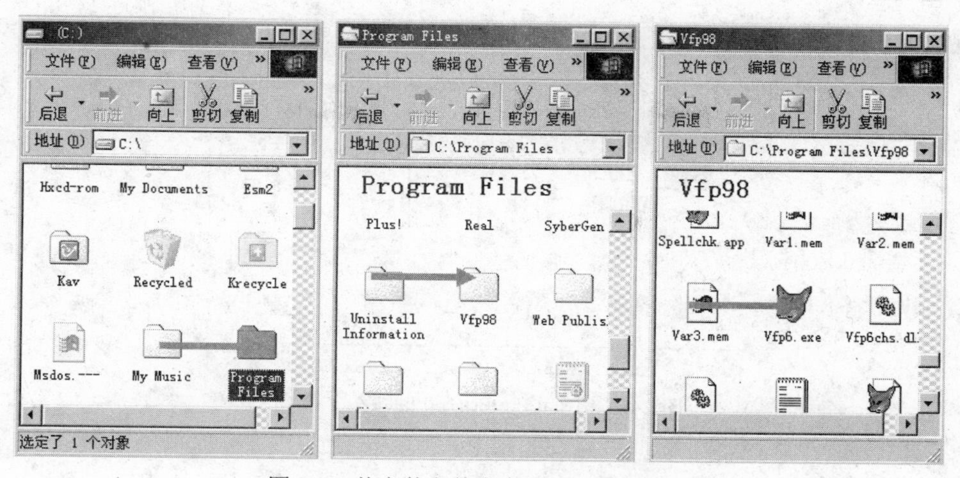

图 2-3　从安装文件夹启动 Visual FoxPro

2.3　Visual FoxPro 6.0 的用户界面

如果是第一次进入 Visual FoxPro 6.0，则系统将显示一个全屏欢迎界面，如图 2-4 所示。

图 2-4　欢迎界面

欢迎界面提示有几项功能，比如是否需要帮助创建一个应用程序、是否立即打开帮助文档等。如果选择“以后不再显示此屏”复选框，并且关闭当前窗口，则下次启动时，系统将不再显示该欢迎界面。当然，用户不必为未能享受到其上所提供的功能而感到遗憾，因为在系统主界面上都能找到这些功能。

进入中文 Visual FoxPro 6.0 后，显示图 2-5 所示的系统主界面。Visual FoxPro 6.0 系统

的主界面由以下部分组成：标题栏、菜单栏、工具栏、命令窗口、工作区和状态栏。

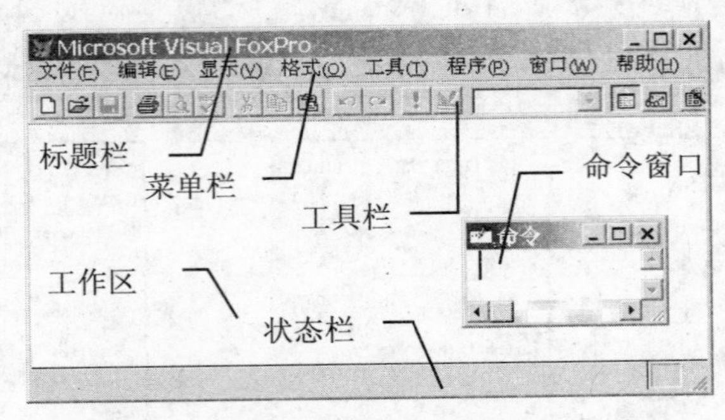

图 2-5　Visual FoxPro 6.0 的系统主界面

2.3.1　标题栏

标题栏位于主界面的顶行，其中包含系统程序图标、主界面标题 Visual FoxPro 6.0、最小化按钮、最大化按钮和关闭按钮。

2.3.2　菜单栏

标题栏下方是 Visual FoxPro 6.0 的系统菜单栏，如图 2-6 所示。它提供了 Visual FoxPro 的各种操作命令。Visual FoxPro 的系统菜单的菜单项随窗口操作内容不同而有所增加或减少。

图 2-6　系统菜单栏

1. "文件"菜单

打开系统菜单栏中的"文件"菜单，显示如图 2-7 所示的下拉菜单。

"文件"下拉菜单包括有关系统和文件的基本操作，通过菜单项可以创建、打开、保存文件以及其他对文件的各种操作，也可以实现打印机的管理并完成打印功能。除了这些文件功能之外，还有退出系统等功能。

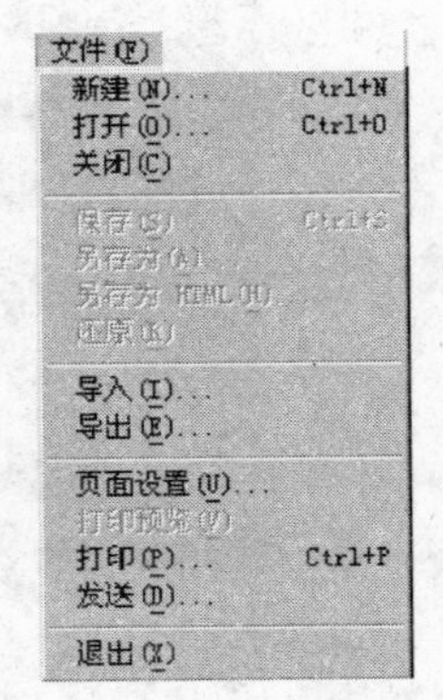

图 2-7　"文件"下拉菜单

有关"文件"下拉菜单的菜单命令如下所示：

（1）新建：显示"新建"对话框，通过"新建"对话框可以使用系统提供的一些设计器和向导来创建新的各类文件。它的快捷键是 Ctrl+N。对于"新建"对话框的具体使用方法，本书在后面的具体应用中再结合实际情况来讲。

（2）打开：显示"打开"对话框，通过它可以打开一个已经存在的文件。它的快捷键是 Ctrl+O。"打开"对话框如图 2-8 所示。

在图 2-8 中，可通过选择文件夹来改变文件路径；文件名可以输入，也可以选择；文件类型决定显示在文件列表窗口中显示什么文件；单击"确定"按钮打开选择的文件或开始新文件的编辑（如文件不存在的话）；单击"取消"按钮关闭当前窗口，而不做任何操作；

“帮助”按钮可使用户获得相关的帮助信息。

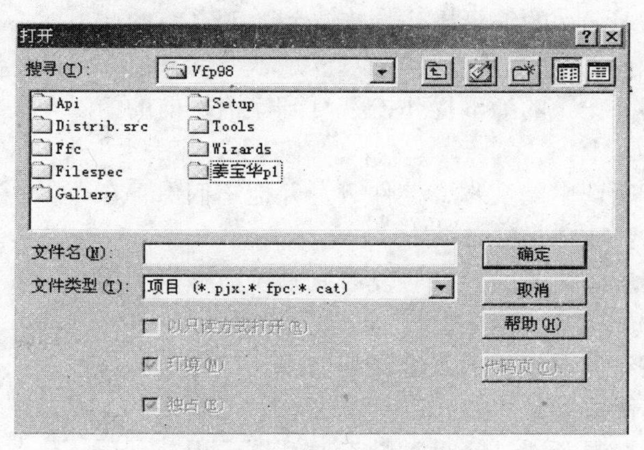

图 2-8 “打开”对话框

（3）关闭：关闭当前活动的窗口。

如果按下 Shift 键并选择“文件”菜单，“关闭”命令项将变为“全部关闭”，它可以关闭所有打开的窗口。

（4）保存：保存对当前文件的修改。如果是第一次保存，系统将自动打开“另存为”对话框，提示用户输入文件名或类型。如果文件重名，Visual FoxPro 将提醒用户。它的快捷键是 Ctrl+S。

（5）另存为：显示“另存为”对话框，可以是第一次保存文件，也可以是将已存在的文件以一个新的名字保存。

（6）还原：取消对项目、查询、表单、报表、标签、程序、文本文件、菜单、视图、备注字段等的上一次修改，恢复到上一次保存之前的情况。

（7）导入：显示“导入”对话框，通过它可以从其他的电子表格或另一个表中向一个 Visual FoxPro 表中导入数据。

（8）导出：显示“导出”对话框，通过它可以从一个 Visual FoxPro 表中向一个文本文件、其他的电子表格或另一个表中导出数据。

（9）页面设置：显示“页面设置”对话框，从中可以调整报表或标签的列宽和页面布局。在该对话框中可调整的设置取决于安装的打印机，并与报表和标签一起保存。在打开了一个报表或标签时选择“页面设置”命令可用。

（10）打印预览：显示打印预览工具栏，它将模拟地显示打印结果。

（11）打印：显示“打印”对话框，可以打印当前文本文件、报表、标签、命令窗口中的内容或是另外一个文件。

（12）发送：发送电子邮件。只有当用户的计算机中安装有一个电子邮件系统时，该命令才有效。

（13）退出：退出 Visual FoxPro 应用系统，返回到操作系统环境下。它的快捷键是 Alt+F4。

2. “编辑”菜单

打开“编辑”菜单，将显示如图 2-9 所示的下拉菜单。

“编辑”菜单可完成对文本或控件的编辑、查找、替换等操作。具体各命令功能如下：

（1）撤消：取消上一次的编辑操作，恢复到改变之前的情况。它的快捷键是 Ctrl+Z。

（2）重做：取消上一次的撤消操作，恢复到撤消之前的情况。它的快捷键是 Ctrl+R。

（3）剪切：剪掉所选中的文本、控件等，并把它们保存在系统剪贴板上。它的快捷键是 Ctrl+X。

（4）复制：将选中的文本、控件等复制到系统剪贴板上。它的快捷键是 Ctrl+C。

（5）粘贴：将系统剪贴板上的内容（如文本、控件等）粘贴到当前位置。它的快捷键是 Ctrl+V。

（6）选择性粘贴：显示“选择性粘贴”对话框，用户利用它可以从系统剪贴板上链接或嵌入一个 OLE 对象。

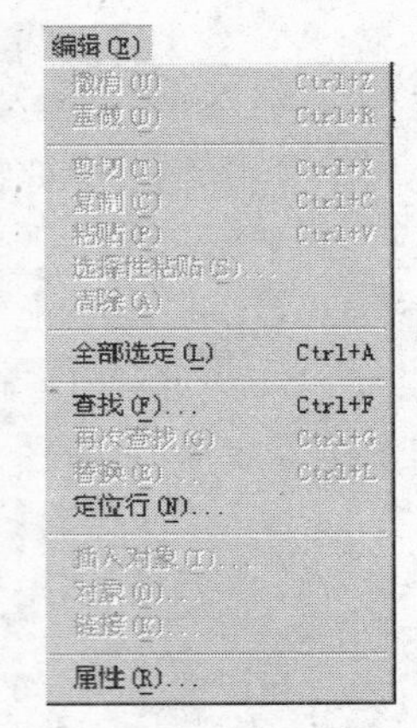

图 2-9 “编辑”下拉菜单

（7）清除：清除所选的文本、对象等，而不将它拷贝到系统剪贴板上。

（8）全部选定：选中当前窗口中的所有对象、文本，或是在浏览窗口中选中一个字段。它的快捷键是 Ctrl+A。

（9）查找：显示“查找”对话框，可以进行文本查找。它的快捷键是 Ctrl+F。

（10）再次查找：重复最后一次查找操作。它的快捷键是 Ctrl+G。

（11）替换：显示“替换”对话框，可以查找一个文本，并用指定的文本来替换。它的快捷键是 Ctrl+L。

（12）定位行：在一个文本或程序中将光标移到指定的行数。

（13）插入对象：显示“插入对象”对话框，它将显示出在应用中可以链接或嵌入到表单或 Visual FoxPro 表的通用字段中的 OLE 对象。

（14）对象：显示当前所选 OLE 对象所支持的行为列表。

（15）链接：显示“链接”对话框，可以更改或终止一个对象的链接。

（16）属性：显示“属性”对话框，可以为当前的编辑窗口设置编辑选项，或是为所有的编辑设置颜色和字体选项。

3. “显示”菜单

打开“显示”菜单，将显示如图 2-10 所示的下拉菜单。

“显示”菜单可显示报表、标签、表单设计器以及工具栏，允许定制操作表的工作方式。具体各命令功能如下：

（1）工具栏：显示“工具栏”对话框，可以创建、编辑、隐藏或定制工具栏。

（2）属性：显示“属性”窗口，可以设置或改变表单、控件的属性。只有当打开表单设计器或类设计器时，该命令才有效。

（3）浏览：在“浏览”窗口中显示当前表或视图的内容，并允许对表或视图中的数据进行修改。

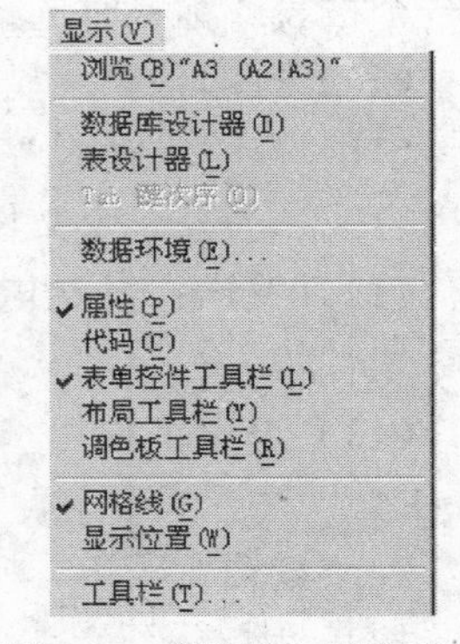

图 2-10 “显示”下拉菜单

（4）数据库设计器：显示数据库设计器，可以对当前数据库中的所有表、视图和关系进行查看和修改。

（5）表设计器：显示表设计器，可以创建数据库表、自由表、表的字段和索引等，并能够修改它们的结构。

（6）网格线：清除或添加网格线，以帮助读取数据或定位对象。

（7）Tab 键次序：为表单中的对象设置跳变号。

（8）代码：显示代码窗口，可以编写、显示和编辑事件代码。

（9）表单控件工具栏：显示表单控件工具栏，可以在表单中创建控件。

（10）布局工具栏：显示布局工具栏，可以在表单中实现对齐以及大小和位置控制。

（11）调色板工具栏：显示调色板工具栏，可以为一个控件指定前景色和背景色。

（12）显示位置：在状态栏中显示表单、报表或标签中对象的位置、高度和宽度等信息。

（13）数据环境：显示数据环境设计器，可以使用它为表单、表单集和报表等创建和修改数据环境。

4. “格式”菜单

打开“格式”菜单，将显示如图 2-11 所示的下拉菜单。

“格式”菜单包含设置字体、间距以及各项对齐、控件位置安排的命令选项。该菜单显示的内容根据打开窗口的不同而不同，下面列出该菜单可能显示的所有选项。

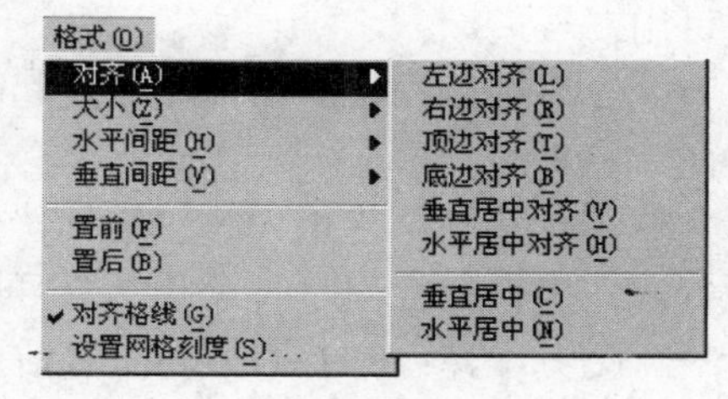

图 2-11　“格式”下拉菜单

（1）字体：显示“字体”对话框，可以设置字体类型、风格和大小。该命令只有在报表或标签中操作文本、字段或标签控件或是在 Command 窗口中时才有效。

（2）对齐：对齐表单、报表、标签或类上的控件。此命令在处理报表、标签、表单或类时可用。

（3）大小：显示“大小”子菜单，可以对控件的大小进行设置。

（4）水平间距：显示“水平间距”子菜单，可以改变所选对象的水平间距。

（5）垂直间距：显示“垂直间距”子菜单，可以改变所选对象的垂直间距。

（6）置前：将所选控件移动到当前最前面一层，而不被其他控件所覆盖。它的快捷键是 Ctrl+G。

（7）置后：与置前功能相对，它将所选控件移动到当前最后面一层，而被其他控件所覆盖。它的快捷键是 Ctrl+J。

（8）对齐格线：当选中并拖动控件时，以格子为单位移动。

（9）设置网格刻度：显示“设置网格刻度”对话框，可以用像素来定义格子的垂直和水平距离大小。

5. “工具”菜单

打开“工具”菜单，将显示如图 2-12 所示的下拉菜单。

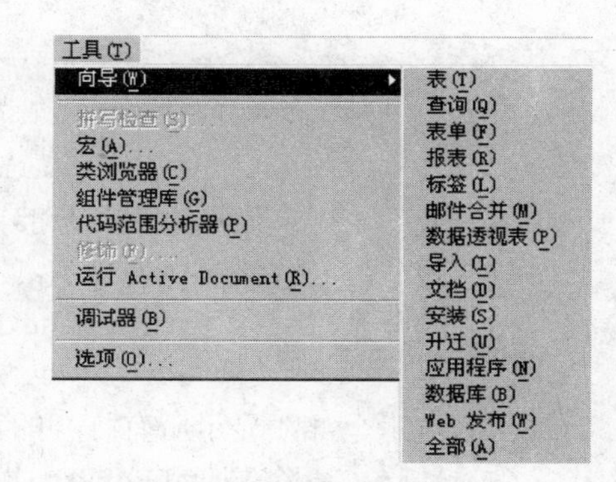

图 2-12　“工具”下拉菜单

“工具”菜单包含设置系统选项、创建宏、拼写检查、加工代码、跟踪和调试源代码等功能。

（1）向导：显示有关 Visual FoxPro 6.0 向导的子菜单，其中包含所有的向导。

（2）拼写检查：运行拼写检查器，可以定制和运行拼写检查。

（3）宏：可以定义键的组合来执行一系列命令。

（4）类浏览器：打开类浏览器窗口。

（5）调试器：打开“调试器”窗口，进入调试器环境。在“调试器”窗口中可选择地打开 5 个子窗口：跟踪、监视、局部、调用堆栈和调试输出。

（6）运行：打开源代码控制应用。

（7）选项：显示“选项”对话框，可以设置许多系统选项。

6. “程序”菜单

打开“程序”菜单，将显示如图 2-13 所示的下拉菜单。

该命令的所有选项都用来运行和测试 Visual FoxPro 源代码。

（1）运行：指定要执行的程序文件。它的快捷键是 Ctrl+D。

（2）取消：终止一个挂起 Visual FoxPro 程序文件的执行，此命令在程序被挂起时可用。

（3）继续执行：在程序被挂起时的程序行重新执行该程序。当用户终止程序运行时，此命令可用。

（4）挂起：终止程序的运行，但继续使该程序保持打开状态，从而可以继续程序的执行。在用户运行程序时，此命令可用。

（5）编译：打开 Compile 对话框，可以对程序、菜单或查询文件进行编译。

（6）执行<程序>：运行显示在“编辑”窗口中的程序。它的快捷键是 Ctrl+E。

7. “窗口”菜单

打开“窗口”菜单，将显示如图 2-14 所示的下拉菜单，该菜单项用来对窗口进行位置安排，或是显示、隐藏等设置。

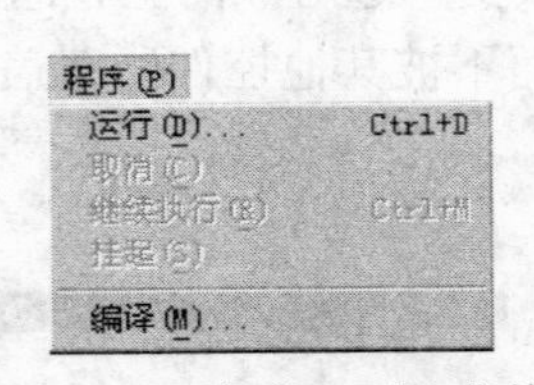

图 2-13 “程序”下拉菜单

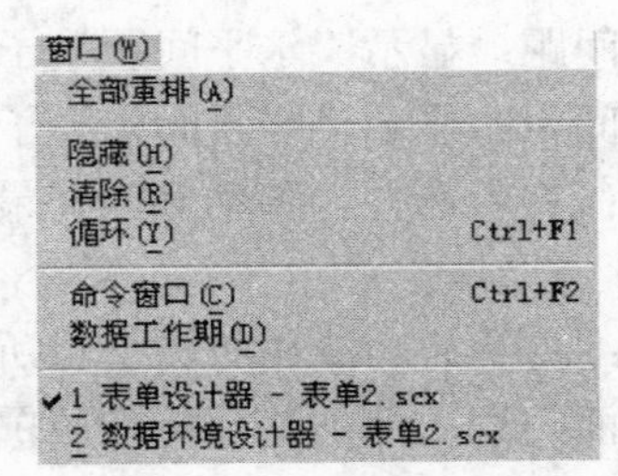

图 2-14 “窗口”下拉菜单

（1）全部重排：显示所有打开的窗口，使它们不互相覆盖。

（2）隐藏：隐藏该窗口的显示。

（3）隐藏全部：除了 Command 窗口和主 Visual FoxPro 窗口之外，隐藏所有窗口的显示。

（4）显示全部：显示所有打开的窗口。

（5）清除：清除 Visual FoxPro 主窗口中的所有文本。

（6）循环：按顺序依次将活动的打开窗口移到最前面一层。

（7）命令窗口：显示 Command 窗口。

（8）数据工作期：显示数据工作期窗口，通过它可以很容易地打开表、建立关系、设置工作区域属性等。

（9）1,2,3,…,9：显示当前所打开的窗口，最多可以显示 9 个，可以选择它们使它们成为当前活动窗口。

（10）更多窗口：显示“更多窗口”对话框，可以选择并激活一个窗口。

8. “帮助”菜单

打开“帮助”菜单，将显示如图 2-15 所示的下拉菜单。

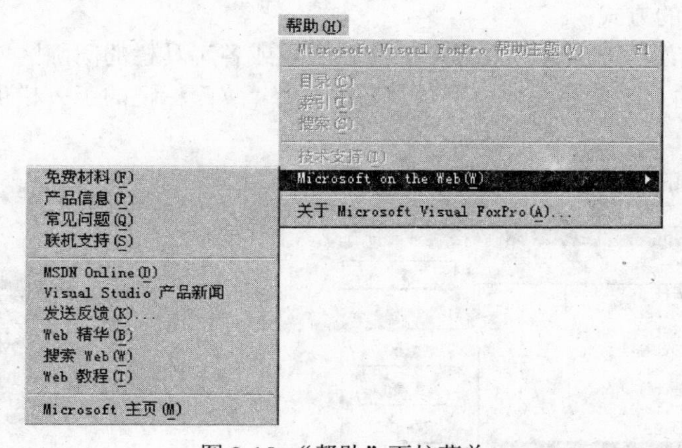

图 2-15 “帮助”下拉菜单

该菜单命令用来获取 Visual FoxPro 6.0 的在线帮助信息，以及如何得到技术支持的信息。

（1）Microsoft Visual FoxPro 帮助主题：显示 Visual FoxPro 6.0 帮助索引表。

（2）Microsoft on the Web：显示 Microsoft on the Web 子菜单，通过它可以访问有关的 Microsoft Web 页面。

（3）技术支持：显示有关的技术支持。

（4）关于 Microsoft Visual FoxPro：显示有关 Visual FoxPro 6.0 和与系统有关的信息。

2.3.3 工具栏

工具栏位于系统菜单栏的下面，由若干个工具按钮组成，每一个按钮对应一个特定的功能。Visual FoxPro 提供了十几个工具栏。对于每一个设计器，Visual FoxPro 6.0 都提供了相对应的工具栏，用户可以根据自己的需要和习惯来定制自己的系统。定制包括以下几个方面。

（1）定制桌面工具栏的种类。

（2）定制每个工具栏中的项目。

（3）定制工具栏的显示方式。

1. 定制工具栏的种类

系统显示工具栏的默认值是 Standard（标准），在不修改工具栏设置的情况下，系统将只显示该工具栏，其中包括一些系统常用的功能。用户可以根据需要把更多的工具栏放到桌面上来。

定制工具栏可以按如下步骤进行。

（1）选择“显示”菜单，打开“显示”下拉菜单。

（2）在“显示”菜单中选择“工具栏”命令。

（3）系统将显示图 2-16 所示的对话框，选择所需要显示到桌面上的工具栏项目。

（4）单击“确定”按钮。

还有一种简单的方式：

（1）在系统主菜单下工具栏位置中的空白区域或各工具栏的间隙区域右击，系统将显示如图 2-17 所示的上下文相关快捷菜单。其中，有“ √ ”标记的工具栏项目表示已经显示在桌面上。

（2）选择相应的工具栏项目。

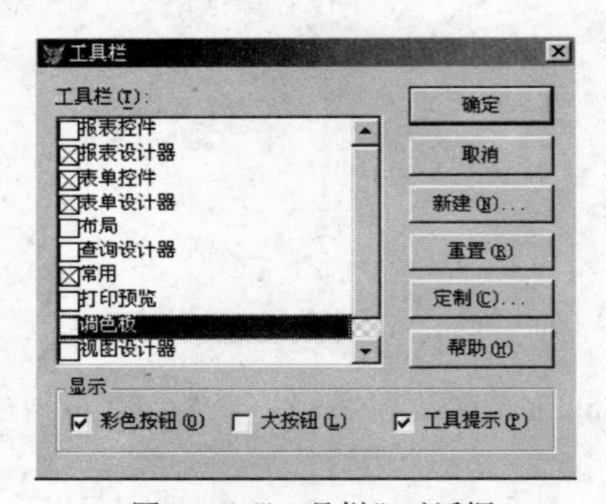

图 2-16 “工具栏”对话框

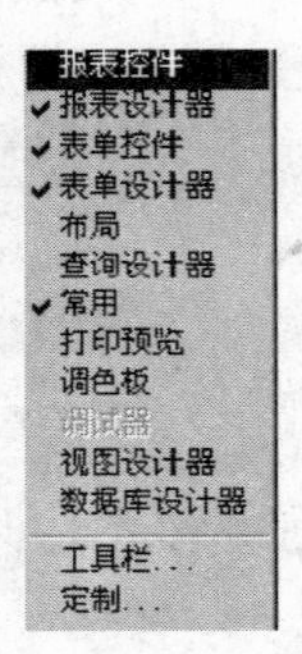

图 2-17 上下文相关快捷菜单

2. 定制每个工具栏中的项目

前面介绍了每个工具栏项目的具体内容，Visual FoxPro 6.0 的工具栏系统很复杂，它所涉及的面很宽，而且，对于每一方面的功能也是很全面的。但在实际中可能用不到其中的某些功能，用户需要这些工具栏，但并不需要它们的全部。再者，桌面是很有限的，用户只能尽可能地将常用的工具放在桌面上。这就是这里要涉及的问题：工具栏的定制。

工具栏的定制允许用户按照自己的习惯重新组织各个工具栏，包括各工具的位置、种类。可以将所需要的任何工具放到任何一个工具栏中，也可以增加或删除任何一个工具栏中的任何项目。工具栏的定制可以按照如下步骤进行。

（1）选择“显示”菜单，打开“显示”下拉菜单。

（2）在“显示”菜单中选择“工具栏”命令。

（3）系统将显示如图 2-18 所示的对话框。通过该对话框，可以定制工具栏的种类、创建新的工具栏等。

（4）单击“定制”按钮，弹出图 2-19 所示的对话框。

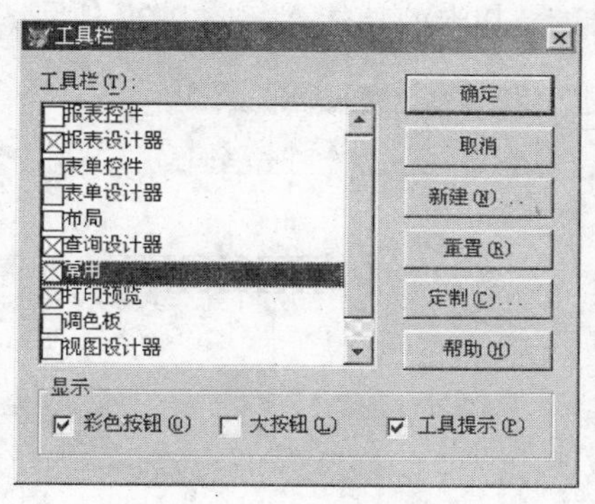

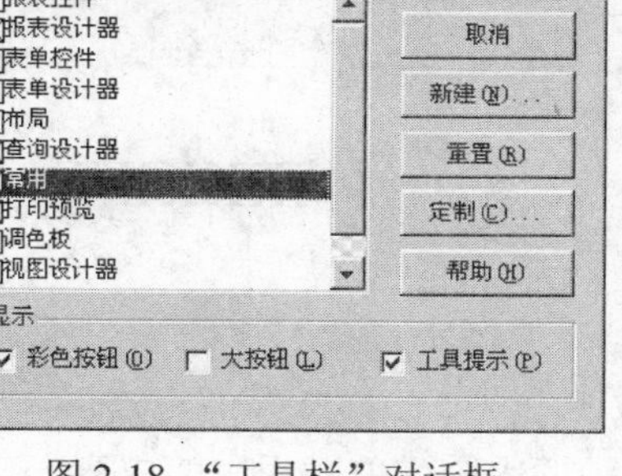

图 2-18 “工具栏”对话框

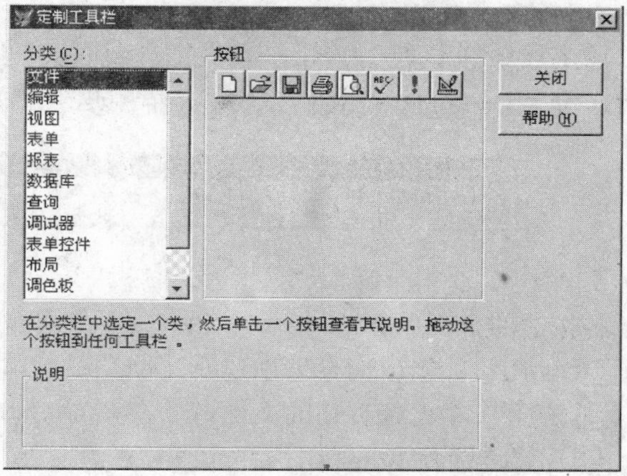

图 2-19 “定制工具栏”对话框

（5）选择工具栏的类别，右边将显示该类工具栏所包括的按钮。单击某一按钮可以显示该按钮的功能。

（6）选中所需的按钮，并将它拖动到系统工具栏上任意类的任意位置。利用这种简单的拖动可以将该按钮加入到相应的工具栏类中。

如果不需要工具栏中的某一按钮，可以用同上面相反的方法，在系统工具栏中选中该按钮，并将它拖离工具栏即可。

如果需要自建新的工具栏，可以在图 2-18 中单击“新建”按钮，系统将显示如图 2-20 所示的对话框。

输入工具栏的名称之后，单击“确定”按钮，将显示新建的工具栏。可以发现，该工具栏的内容是空的，需要用户根据自己的需要加入按钮。加入按钮的方式同定制时采用的拖动方法完全一样。图 2-21 所示为一个定制的新工具栏示例。

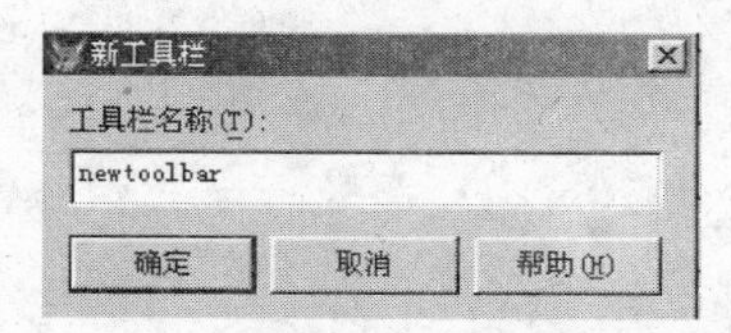

图 2-20 “新工具栏”对话框

图 2-21　定制的新工具栏示例

3. 定制工具栏的显示方式

工具栏的显示有几种方式，包括固定显示方式、浮动显示方式。固定显示方式就是始终显示在系统工具栏中；而浮动显示方式就是以一个独立的小窗口形式显示，位置可以任意拖动，窗口的标题就是该工具栏的标题。

在实际的使用中这两种方式是很容易互相转换的。

（1）如果需要把固定在工具栏上的工具栏变成浮动显示，那么把鼠标定位在该工具栏中按钮之间的间隙位置，然后拖动该工具栏离开工具栏区域即可。

（2）如果需要把浮动工具栏变成显示在工具栏位置的固定工具栏，那么可以把鼠标定位在该工具栏小窗口的窗口标题上，然后拖动该工具栏窗口到工具栏区域，直到出现单条的矩形框时松开鼠标即可。

4. 常用工具栏

该工具栏是系统默认的工具栏，系统启动时将自动显示该工具栏，除非重新定制了工具栏。该工具栏包括 Visual FoxPro 系统一些最常用的和最基本的功能，如图 2-22 所示。

图 2-22 “常用”工具栏

各按钮的含义如下：

- 使用设计器或向导来创建新文件。
- 打开一个已经存在的文件。
- 保存当前活动的文件。
- 打印文本文件、报表、标签、Command 窗口中的内容或剪贴板中的内容。
- 打印预览。
- 执行拼写检查。
- 剪切所选的文本、控件等，并复制到剪贴板上。
- 复制所选的文本、控件等，并复制到剪贴板上。
- 将剪贴板上的内容复制到当前的插入点上。
- 取消最近一次的操作。
- 恢复最近一次的取消操作。
- 执行查询、表单、程序、报表等。
- 修改表单。
- 指定当前的数据库。
- 打开 Command（命令）窗口。
- 打开数据工作期窗口。
- 执行 Visual FoxPro 的表单向导。
- 执行 Visual FoxPro 的报表向导。
- 执行 Visual FoxPro 的自动表单向导。
- 执行 Visual FoxPro 的自动报表向导。
- 显示在线帮助。

2.3.4 命令窗口

命令窗口是用户利用交互方式来执行 Visual FoxPro 命令的窗口。它是一个标题为“命令”的窗口，如图 2-23 所示，它位于系统窗口之中。可用鼠标拖动命令窗口的标题栏改变位置，可拖动它的边框来改变大小。用户还可以用键盘的上下箭头键翻动以前使用过的命令。所有用过的命令都会呈现在命令窗口供用户查看或重复使用。

图 2-23 “命令”窗口

有以下三种操作方式显示与隐藏命令窗口。

（1）单击命令窗口右上角的关闭按钮可关闭它，通过选择“窗口”菜单下的“命令”窗口选项可以重新打开。

（2）单击“常用”工具栏上的命令窗口按钮。按下则显示“命令”窗口，弹起则隐藏。

（3）按 Ctrl+F4 组合键隐藏命令窗口；按 Ctrl+F2 组合键显示命令窗口。

在命令窗口操作时，应注意以下几点：

① 每行只能写一条命令，每条命令均以按 Enter 键结束。

② 将光标移到窗口中已执行过的命令行的任意位置上，按 Enter 键将重新执行该命令。

③ 要清除刚输入的命令，可以按 Esc 键。

④ 在命令窗口中右击，将弹出一个快捷菜单，可以完成命令窗口和其他窗口的编辑操作。

2.3.5　工作区窗口

工作区窗口位于系统窗口中的空白区域，该窗口也叫信息窗口，用来显示 Visual FoxPro 各种操作的运行结果。例如，在命令窗口输入命令按 Enter 键后，命令的执行结果立即会在工作区窗口显示。若信息窗口显示的信息太多，则可在命令窗口中执行 CLEAR 命令予以清除。

2.3.6　状态栏

在 Visual FoxPro 系统界面的下方是状态栏，如图 2-24 所示。状态栏用于显示 Visual FoxPro 所有的命令及操作状态信息，如对表文件浏览时，显示表文件的路径、名称、总记录数以及当前记录等。

学生 (学生管理!学生)	记录:1/10	Exclusive		NUM	

图 2-24　状态栏

2.4　Visual FoxPro 6.0 系统环境设置

Visual FoxPro 6.0 的配置决定了其外观和行为。安装完 Visual FoxPro 6.0 之后，系统自动用一些默认值来设置环境，为了使系统能满足个性化的要求，用户也可以定制自己的系统环境。

Visual FoxPro 6.0 可以使用“选项”对话框或 SET 命令进行附加的配置设定。在此仅介绍使用“选项”对话框进行设置的方法。

1. 使用“选项”对话框

选择“工具”菜单下的“选项”，打开“选项”对话框，其中包括一系列代表不同类别环境选项的选项卡（共 12 个）。表 2-1 列出了各个选项卡的设置功能。

表 2-1 “选项”对话框中的选项卡及其功能表

选项卡	设 置 功 能
显示	显示界面选项，如是否显示状态栏、时钟、命令结果等
常规	数据输入与编程选项，如设置警告声音
数据	字符串比较设定、表选项，如是否使用索引强制唯一性
远程数据	远程数据访问选项，如连接超时限定值
文件位置	Visual FoxPro 默认目录位置、帮助文件以及辅助文件存储在何处
表单	表单设计器选项，如最大设计区域
项目	项目管理器选项，如是否提示使用向导，双击时运行
控件	“表单控件”工具栏中的“查看类”按钮所提供的可视类库和 ActiveX 控件选项
区域	日期、时间、货币及数字的格式
调试	调试器显示及跟踪选项，如使用什么字体与颜色
语法着色	区分程序元素所用的字体及颜色，如注释与关键字
字段映像	从数据环境设计器、数据库设计器或项目管理器向表单拖放表或字段时创建何种控件

下面仅举两个常用的例子。

（1）设置日期和时间的显示格式

在“区域”选项卡中可以设置日期和时间的显示方式，Visual FoxPro 中的日期和时间有多种显示方式可供选择。例如，“年月日”显示方式为 98/11/23，05:45:36 PM；“汉语”显示方式为 1998 年 11 月 23 日，17:45:36，等等，如图 2-25 所示。

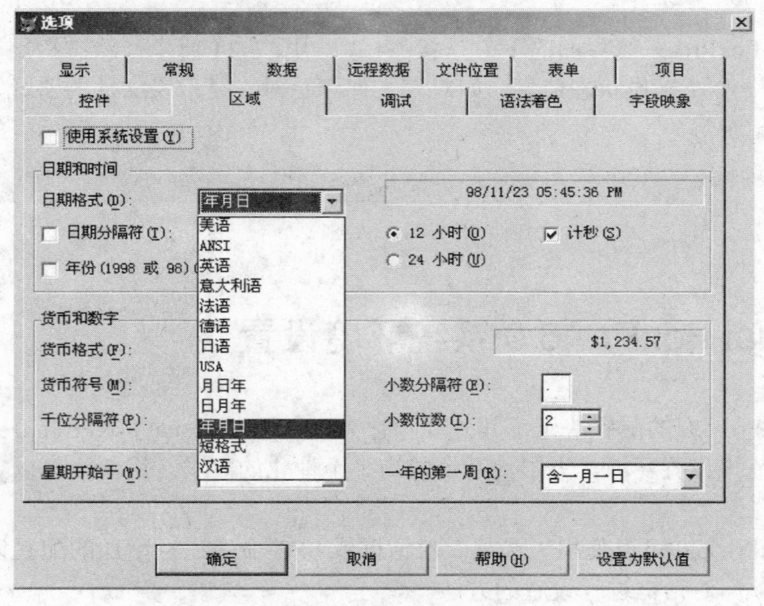

图 2-25 “选项”对话框

（2）设置默认目录

为便于管理，用户开发的应用系统应当与系统自有的文件分开存放，需要事先建立自己的工作目录。在“选项”对话框中选择“文件位置”选项卡，如图 2-26（a）所示。在文件类型选中“默认目录”，并单击“修改”按钮，或者直接双击“默认目录”，弹出如图 2-26（b）所示的“更改文件位置”对话框，选中“使用默认目录”复选框，激活“定位默认目录”文本框。然后直接输入路径，或者单击文本框右侧的“…”按钮，出现如图 2-26（c）所示的“选择目录”对话框，选中文件夹之后单击“选定”按钮。单击“确定”按钮，关闭“更改文件位置”对话框。设置默认目录之后，在 Visual FoxPro 6.0 中新建的文件将自动保存到该文件夹中。

2. 保存设置

对于 Visual FoxPro 配置所做的修改既可以是临时性的，也可以是永久的。临时设置保存在内存中，并在退出 Visual FoxPro 时释放。永久设置将保存在 Windows 注册表中，作为以后再启动 Visual FoxPro 时的默认设置值。也就是说，可以把在“选项”对话框中所做设置保存为仅在本次系统运行期间有效，或者保存为 Visual FoxPro 默认设置，即永久设置。

（1）将设置保存为仅在本次系统运行期间有效

在“选项”对话框中选择各项设置之后，单击“确定”按钮，关闭“选项”对话框。所更改的设置仅在本次系统运行期间有效，它们一直起作用，直到退出 Visual FoxPro，或再次更改选项。退出系统后，所做的修改将丢失。

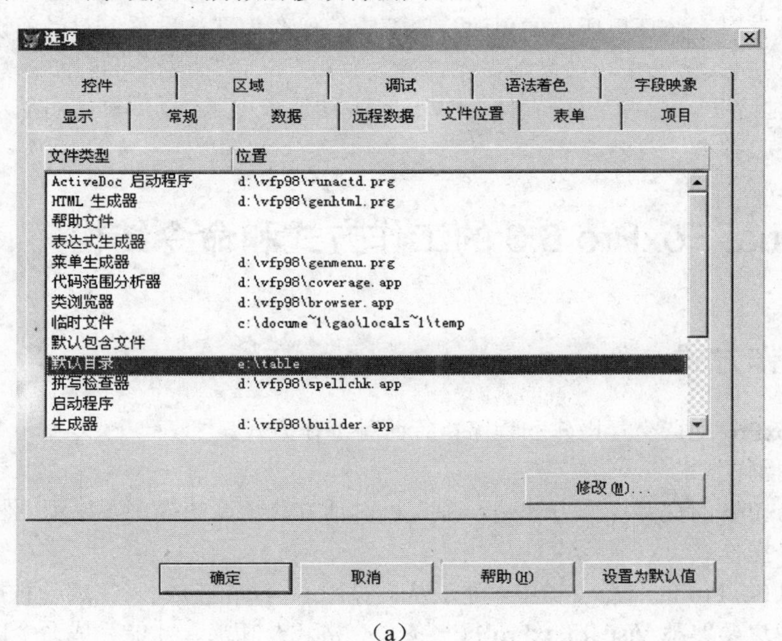

（a）

（b）

图 2-26　设置默认目录

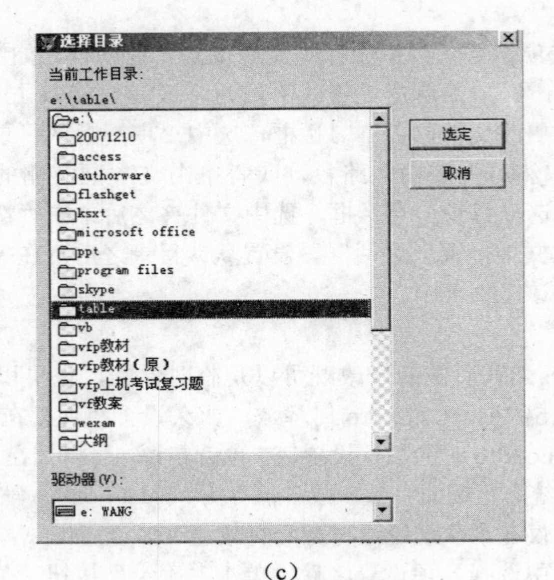

（c）

图 2-26 设置默认目录（续）

（2）保存为默认设置

要永久保存对系统环境所做的更改，应把它们保存为默认设置。对当前设置进行更改之后，“设置为默认值”按钮被激活，单击“设置为默认值”按钮，再单击“确定”按钮，关闭“选项”对话框。这就把它们存储在 Windows 注册表中了。以后每次启动 Visual FoxPro 时，所做的更改都继续有效。

2.5 Visual FoxPro 6.0 的工作方式和命令结构

2.5.1 工作方式

Visual FoxPro 支持交互操作和程序执行两种工作方式。

1. 交互操作方式

Visual FoxPro 的交互操作方式是一种人机对话方式。系统提供了以下两种交互方式。

（1）命令操作

在 Visual FoxPro 的命令窗口中，通过从键盘输入命令的方式来完成各种操作命令。这种操作要求用户要熟悉 Visual FoxPro 每一条命令格式及功能，才能完成命令的操作。

（2）菜单操作

运用 Visual FoxPro 菜单、窗口、对话框的图形界面特征实现交互式操作。对于这种操作，用户无须记忆繁多的命令格式，通过菜单和交互式的对话形式即可完成指定的任务。

2. 程序执行方式

Visual FoxPro 中的程序执行方式是将一组命令和程序设计语句，保存到一个扩展名为.PRG 的程序文件中，然后通过运行该文件，并将结果显示出来。这种方式在实际应用中是最常用最重要的方式，它不仅运行效率高，而且可重复执行。

2.5.2 命令结构

在使用 Visual FoxPro 的各种命令进行数据操作和程序设计时，必须严格按照各种命令所要求的格式书写，准确使用各种命令，实现其命令功能。

1. 命令结构

Visual FoxPro 的命令通常由两部分组成：第一部分是命令动词，用于指定命令的操作功能；第二部分是命令子句，用于说明命令的操作对象、操作条件等信息。

Visual FoxPro 的命令形式如下：

```
<命令动词>  [<表达式>] [<范围>] [FOR<条件>] [WHILE<条件>]
```

命令动词：它是 Visual FoxPro 的命令名，用来指示计算机要完成的操作。

表达式：用来指示计算机执行该命令所操作的结果参数。

范围：指定命令可以操作的记录集。范围有下列四种选择：

ALL　　　　当前表中的全部记录。

NEXT <N>　　从当前记录开始的连续 N 条记录。

RECORD <N>　当前表中的第 N 号记录。

REST　　　　从当前记录开始到最后一条记录为止的所有记录。

省略范围时，不同命令有不同的操作范围。

FOR <条件>：它规定只对满足条件的记录进行操作。

WHILE <条件>：从当前记录开始，按记录顺序从上向下处理，一旦遇到不满足条件的记录，就停止搜索并结束该命令的执行。

2. 命令格式中的约定符号

在 Visual FoxPro 的命令和函数格式中采用了统一约定符号，这些符号的含义如下：

<>表示必选项，尖括号内的参数必须根据格式输入其参数值。

[]表示可选项，方括号内的参数由用户根据具体要求选择输入其参数值，不选时系统自动取默认值。

| 表示二选一符号，要求用户从本符号的左右两项中选择一项。

…表示省略符号，它表示在一个命令或函数表达式中，某一部分可以按同一方式重复。

上述符号是专用符号，用于命令或函数语法格式中的表达，在实际命令和函数操作时，命令行或函数中不能输入这些专用符号，否则将产生语法错误。

3. 有关规则

（1）命令动词必须是命令行的第一个非空字符，各子句可以以任意顺序跟在动词后面，命令动词与子句、子句与子句之间用一个或多个空格隔开。

（2）命令动词和 Visual FoxPro 保留字均可用前四个或四个以上字母简写。

（3）命令行的总长度不得超过 2048 个字符（包括空格在内），如果命令较长，在显示器上显示不下时，那么可以分几行写，但除最后一行以外，每行的末尾以“;”结束。

（4）命令、关键字、变量名和文件名中的字母既可以大写也可以小写，还可以大写、小写混合，三者等效。

（5）所有的标点符号要用英文状态下的。

4. Visual FoxPro 文件命名方法

文件名由主文件名和扩展名两部分组成。主文件名只可以包括字母、数字、下划线、连字符，但不能使用“*”、“？”、“/”等符号。扩展名由“.”加三个字母组成，表示文件类型。

如文件名 STU_AB.DBF，表示该文件的主文件名是 STU_AB，扩展名是 DBF。其中 DBF 表示的文件类型是表文件。

2.6 Visual FoxPro 工具

为了便于应用程序的开发，Visual FoxPro 提供了三种功能强大的支持可视化设计的辅助工具：向导、生成器和设计器。

2.6.1 向导

Visual FoxPro 的向导是一种快捷设计工具，它通过对话框的形式引导用户分步完成某一指定任务。Visual FoxPro 的向导工具有 20 余种，如图 2-27 所示。向导工具的最大特点是“快捷”，操作简单，并能快速完成编辑任务。向导运行时，系统以对话框的形式向用户提示每一步的详细操作步骤，引导用户选定所需要的选项，逐步完成任务，具体功能如表 2-2 所示。

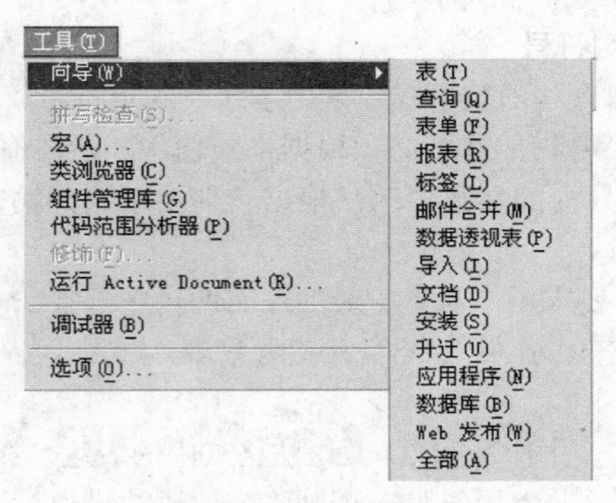

图 2-27 向导

表 2-2 向导的功能

向导名称	功能
表向导	创建一个新表的表结构
报表向导	快速创建报表
标签向导	快速创建标签
表单向导	快速创建表单

续表

向导名称	功能
查询向导	创建查询
视图向导	创建视图
导入向导	引导或添加数据
文档向导	从项目文件和程序文件的代码中产生格式化的文本文件
图表向导	快速创建图表
应用程序向导	创建 Visual FoxPro 的应用程序
SQL 升迁向导	引导用户利用 Visual FoxPro 数据库功能创建 SQL Server 数据库
数据透视表向导	快速创建数据透视表
安装向导	从文件中创建一整套安装磁盘
邮件合并向导	创建一个邮件合并文件

2.6.2　设计器

Visual FoxPro 设计器为用户提供了一个友好的图形界面，为用户完成不同任务提供了良好的设置和选择工具。它具有比向导更强大的功能。Visual FoxPro 设计器有多种，其功能如表 2-3 所示。

表 2-3　设计器

名称	功能	名称	功能
表设计器	创建表并建立索引	标签设计器	创建、修改标签
查询设计器	用于查询	数据库设计器	建立数据库，查看并创建表之间的关系
视图设计器	用于创建视图并修改视图	连接设计器	为远程视图创建连接
表单设计器	用于创建表单并修改表单	菜单设计器	创建菜单或快捷菜单
报表设计器	创建、修改报表		

2.6.3　生成器

Visual FoxPro 提供的生成器是一个带有选项卡的对话框。它可以简化创建或修改应用程序中所需要的构件，并以简单直观的人机交互操作方式使用户完成应用程序的界面设计任务，改变了用户逐条编写程序、反复调试程序的烦琐工作方式。

Visual FoxPro 生成器具有多种，其功能如表 2-4 所示。

表 2-4　生成器

名称	功能	名称	功能
自动格式生成器	生成一组格式化控件	命令组生成器	生成命令组按钮
组合框生成器	生成组合框	编辑框生成器	生成编辑框

续表

名　称	功　能	名　称	功　能
表单生成器	生成表单	文本框生成器	生成文本框
表格生成器	生成表格	表达式生成器	生成并编辑表达式
列表框生成器	生成列表框	参照完整性生成器	生成参照完整性规则
选项生成器	生成选项按钮		

2.7 Visual FoxPro 系统的常用文件类型

在 Visual FoxPro 中，文件是按照不同的格式存储在磁盘上的，根据文件的组织形式及数据特点，Visual FoxPro 的文件可以划分为几十种类型，表 2-5 列出了最常用的文件类型及其扩展名。

表 2-5　常用文件类型

扩展名	名　称	扩展名	名　称
.DBF	数据表文件	.DBC	数据库文件
.FPT	数据表备注文件	.DBT	数据库备注文件
.IDX	数据表单一索引文件	.DCX	数据库索引文件
.CDX	数据表复合索引文件	.PRG	程序文件
.PJX	项目文件	.FXP	程序编译文件
.PJT	项目备注文件	.MNX	菜单文件
.MEM	内存变量文件	.MNT	菜单备注文件
.FRX	报表文件	.MPR	生成菜单程序文件
.FRT	报表备注文件	.QPX	查询文件
.SCX	表单文件	.QPR	查询程序
.SCT	表单备注文件	.TXT	文本文件

本章小结

本章简要介绍了 Visual FoxPro 6.0 的发展与特点，以及安装、启动、退出等操作。详细介绍了 Visual FoxPro 6.0 的应用界面与环境设置。对 Visual FoxPro 6.0 的工作方式和工具以及文件类型也给予了一定的说明。

综合练习

一、选择

1. Visual FoxPro 支持（　　）两种工作方式。

   A．命令和菜单　　　　B．交互操作和程序

C．交互操作和菜单　　　　　　　　D．命令和程序

2．要配置 Visual FoxPro 的系统环境，应执行（　　）菜单中的“选项”命令。

A．“格式”　　B．“编辑”　　C．“工具”　　D．“文件”

3．使用命令退出 Visual FoxPro 的正确操作是（　　）。

A．在命令窗口中输入 CLEAR，按 Enter 键

B．在命令窗口中输入 QUIT，按 Enter 键

C．在命令窗口中输入 DO，按 Enter 键

D．在命令窗口中输入 EXIT，按 Enter 键

4．如果要设置日期和时间的格式，应选择“选项”对话框中的（　　）选项卡。

A．“显示”　　B．“区域”　　C．“数据”　　D．“常规”

二、填空

1．退出 Visual FoxPro 的命令是（　　）。

2．Visual FoxPro 提供了大量的辅助设计工具，可分为三类，分别是（　　）、（　　）、（　　）。

3．清除工作区窗口的显示结果的命令是（　　）。

第3章 数据与数据运算

Visual FoxPro 主要进行数据处理，而不同类型的数据，其处理方式是不同的。Visual FoxPro 有常量、变量、表达式和函数四种形式的数据。常量和变量是数据运算和处理的基本对象，而表达式和函数则体现了语言对数据进行运算和处理的能力及功能。

3.1 数据类型

Visual FoxPro 在进行数据处理时，要考虑数据的类型，数据类型决定了数据的存储方式和运算方式。

1. 字符型

字符型（Character，C）数据是指一切可以显示打印的字符和汉字，它由 26 个英文字母、10 个数字以及各种符号、空格、汉字等组成。

2. 数值型

数值型数据是表示数量、可以进行数值运算的数据类型。数值型数据由数字、小数点、正负号和表示乘幂的字母 E 组成。在 Visual FoxPro 系统中，按存储、表示形式与取值范围不同，数值型数据又分为四种不同的类型。

（1）数值型

数值型（Numeric，N）数据由数字（0～9）、小数点和正负号组成。

（2）浮点型

浮点型（Float，F）数据是数值型数据的一种，它与数值型的数据相同，只是在数据的存储形式上采用的是浮点格式。它的特点是数据计算具有更高的精度。

（3）双精度型

双精度（Double，B）数据是一种比浮点型更精确的高精度数据，以科学计数法表示。双精度类型只用于数据表的字段类型定义中。

（4）整型

整型（Integer，I）数据是指不带小数的数值型数据。整型只用于数据表的字段类型定义中。

3. 货币型

货币型（Currency，Y）数据是指在数值前加一个前置的符号（$）来表示货币值。

4. 日期型

日期型（Date，D）数据是用于表示日期的数据。

5. 日期时间型

日期时间型（Date Time，T）数据是用于表示日期和时间的数据。

6. 逻辑型

逻辑型（Logic，L）数据表示一种逻辑判断值。

7. 备注型

备注型（Memory，M）数据用于存放字符型的较长文本数据。备注型只用于数据表的字段类型定义中。

8. 通用型

通用型（General，G）数据用来存放图形、电子表格、声音等多媒体信息。它只用于数据表的字段类型定义中。

9. 二进制字符型和二进制备注型

这两类数据是以二进制格式存储的数据类型，只能用在表中字段数据的定义。所存储的数据不受代码页改变的影响。

3.2 常量与变量

在 Visual FoxPro 系统环境下，对数据进行输入、输出及加工处理时，必须将数据存放在指定数据存储容器中，不同类型的数据必须选择不同的数据存储容器。在不同的容器中，数据的作用规定了数据的使用范围和有效性。在 Visual FoxPro 中，常用的数据存储容器有常量、变量等。

3.2.1 常量

常量用于表示一个具体的、不变的值。不同类型的常量有不同的书写格式。在 Visual FoxPro 中定义了六种类型的常量：数值型常量、货币型常量、字符型常量、逻辑型常量、日期型常量、日期时间型常量。

1. 数值型常量

数值型常量用来表示一个数量的大小，由数字 0～9、小数点和正负号构成，如 12、12.34、−78.9。为了表示很大或很小的数值型常量，也可以使用科学计数法形式书写，例如，用 1.2E−14 表示 1.2×10^{-14}。

2. 货币型常量

货币型常量用来表示一个具体的货币值，货币型常量是在数值前添加一个货币符号($)，其实是一种特殊的数值常量。货币型数据在存储和计算时保留 4 位小数，多余 4 位小数时将自动对其后的小数做四舍五入处理。货币型常量不支持科学计数法的表示形式。

3. 字符型常量

字符型常量是由任意 ASCII 字符、汉字和汉字字符组成的字符型数据，又称为字符串。为与其他类型常量、变量和标识符相区别，Visual FoxPro 要求将字符串中所有字符都用一对双引号“ " ”或单引号“ ' ”或方括号“[ ]”作为定界符括起来。

字符型常量的定界符必须成对匹配，不能一边用单引号而另一边用双引号。如果某种定界符本身也是字符串的内容，则需要用另一种定界符为该字符串定界。

例如："I am a student. "，'中华人民共和国'，[Visual FoxPro 6.0 系统]，"'吉林工商学院'"都是字符串。

例如：" I am a student. '，""吉林工商学院""都不是字符串。

注意：不包含任何字符的字符串（""）称为空串，空串与包含空格的字符串（" "）不同。

4. 逻辑型常量

逻辑型常量就是表示逻辑判断结果“真”或“假”的逻辑值。逻辑常量只有真和假两种值，分别用.t.（或.y.）和.f.（或.n.）表示真和假（大写字母也可以）。一般应在表示逻辑常量的字母左右加注圆点符“.”以示区别。逻辑型数据固定用 1 个字节表示。

5. 日期型常量

日期型常量是表示日期值的数据。日期型常量的定界符是一对花括号。花括号内包括年、月、日三部分内容，各部分内容之间用分隔符分隔。分隔符可以是斜杠（/）、连字号(-)、句点（.）和空格，其中斜杠（/）是默认分隔符。日期型常量占 8 个字节。

（1）日期型常量的格式有两种

① 传统的日期格式

系统默认的日期型数据为美国日期格式“mm/dd/yy”（月/日/年），传统日期格式中的月、日各为两位数字，而年份可以是两位数字，也可以是 4 位数字，如{11/22/10}、{11/22/2010}等。

这种格式的日期型常量受到命令语句 SET DATE TO 和 SET CENTURY 设置的影响。也就是说，在不同的设置状态下，计算机会对同一个日期型常量做出不同的解释。比如，{11/22/10}可以被解释为：2010 年 11 月 22 日、2011 年 10 月 22 日等。

② 严格的日期格式

Visual FoxPro 系统增加了一种所谓严格的日期格式。不论是哪种设置，按严格日期格式表示的日期型和日期时间型数据，都具有相同的值和表示形式。严格的日期格式是：{^yyyy-mm-dd}。这种格式书写时要注意：花括号内第一个字符必须是脱字符（^）；年份必须是 4 位；年月日的次序不能颠倒、不能缺省。

（2）影响日期格式的命令

① 设置分隔符

【格式】

```
SET MARK TO [日期分隔符]
```

【功能】用于设置显示日期型数据时使用的分隔符，若没有指定分隔符，则表示恢复系统默认的斜杠分隔符。

例 3.1

```
SET MARK TO "."
? {^2010-11-22}
```

显示结果：

```
11.22.10
```

② 设置日期显示格式

【格式】

```
SET  DATE  [TO] AMERICAN | ANSI | BRITISH | FRENCH | GERMAN | ITLIAN | JAPAN
| USA  | MDY | DMY | YMD
```

【功能】设置日期型显示输出格式。系统默认为 AMERICAN 美国格式。各种日期格式设置所对应的日期显示输出格式如表 3-1 所示。

表 3-1　系统日期格式

设 置 值	日期显示格式	设 置 值	日期显示格式
AMERICAN	mm/dd/yy	USA	mm-dd-yy
ANSI	yy.mm.dd	MDY	mm/dd/yy
BRITISH / FRENCH	dd/mm/yy	DMY	dd/mm/yy
GERMAN	dd.mm.yy	YMD	yy/mm/dd
ITALIAN	dd-mm-yy	JAPAN	yy/mm/dd

例 3.2

```
SET  DATE  TO  YMD
? {^2010-11-22}
```

显示结果：

```
10/11/22
```

③ 设置日期格式中的世纪值

通常日期格式中用两位数表示年份，但涉及世纪问题就不便区分。Visual FoxPro 提供设置命令对此进行相应的设置。

【格式】

```
SET  CENTURY  ON | OFF
```

【功能】ON 表示日期数据显示时年份为 4 位，即日期值输出时显示年份值；OFF（默认值）表示日期数据显示时年份为两位，即日期值输出时不显示年份值。

【格式】

```
SET  CENTURY  TO 世纪值  ROLLOVER 年份参照值
```

【功能】设置日期的世纪值。TO 确定用两位数字表示年份所处的世纪，如果该日期的两位数字年份大于等于[年份参照值]，则它所处的世纪即为[世纪值]；否则为[世纪值]+1。

例 3.3

```
SET  DATE  TO  YMD
SET  CENTURY  ON
```

```
SET CENTURY TO 19 ROLLOVER 10
SET MARK TO "."
? CTOD("49-05-01")        &&表示 49 年 5 月 1 日
```

显示结果

```
1949.05.01
```

④ 设置是否对日期格式进行检查

Visual FoxPro 系统默认采用严格的日期格式，并以此检测所有日期型和日期时间型数据的格式是否规范、合法。为与早期版本兼容，用户通过命令或菜单设置改变这种格式。

【格式】

```
SET STRICTDATE TO [0 | 1]
```

【功能】0 表示关闭严格的日期格式检测，即设置日期格式按传统的格式；1 表示设置严格的日期格式检测（默认值），要求所有日期型和日期时间型数据均按严格的格式。

6. 日期时间型常量

Visual FoxPro 系统中增加了一种表示日期和时间值的日期时间型常量，其包括日期和时间两部分内容：{<日期>，<时间>}。日期时间型数据用 8 个字节存储。

默认格式是：

```
{^yyyy/mm/dd [,[hh[:mm[:ss]][a|p]]]}
```

其中，hh、mm 和 ss 分别代表时、分和秒。a 和 p 分别表示 AM（上午）和 PM（下午），默认是上午。如{^2010-11-22,10:30:52 }表示的是 2010 年 11 月 22 日上午 10 点 30 分 52 秒。

3.2.2 变量

变量是在操作过程中可以改变其取值或数据类型的数据。在 Visual FoxPro 系统中，变量分为字段变量、内存变量、数组变量和系统变量四类。每一个变量都有一个名字，可以通过变量名访问变量。变量名一般以字母、汉字或下划线开头，由字母、数字、汉字、下划线组成。

1. 字段变量

表由若干记录构成，每个记录都包含若干个数量相同的字段，同一字段在不同记录中分别对应不同的字段值，因此，字段也是变量。与其他变量不同的是，字段变量是定义在表中的变量，随表的存取而存取，因而是永久性变量。字段名就是变量名，变量的数据类型为 Visual FoxPro 中任意数据类型，字段值就是变量值。

2. 内存变量

内存变量是在内存中定义的、一个临时存储的单元，可以用来存放表操作过程中或程序运行过程中所要临时保存的数据。

（1）内存变量的数据类型

内存变量的数据类型包括数值型、字符型、逻辑型、日期型和日期时间型。

（2）内存变量的建立

建立内存变量就是给内存变量赋值，不必事先定义。内存变量赋值既可定义一个新的内存变量，也可改变已有内存变量的值或数据类型。有如下两种命令格式。

【格式1】

```
STORE <表达式> TO  <内存变量表>
```

【功能】计算<表达式>的值并赋值给各个内存变量。

【格式2】

```
<内存变量> = <表达式>
```

【功能】计算<表达式>的值并赋值给指定内存变量。

例3.4

```
STORE 8 TO AA,BB,CC        &&将数值8赋给变量AA,BB,CC
STORE "李磊" TO NAME       &&将字符串"李磊"赋给变量NAME
A=.T.                      &&将逻辑真值赋给变量A
```

【说明】

① STORE一次可以给多个变量赋予相同的值，各内存变量名之间用逗号隔开。而“=”一次只可以给一个变量赋值。

② 在Visual FoxPro中，内存变量在使用前不需要特别的声明或定义。

③ 可以通过对内存变量重新赋值来改变其内容和类型。

例3.5　把命令“STORE 8 TO AA,BB,CC”用“=”命令改写。

```
AA=8
BB=8
CC=8
```

注意：字段变量和内存变量可以同名，系统默认优先访问字段变量，若想访问内存变量，则必须在内存变量名前加上前缀M.或M->。

例3.6

```
use 学生
DISP   &&显示学生表当前记录
记录号  学号    姓名   性别   出生日期    党员   民族    籍贯   高考成绩  简历   照片
   1  201001 陈勇    男    05/29/90   .T.    汉族    西安    420.0   Memo  Gen
姓名=123
? 姓名,M.姓名
```

显示结果：

```
陈勇  123
```

3. 数组变量

数组变量是结构化的变量，是一组具有相同名称、以下标相互区分的有序内存变量。一个数组通常都包含多个数据元素，每个数组元素都相当于一个简单变量。Visual FoxPro系统中只允许使用一维数组和二维数组。由若干单下标变量组成的数组称为一维数组，由若干双下标变量组成的数组称为二维数组。

（1）数组的定义

数组必须先定义后使用，定义数组是向系统申请数组元素在内存中的存储空间。

【格式】

```
DIMENSION | DECLARE  <数组名 1>（<数值表达式 1>[,<数值表达式 2>]）[,<数组名 2>
（<数值表达式 3>[,<数值表达式 4>]）…]
```

【功能】定义指定的数组。

例 3.7　定义一个一维数组 *AA*(4)和二维数组 *BB*(2，3)。

```
DIME  AA(4),BB(2,3)
```

分别表示：

一维数组 *AA* 有 4 个元素：*AA*(1)、*AA*(2)、*AA*(3)、*AA*(4)。

二维数组 *BB* 有 6 个元素：*BB*(1,1)、*BB*(1,2)、*BB*(1,3)、*BB*(2,1)、*BB*(2,2)、*BB*(2,3)。

（2）数组元素

① 数组中各有序变量（数据元素）组成数组的成员，称为数组元素。数组元素实质上是一个内存变量，也称数组变量，它们具有相同变量名即数组名，彼此以下标区分。

② 数组元素的名称（变量名）用数组名加下标构成。如 *AA*(1)、*BB*(2，3)分别表示一维数组 *AA* 的第 1 个元素，二维数组 *BB* 中第 2 行第 3 列的元素。

③ 下标必须用圆括号括起来；一维数组的元素只有一个下标，二维数组的元素有两个以逗号分隔的下标。

④ 下标必须是非负数值，最小值是 1。可以是常量、变量、函数或表达式，下标值会自动取整。

⑤ 数组元素的数据类型决定于最后赋值的数据类型；不同数组元素的数据类型可以不同。

⑥ 数组元素与普通内存变量一样，可以赋值和引用。

（3）数组的赋值

【格式 1】

```
STORE <表达式> TO <数组名/数组元素>
STORE 0 TO AA                 &&将数值 0 赋给数组 AA 的所有元素
STORE  "李磊"  TO  BB(2,1)    &&将"李磊"赋给数组 BB 的第 2 行第 1 列的元素
```

【格式 2】

```
<数组名/数组元素>=<表达式>
BB=.T.      &&将逻辑真值赋给数组 BB 的所有元素
```

（4）数组总结

① 数组必须先定义后使用。DIMENSION 和 DECLARE 的功能完全相同。

② 数组可以是一维的，也可以是二维的。其中二维数组 *BB*(*M*，*N*)所代表的元素个数是 $M\times N$。

③ 数组下标的起始值为 1 。

④ 数组定义后未赋值，系统默认每个数组元素都赋予逻辑假.F.。

⑤ 同一数组中的数组元素可以有不同的数据类型。

⑥ 二维数组中各元素按行的顺序依次排列。

⑦ 为数组名赋值相当于对所有数组元素赋值。

⑧ 可以用一维数组的形式访问二维数组。例如，二维数组各元素 *BB*(1,1)、*BB*(1,2)、*BB*(1,3)、*BB*(2,1)、*BB*(2,2)、*BB*(2,3)用一维数组形式可依次表示为 *BB*(1)、*BB*(2)、*BB*(3)、*BB*(4)、*BB*(5)、*BB*(6)。

例 3.8

```
DIME  M(2,2)
M(1,1)=10
M(1,2)=20
M(2,1)=30
M(2,2)=40
? M(3)
```

显示结果：

```
30
```

4. 系统变量

系统变量是 Visual FoxPro 系统特有的内存变量，它由 Visual FoxPro 系统定义、维护。系统变量有很多，其变量名均以下划线“_”开始，因此在定义内存变量和数组变量名时，不要以下划线开始，以免与系统变量名混淆。系统变量设置、保存了很多系统的状态、特性，了解、熟悉并且充分地运用系统变量，可以给数据库系统的操作、管理带来很多方便，特别是开发应用程序时更为突出，读者学习时可对此有所关注。

3.2.3　常用命令

1. 变量值的显示

用?/??命令可以分别显示单个或一组变量的值。

（1）【格式】

```
?|?? <表达式表>
```

【功能】计算表达式表中各表达式的值，并在屏幕上显示输出各表达式的值。

【说明】

① ?：先回车换行，再计算并输出表达式的值；

② ??：在屏幕上当前位置计算并直接输出表达式的值；

③ <表达式表>：用逗号分隔的表达式，各表达式的值输出时，以空格分隔。

有时用户还需了解变量其他相关信息，如数据类型、作用范围，以及系统变量的信息。Visual FoxPro 系统提供了相应的操作命令。

（2）【格式】

```
DISPLAY | LIST MEMORY  [LIKE <通配符>]
```

【功能】显示当前在内存中定义的自定义内存变量和系统内存变量。不带任何参数时将显示所有内存变量（包括系统内存变量），选用 LIKE 只显示与通配符相匹配的内存变量。通配符包括*和?，*表示任意多个字符，?表示任意一个字符。

LIST MEMORY 与 DISPLAY MEMORY 的区别：

① LIST MEMORY 显示内存变量时不暂停，在屏幕上只保留最后一屏内存变量。

② DISPLAY MEMORY 在显示内存变量时分屏显示，若内存变量数超过一屏，则在每显示一屏后暂停，按任意键后继续显示。

2. 变量的清除

Visual FoxPro 系统对定义内存变量的数量是有限制的，应及时清理，尽量减少内存的占用，以方便定义其他变量。

（1）【格式】

```
RELEASE <内存变量名表>
```

【功能】删除指定的内存变量。当<内存变量名表>为多个变量时，变量名之间用“,”隔开。

（2）【格式】

```
RELEASE  ALL [LIKE  <通配符> | EXCEPT <通配符> ]
```

【功能】删除指定的内存变量。省略所有选择项时，则删除所有的内存变量。

（3）【格式】

```
CLEAR MEMORY
```

【功能】删除当前内存中的所有内存变量。它和 RELEASE ALL 的功能完全相同。

例 3.9

```
clear  memory
dime  y(2,2)
store  "中国"  to  x1,y(1)
y(2)=20
x2={^2010-11-22}
list  memo  like  y*
```

显示结果：

```
 Y          Pub

(  1,  1)     C  "中国"
(  1,  2)     N  20
(  2,  1)     L  .F.
(  2,  2)     L  .F.
release  all  like  y*
list  memory  like  x*
```

显示结果：

```
x1  pub   C   中国
x2  pub   D   11/22/10
```

3.3 表达式

表达式是由运算符和括号将常量、变量和函数连接起来的有意义的式子。单个的常量、变量和函数都可以看作是最简单的表达式。

表达式按照运算结果的类型可以分为四类：数值型表达式、字符型表达式、日期时间型表达式、逻辑型表达式。

运算符是对数据对象（操作数）进行操作运算的符号。运算符以其结果的类型分组有如下五类：算术运算符、字符串运算符、日期时间运算符、关系运算符、逻辑运算符。

3.3.1 算术运算符和数值表达式

数值表达式由算术运算符将数值型数据连接起来形成，其运算结果仍然是数值型数据。算术运算符的功能及运算优先顺序如表 3-2 所示。其中运算符按运算优先级别从高到低的顺序排列。

表 3-2　算术运算符

运 算 符	功　能	表达式举例	运 算 结 果	优 先 级 别
( )	圆括号	(2−5)*(3+2)	−15	最高
**、^	乘幂	2**5、3^2	32、9	↓
*、/、%	乘、除、求余	2*10、25/5、7%5	20、5、2	↓
+、−	加、减	36+19、29−47	55、−18	最低

3.3.2 字符运算符和字符表达式

字符表达式是由字符运算符将字符型数据对象连接起来进行运算的式子。字符运算的对象是字符型数据对象，运算结果是字符常量。两个连接运算符“+”和“−”的优先级别相同，如表 3-3 所示。

表 3-3　字符运算符

运 算 符	功　能	表达式举例	运 算 结 果
+	直接连接。将前后两个字符串首尾连接形成一个新的字符串	"hello "+"everyone"	"hello everyone"
−	紧缩连接。连接前后两个字符串，并将前字符串的尾部空格移到合并后的新字符串尾部	"hello "−"everyone"	"helloeveryone "

3.3.3 日期时间运算符和日期时间表达式

由日期时间运算符将日期型、日期时间型数据或数值型数据连接而成的运算式称为日期时间表达式。日期时间运算符分为“+”和“−”两种。表 3-4 所示为合法的日期时间表达式。

表 3-4 日期时间表达式

格 式	结果及类型
<日期>+<天数>	日期型。指定日期若干天后的日期
<日期>–<天数>	日期型。指定日期若干天前的日期
<日期>–<日期>	数值型。两个指定日期相差的天数
<日期时间>+<秒数>	日期时间型。指定日期时间若干秒后的日期时间
<日期时间>–<秒数>	日期时间型。指定日期时间若干秒前的日期时间
<日期时间>–<日期时间>	数值型。两个指定日期时间相差的秒数

其中，<天数>和<秒数>都是数值型。两个日期型数据或日期时间型数据是不能相加的。

例 3.10

```
?{^2010-11-22}+8
11/30/10
? {^2010-11-22}- {^2010-11-10}
12
```

3.3.4 关系运算符和关系表达式

由关系运算符连接两个同类型数据进行关系比较的运算式称为关系表达式。关系表达式的值为逻辑值，关系表达式成立则其值为“真”，否则为“假”，如表 3-5 所示。

表 3-5 关系运算符

运 算 符	功 能	表达式举例	结 果
<	小于操作符	16<4*6	.T.
>	大于操作符	15>20	.F.
=	等于操作符	2+4=3*5	.F.
<>，#，!=	不等于操作符	9#10	.T.
<=	小于或等于	9<=10	.T.
>=	大于或等于	9>=10	.F.
==	字符串精确比较	"a"=="ab"	.F.
$	子串包含测试	"a"$"ab"	.T.

关系运算符的优先级别相同。其中运算符“==”和“$”仅适用于字符型数据。其他运算符适用于任何类型的数据。关系表达式运算时，就是比较同类两数据对象的“大小”，对于不同类型的数据，其“大小”或者是值的大小，或者是先后顺序。

（1）数值型和货币型数据比较：按数值的大小比较。

（2）日期或日期时间数据比较：越早的日期或时间越小，越晚的越大。

（3）逻辑型数据比较：.T.大于.F.。

（4）在 Visual FoxPro 系统中，字符型数据的比较相对复杂，默认规则为：

单个字符：单个字符的比较是以字符 ASCII 码的大小作为字符的“大小”，也就是先后顺序。

字符串：两个字符串进行比较的基本原则是从左到右逐个字符进行比较，但因系统相关设置状态不同，比较的结果与预期的不完全相同。

汉字：系统默认按汉字的拼音排列汉字的顺序，也就是以汉字的拼音顺序比较“大小”，因此，汉字比较实质上是以字母的顺序进行比较；但 Visual FoxPro 系统可以设置汉字按笔画排列顺序，因而，汉字的“大小”决定了其笔画数的多少。用菜单设置汉字排列顺序方式的操作步骤为：单击“工具”→“选项”命令，将打开“选项”对话框中，在“数据”选项卡的“排序序列”下拉列表框中选择 Stroke 选项并单击“确定”按钮，系统将按汉字的笔画数进行汉字的排序、比较运算。

① 相等比较：用运算符=进行两串比较时，或者到达右串的末尾字符为止（当 SET EXACT OFF 时即不精确比较），或者当到达两串的末端为止（当 SET EXACT ON 时即精确比较），以判断两串是否相等。

② 精确相等比较：用运算符= =进行两串的相等比较时，不论 SET EXACT 的设置如何（精确比较的开关是否打开），只有当两串长度相同、字符相同、排列一致时才成立。

③ 大小比较：用运算符“<”或“>”进行两串比较时，比较到第 1 个不相同字符为止，否则，长度较长的串较“大”。

（5）子串包含测试$：<左串>$<右串>为表达式，如果左串是右串的一个子串，则结果为真，否则为假。

3.3.5　逻辑运算符和逻辑表达式

由逻辑运算符将逻辑型数据对象连接而成的式子称为逻辑表达式。逻辑表达式的运算对象与运算结果均为逻辑型数据。表 3-6 所示为逻辑运算符及其功能。逻辑运算符前后一般要加圆点“.”标记，以示区别。

表 3-6　逻辑运算符

运　算　符	功　　能	优 先 级 别
.NOT.或！	逻辑非	最高
.AND.	逻辑与	↓
.OR.	逻辑或	最低

对于各种逻辑运算，其运算规则如表 3-7 所示。

表 3-7　逻辑运算规则表

A	B	A .AND.B	A .OR. B	.NOT. A
.T.	.T.	.T.	.T.	.F.
.T.	.F.	.F.	.T.	.F.
.F.	.T.	.F.	.T.	.T.
.F.	.F.	.F.	.F.	.T.

3.3.6 不同类型运算符的运算优先级

在一个表达式中可能包含多个由不同运算符连接起来的、具有不同数据类型的数据对象，但任何运算符两侧的数据对象都必须具有相同数据类型，否则运算将会出错；由于表达式中有多种运算，不同的运算顺序可能得出不同的结果，甚至出现运算错误，因此当表达式中包含多种运算时，必须按一定顺序实行相应运算，才能保证运算的合理性和结果的正确性、唯一性。用户也可以通过给表达式加圆括号的方式来改变其默认的运算顺序。在 Visual FoxPro 系统中，各类运算的优先顺序如下：圆括号>算术和日期运算>字符串运算>关系运算>逻辑运算。

3.4 函数

在 Visual FoxPro 系统中，函数是一段程序代码，用来进行一些特定的运算或操作，支持和完善命令的功能，帮助用户完成各种操作与管理。

使用 Visual FoxPro 的函数时，应注意以下几点：

① 准确掌握函数的功能。

② 每一个函数都有一个返回值。函数的返回值有确定的类型，因此在使用函数时要特别注意类型匹配。

③ 函数对其参数的类型也有要求，否则将产生类型不匹配的语法错误。

Visual FoxPro 函数由函数名加一对圆括号组成，自变量放在圆括号里。如果有多个自变量，那么各自变量以逗号分隔；有些函数可省略自变量，或不需自变量，但也必须保留括号；自变量的数据类型由函数的定义确定，数据形式可以是常量、变量、函数或表达式等。

Visual FoxPro 函数按其功能大致可以分为数值函数、字符函数、日期时间函数、数据类型转换函数、测试函数。

3.4.1 数值函数

数值函数用于数值运算，其自变量与函数值都是数值型数据。

1. 取绝对值函数

【格式】

```
ABS(<数值表达式>)
```

【功能】返回指定数值表达式的绝对值。

例 3.11

```
STORE  8  TO  X
?  ABS(5-X),ABS(X-5)
3  3
```

2. 符号函数

【格式】

```
SIGN(<数值表达式>)
```

【功能】返回数值表达式的符号，当表达式的运算结果为正、负和零时，函数值分别为1、-1、0。

例3.12

```
STORE  8  TO  X
? SIGN(5-X),SIGN(X-5),SIGN (8-X) ,SIGN (5-X) *36
-1   1   0    -36
```

3. 平方根函数

【格式】

```
SQRT(<数值表达式>)
```

【功能】返回指定表达式的平方根，该表达式的值不能是负数。

例3.13

```
? SQRT (3+2*3)
3
```

4. 圆周率函数

【格式】

```
PI()
```

【功能】返回常量π的近似值。该函数没有自变量。

5. 求整数函数

【格式】

```
INT(<数值表达式>)
CEILING(<数值表达式>)
FLOOR(<数值表达式>)
```

【功能】INT()返回该数值表达式的整数部分。

CEILING()返回大于或等于指定数值表达式的最小整数。

FLOOR ()返回小于或等于指定数值表达式的最大整数。

例3.14

```
STORE  5.8  TO  X
? INT(X) , CEILING(X) , FLOOR(X)
5  6  5
```

6. 最大值函数和最小值函数

【格式】

```
MAX(<数值表达式 1>,<数值表达式 2>[,<数值表达式 3>...])
MIN(<数值表达式 1>,<数值表达式 2>[,<数值表达式 3>...])
```

【功能】返回数值表达式中的最大值MAX()和最小值MIN()。

例 3.15

```
? MAX（12,45,30），MIN（12,45,30）
45  12
```

7. 四舍五入函数

【格式】

```
ROUND(<数值表达式 1>,<数值表达式 2>)
```

【功能】返回表达式在指定位置四舍五入后的结果。数值表达式 2 指明四舍五入的位置。若表达式 2 大于等于 0，那么它表示的是要保留的小数位数；若数值表达式 2 小于 0，那么它表示的是整数部分的舍入位数。

例 3.16

```
X=345.36
? ROUND（X,1），ROUND（X,0），ROUND（X,-1）
345.4  345  350
```

8. 求余数函数

【格式】

```
MOD(<数值表达式 1>,<数值表达式 2>)
```

【功能】返回两个数值相除后的余数。数值表达式 1 是被除数，数值表达式 2 是除数。余数的正负号与除数相同。如果被除数与除数同号，那么函数值为两数相除的余数；如果被除数与除数异号，则函数值为两数相除的余数再加上除数的值。

例 3.17

```
? MOD(10,3),MOD(10,-3),MOD(-10,3),MOD(-10,-3)
1  -2   2   -1
```

3.4.2 字符函数

字符函数是处理字符型数据的函数，其自变量或函数值中至少有一个是字符型数据。

1. 字符串长度函数

【格式】

```
LEN(<字符表达式>)
```

【功能】返回字符表达式值的长度，即所包含的字符个数。函数值为数值型。

注意：汉字占两个字符。

例 3.18

```
? LEN（"中国 CHANGCHUN 您好！"）
18
```

2. 大小写转换函数

【格式】

```
LOWER (<字符表达式>)
UPPER (<字符表达式>)
```

【功能】LOWER()将字符表达式中大写字母全部变成小写字母，其他字符不变。
　　　　UPPER()将字符表达式中小写字母全部变成大写字母，其他字符不变。

例 3.19

```
? LOWER（"X8Y2as"），UPPER（"X8Y2as"）
x8y2as   X8Y2AS
```

3. 空格函数

【格式】

```
SPACE (<数值表达式>)
```

【功能】返回由数值表达式指定的空格组成的字符串。

例 3.20

```
? SPACE（10-8） &&产生 2 个空格
```

4. 删除字符串前后空格函数

【格式】

```
LTRIM(<字符表达式>)
RTRIM(<字符表达式>)|TRIM(<字符表达式>)
ALLTRIM(<字符表达式>)
```

【功能】LTRIM 删除字符表达式的前导空格。
　　　　RTRIM 删除字符表达式的尾部空格。
　　　　ALLTRIM 删除字符表达式的前导和尾部空格。

例 3.21

```
STORE SPACE（2）+"MOTHER"+SPACE（3） TO  AA
? LEN(AA),LEN(LTRIM(AA)),LEN(RTRIM(AA)),LEN(ALLTRIM(AA))
11   9   8   6
```

5. 取子串函数

【格式】

```
LEFT(<字符表达式>,<长度>)
RIGHT(<字符表达式>,<长度>)
SUBSTR(<字符表达式>,<起始位置> [,<长度>])
```

【功能】LEFT 从字符表达式中第一个字符开始，截取一个指定长度的字符串。
　　　　RIGHT 从字符表达式中最后一个字符开始，截取一个指定长度的字符串。
　　　　SUBSTR 从字符表达式中指定的起始位置开始，截取指定长度的字符串。若默认第三个自变量，则从指定位置一直截取到最后一个字符。

例 3.22

```
STORE "GOOD"+SPACE（1）+"BYE"  TO  X
? LEFT（X,2）,RIGHT（X,3）, SUBSTR（X,4,3）
GO   BYE   D B
```

6. 计算子串出现次数函数

【格式】

```
OCCURS(<字符表达式 1>,<字符表达式 2>)
```

【功能】返回第一个字符表达式在第二个字符表达式中出现的次数，函数值为数值型。若第一个字符表达式不是第二个字符表达式的子串，则函数值为 0。

例 3.23

```
STORE  "this  is  a  book" TO  m
? OCCURS（"is",m）
2
```

7. 求子串位置函数

【格式】

```
AT(<字符表达式 1>,<字符表达式 2>[,<数值表达式>])
ATC(<字符表达式 1>,<字符表达式 2>[,<数值表达式>])
```

【功能】返回字符表达式 1 在字符表达式 2 中的起始位置。函数值为整数。如果字符表达式 2 不包含字符表达式 1，则函数返回值为 0。

AT()与 ATC()的功能类似，但 AT()在比较时区分字母大小写；ATC()不区分字母大小写。

第三个自变量 <数值表达式>用于表明要在字符表达式 2 中搜索字符表达式 1 的第几次出现，默认值是 1。

例 3.24

```
STORE "this is a book" TO  m     &&单词之间只有一个空格
? AT("is",m) ,AT("IS",m),ATC("IS",m),AT("is",m,2)
3  0  3  6
```

8. 字符串替换函数

【格式】

```
STUFF(<字符表达式 1>,<起始位置>,<长度>,<字符表达式 2>)
```

【功能】用字符表达式 2 替换字符表达式 1 中由起始位置和长度指明的一个子串。替换和被替换的字符个数不一定相等。如果长度为 0，字符表达式 2 则插在由起始位置指定的字符前面。如果字符表达式 2 是空串，那么删除字符表达式 1 中由起始位置和长度指明的子串。

例 3.25

```
store  "good bye!"  to  s1  &&单词之间只有一个空格
Store  "morning"  to  s2
?stuff(s1,6,3,s2),stuff(s1,1,0,s2)
```

```
good morning!    morninggood bye!
```

9. 字符替换函数

【格式】

```
CHRTRAN(<字符表达式 1>,<字符表达式 2>,<字符表达式 3>)
```

【功能】当第一个字符表达式中的一个或多个字符与第二个字符表达式中的某个字符相匹配时，就用第三个字符表达式中的对应字符（相同位置）替换这些字符。如果第三个字符表达式包含的字符个数少于第二个字符表达式包含的字符个数，因而没有对应字符，那么第一个字符表达式中相匹配的各字符将被删除。如果第三个字符表达式包含的字符个数多于第二个字符表达式包含的字符个数，那么多余字符被忽略。

例 3.26

```
? CHRTRAN("ABACAD", "ACD", "x12")
? CHRTRAN("大家好", "大家", "您")
XBX1X2
您好
```

10. 字符串匹配函数

【格式】

```
LIKE (<字符表达式 1>,<字符表达式 2>)
```

【功能】比较两个字符表达式对应位置上的字符，若所有对应字符都相匹配，则函数返回逻辑真，否则返回逻辑假。

字符表达式 1 中可以包含通配符“*”和“?”。“*”可与任何数目的字符相匹配，“?”可以与任何单个字符相匹配。

例 3.27

```
store "abc"  to  x
store "abcd"  to  y
? like("ab*",x),like(x,y),like(x, "?b*")
.T.  .T.  .F.
```

3.4.3 日期时间函数

1. 系统日期函数

【格式】

```
DATE()
TIME()
DATETIME()
```

【功能】DATE 返回当前系统日期，此日期由 Windows 系统设置。函数值为 D 型。

TIME 返回当前系统时间，时间显示格式为 hh:mm:ss。函数值为 C 型。

DATETIME 返回当前系统日期时间，函数值为 T 型。

2. 年份、月份和天数函数

【格式】

```
YEAR(<日期表达式|日期时间表达式>)
MONTH(<日期表达式|日期时间表达式>)
DAY(<日期表达式|日期时间表达式>)
```

【功能】YEAR 返回表达式中的年份。函数值为 N 型。
MONTH 返回表达式中的月份。函数值为 N 型。
DAY 返回表达式中的日期。函数值为 N 型。

例 3.28

```
? YEAR(DATE()),MONTH(DATE()),DAY(DATE())
2010   11   20
```

3. 时、分和秒函数

【格式】

```
HOUR(<日期时间表达式>)
MINUTE (<日期时间表达式>)
SEC(<日期时间表达式>)
```

【功能】HOUR 返回指定的日期时间表达式中的小时部分。
MINUTE 返回指定的日期时间表达式中的分钟部分
SEC 返回指定的日期时间表达式中的秒数部分。
这三个函数的返回值都是数值型。

3.4.4 数据类型转换函数

1. 数值转换字符型函数

【格式】

```
STR(<数值表达式>[,<长度>[,<小数位数>]])
```

【功能】将<数值表达式>的值转换成字符串，转换时根据需要自动进行四舍五入。返回字符串的理想长度 *L* 应该是<数值表达式>值的整数部分位数加上<小数位数>值，再加上 1 位小数点。如果<长度>大于 *L*，则字符串要加前导空格以满足规定的长度要求；如果<长度>大于等于<数值表达式>值的整数部分位数但又小于 *L*，则优先满足整数部分而自动调整小数位数；如果<长度>小于<数值表达式>值的整数部分位数，则返回一串星号（*）。<小数位数>的默认值为 0，长度的默认值为 10。

例 3.29

```
store -123.456  to  n
? str(n,6,2),str(n,3),str(n,6),str(n)
-123.5   ***    -123   -123
```

2. 字符转换数值型函数

【格式】

```
VAL (<字符表达式>)
```

【功能】将字符表达式中的数字（正负号、小数点）转换成对应数值，若字符表达式内出现非数字字符，则只转换前面部分；若字符表达式的首字符不是数字符号，则返回数值零，但忽略前导空格。系统默认保留两位小数。

例 3.30

```
? val("-123.45"), val("-123A45"),val("AB45")
-123.45   -123.00  0.00
```

3. 字符转换日期型或日期时间型函数

【格式】

```
CTOD(<字符表达式>)
CTOT(<字符表达式>)
```

【功能】把"XX / XX / XX"格式的字符串转换成对应日期值。函数值为 D 型。
把"XX / XX / XX XX：XX：XX"格式的字符串转换成对应日期时间值。函数值为 T 型。

4. 日期或日期时间转换字符型函数

【格式】

```
DTOC(<日期表达式>[, 1])
TTOC(<日期时间表达式>[, 1])
```

【功能】把日期转换成相应的字符串。函数值为 C 型。
把日期时间转换成相应的字符串。函数值为 C 型。
如果用选项[1]，则 DTOC 字符串的格式总是为 YYYYMMDD，则 TTOC 字符串的格式总是为 YYYYMMDDHHMMSS。

5. 宏替换函数

【格式】

```
&<字符型变量>[.]
```

【功能】替换出字符型变量的内容，即&的值是变量中的字符串。如果该函数与其后的字符无明确分界，则要用“.”作为函数结束标识。

例 3.31

```
A="123"
?&A+23
146
```

3.4.5 测试函数

1. 值域测试函数

【格式】

```
BETWEEN(<表达式 1>,<表达式 2>,<表达式 3>)
```

【功能】判断表达式 1 是否在表达式 2 和表达式 3 之间。若在则为逻辑真，否则为逻辑假。若表达式 2 和表达式 3 有一个是 NULL 值，则函数值也是 NULL 值。

例 3.32

```
? between(12,30,50)
.F.
```

2. 空值（NULL）测试函数

【格式】

```
ISNULL(<表达式>)
```

【功能】判断表达式的运算结果是否为 NULL 值，若是则返回逻辑真，否则返回逻辑假。

例 3.33

```
? isnull(null),isnull(0)
.T.  .F.
```

Visual FoxPro 支持 NULL（空）值。这就使得 Visual FoxPro 中对未知数据的处理变得容易一些，并且使得 Visual FoxPro 能够与其他包含空值的数据库系统（如 Microsoft Access 或 SQL 等）进行相互操作。

Visual FoxPro 支持的空值的特点：

（1）表示暂时没确定的值。

（2）与 0、空字符串（" "）或空格不同。

3. "空"值测试函数

【格式】

```
EMPTY(<表达式>)
```

【功能】根据指定表达式的运算结果是否为"空"值，若为"空"则返回逻辑真，否则返回逻辑假。

注意：这里所指的"空"值与 NULL 是两个不同的概念。"空"值的规定如表 3-8 所示。

表 3-8　不同类型数据的"空"值规定

数据类型	取　值	数据类型	取　值
字符型	空字符串、空格、制表符、回车、换行符	日期型	空

续表

数据类型	取值	数据类型	取值
数值型	0	日期时间型	空
货币型	0	逻辑型	“假”(.F.)
浮点型	0	备注字段	空
整型	0	通用字段	空

例 3.34

```
? empty(null),empty(0)
.F.    .T.
```

4. 数据类型测试函数

【格式】

```
TYPE(<"表达式">)
VARTYPE(<表达式>)
```

【功能】返回表达式表示的数据对象的数据类型，返回值是一个表示数据类型的大写字母，函数返回的字符值及其对应的数据类型如表 3-9 所示。

表 3-9　函数返回的字符值及其对应的数据类型

返回字符	数据类型	返回字符	数据类型
C	字符型	M	备注型
N	数值型（或者整数、单精度浮点数和双精度浮点数）	O	对象型
Y	货币型	G	通用型
D	日期型	U	未定义的表达式类型
T	日期时间型	X	NULL 值
L	逻辑型		

例 3.35

```
x="123"
? type(x),type("x"),vartype(x),vartype("x")
N  C  C  C
```

5. 条件测试函数

【格式】

```
IIF(<逻辑表达式>,<表达式 1>,<表达式 2>)
```

【功能】若逻辑表达式值为真（.T.），则返回表达式 1 的值，否则返回表达式 2 的值。表达式 1 和表达式 2 可以是任意数据类型的表达式。

例 3.36

```
? IIF(10>20,100,200)
200
```

6. 表文件首、表文件尾测试函数

【格式】

```
BOF ([<工作区号> | <别名>])
EOF([<工作区号> | <别名>])
```

【功能】BOF 测试记录指针是否移到表起始处。如果记录指针指向表中首记录之前，那么函数返回真（.T.），否则返回假（.F.）。

EOF 测试记录指针是否移到表结束处。如果记录指针指向表中尾记录之后，那么函数返回真（.T.），否则返回假（.F.），如图 3-1 所示。

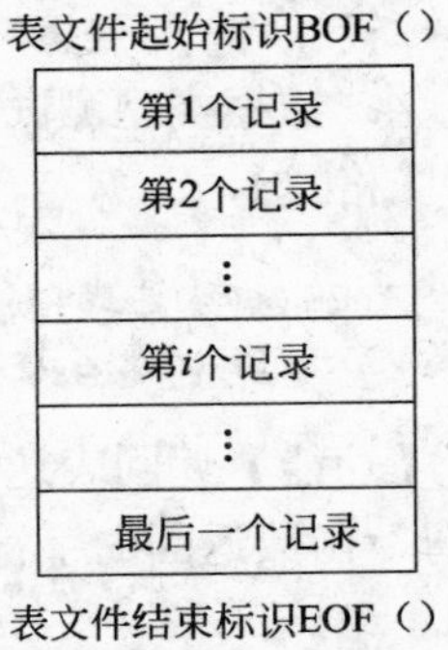

表文件起始标识BOF（）

第1个记录
第2个记录
⋮
第i个记录
⋮
最后一个记录

表文件结束标识EOF（）

图 3-1　表文件的逻辑结构

例 3.37

```
use  学生          &&打开学生表,指向第一条记录
? bof(),eof()     && .F.  .F.
Skip  -1          && 指针向上移
? bof(),eof()     && .T.  .F.
go  bottom        && 指针指向最后一条记录
? bof(),eof()     && .F.  .F.
Skip              && 指针向下移
? bof(),eof()     && .F.  .T.
```

7. 当前记录号函数

【格式】

```
RECNO([<工作区号> | <别名>])
```

【功能】返回指定工作区中表的当前记录的记录号。

8. 当前记录逻辑删除标志测试函数

【格式】

```
DELETED([<工作区号> | <别名>])
```

【功能】测试指定工作区中表的当前记录是否被逻辑删除。如果当前记录有逻辑删除标记，那么函数返回真（.T.），否则返回假（.F.）。

9. 记录数函数

【格式】

```
RECCOUNT ([<工作区号> | <别名>])
```

【功能】返回指定工作区中表的记录个数。如果工作区中没有打开表，则返回 0。

可见，Visual Foxpro 6.0 提供了非常丰富的函数，在此仅举出了一些常用的函数例子，希望读者在今后的深入学习中逐渐体会各种函数的功能。

本章小结

本章对 Visual FoxPro 6.0 中的常见数据类型进行了简要的说明。详细介绍了常量与变量、各种运算符和相关的表达式：算术运算符和数值表达式、字符运算符和字符表达式、日期时间运算符和日期时间表达式、关系运算符和关系表达式、逻辑运算符和逻辑表达式。最后对常见的函数进行了集中的介绍。

综合练习

一、选择

1．字符型常量的定界符不包括（　　）。

A．单引号　　B．双引号　　C．花括号　　D．方括号

2．在命令窗口中输入下列命令：

```
SET CENTURY ON
SET MARK TO " . "
?{^2002-06-27}
```

主屏幕上显示的结果是（　　）。

A．06.27.2002　　B．06.27.02　　C．06/27/2002　　D．06/27/02

3．在 Visual FoxPro 中，T 表示（　　）内存变量。

A．字符型　　B．数值型　　C．日期　　D．日期时间型

4．在命令窗口中输入下列命令：（□表示空格）

```
m= "发展□□□"
n="生产力"
? m-n
```

主屏幕上显示的结果是（　　）。

A．发展□□□生产力　　B．发展生产力□□□

C．m，n　　D．n，m

5．在 Visual FoxPro 中，? ABS(-7*6)的结果（　　）。

A．−42　　B．42　　C．13　　D．−13

6．函数? INT（53.76362）的结果是（　　）。

A．53.77　　B．53.7　　C．53　　D．53.76362

7．关于 Visual FoxPro 的变量，下列说法正确的是（　　）。

A．使用一个简单变量之前要先声明或定义

B．数组中各数组元素的数据类型可以不同

C．定义数组以后，系统为数组的每个数组元素赋以数值 0

D．数组元素的下标下限是 0

8．设 M="30"，执行命令? &M+20 后，其结果是（　　）。

A．3020　　B．50

C．20　　D．出错信息

9．下列表达式中，运算值为日期型的是（　　）。

A．YEAR(DATE())　　B．DATE()-{12 / 15 / 99}

C．DATE()-100　　D．DTOC(DATE())-"12 / 15 / 99"

10．清除第二个字符是 A 的内存变量使用的命令是（　　）。

A．RELEASE　ALL LIKE　?A?　　B．RELEASE　ALL LIKE　?A*

C．RELEASE　ALL LIKE　*A*　　D．RELEASE　ALL LIKE　?A

二、填空

1．函数 BETWEEN（40，34，50）的运算结果是（　　）。

2．LEFT("123456789"，LEN("数据库"))的计算结果是（　　）。

3．执行命令 A=2005/4/2 之后，内存变量 A 的数据类型是（　　）型。

4．表达式{^2005-1-3 ,10：0：0}－{^2005-10-3 ,9：0：0}的数据类型是（　　）。

5．设 X="11",Y="1122"，表达式 NOT(X$Y)OR(X◇Y)的结果是（　　）。

6．AT('xy', 'abcxyz')的结果是（　　）。

7．表示“1962 年 10 月 27 日”的日期常量应改写为（　　）。

8．设 X=10, ? VARTYPE ("X")的输出结果是（　　）。

9．表达式 STUFF("GOODBOY",5,3, "GIRL")的运算结果是（　　）。

10．在 Visual FoxPro 中说明数组后，数组的每个元素在赋值之前的默认值是（　　）。

第4章 项目管理器

项目是数据、文档以及 Visual FoxPro 对象的集合，在建立表、数据库、查询、表单、报表或创建应用程序时，项目管理器可用来组织和管理文件。用户可利用项目管理器简便地、可视化地创建、修改、调试和运行项目中各类文件，还可把应用项目集合成一个在 Visual FoxPro 环境下运行的应用程序，或者连编成脱离 Visual FoxPro 环境运行的可执行文件。

4.1 项目管理器功能简介

所谓项目，对于 Visual FoxPro 来说，它就是一种文件，用于跟踪创建应用程序所需要的所有程序、表单、菜单、数据库、报表、标签、查询和一些其他类型的文件，它是文件、数据、文档以及 Visual FoxPro 对象的集合。项目文件以.PJX 扩展名保存，项目用项目管理器来进行维护。

项目管理器的一个最简单的应用就是作为一种组织工具，保存属于某一应用程序的所有文件列表，并且根据文件类型将这些文件进行划分。Visual FoxPro 的项目管理器使用了目录树的结构对项目文件进行分类，使得文件的组织更加清晰。它所提供的多页框功能，使得对于文件的添加、编辑、修改操作更加方便。

注意：虽然在任何时候以及在任何地方，Visual FoxPro 都保证可以很方便地启动项目管理器，并且向其中添加有关文件，但是，还是建议在应用程序开发的开始就使用项目管理器，这样做可以保证系统开发的清晰性以及一致性，并且，对于应用程序的开发，项目管理器也是必须使用的工具。

4.2 项目管理器的使用

4.2.1 创建项目

通常使用两种方法创建一个新的项目文件，一种是使用 Visual FoxPro 的菜单命令，另一种是在命令窗口输入命令，具体操作如下：

（1）系统菜单：选择“文件”→“新建”→“项目”→“新建文件”→文件取名→“保

存”按钮，如图 4-1 所示。

（2）在命令窗口输入：

```
CREATE  PROJECT <项目文件名>
```

在使用以上两种方法后，都可以创建一个新的项目文件，项目文件的扩展名为.PJX。在 Visual FoxPro 系统的窗口中出现一个项目管理器来表示项目文件，同时在系统的菜单栏中还会出现“项目”菜单，提供对项目文件操作的相关命令。项目管理器的界面如图 4-2 所示。

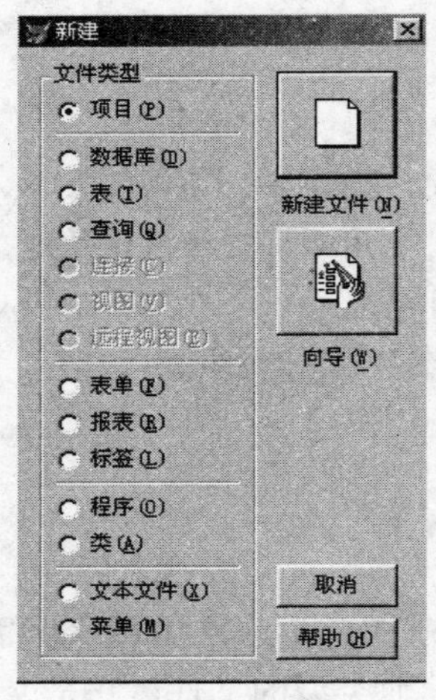

图 4-1 新建项目

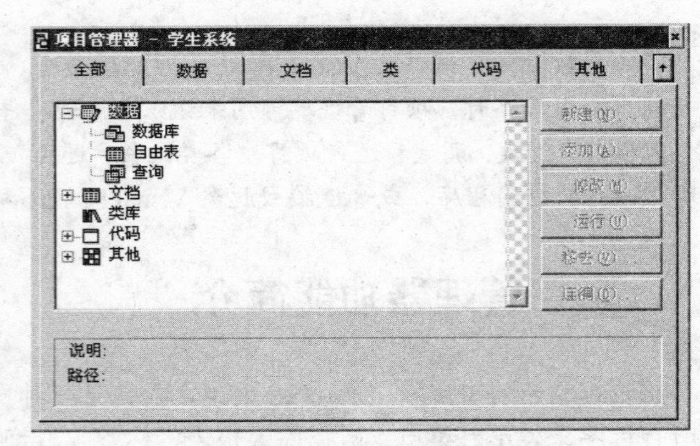

图 4-2 项目管理器的界面

4.2.2 项目管理器的组成

项目管理器以大纲方式列出了包含在项目中的项。项左边的图标用来区分项的类型。在项目中，如果某类型数据项有一个或多个，则在其标志前有一个加号。单击标志前的加号可查看此项的列表，单击减号可折叠展开的列表。项目管理器由以下几部分组成。

1. 标题栏

项目管理器标题栏显示的标题就是项目文件的文件名，在创建项目文件时，默认项目文件名为项目 1、项目 2……，用户可以删除默认项目文件名，输入自己的项目文件名。

2. 选项卡

标题栏下方是选项卡，共有六个。选择不同选项卡，可在下面的工作区显示所管理的相应文件的类型。现对各选项卡的意义说明如下：

① 全部：可以显示和管理应用项目中使用的所有类型的文件，包括它右边的五个选项卡的全部及其他内容。

② 数据：管理应用项目中各种类型的数据文件，包括数据库、自由表、视图、查询文件。

③ 文档：显示和管理应用项目中使用的文档类文件，包括表单、报表、标签。

④ 类：显示和管理应用项目中使用的类库文件，包括 Visual FoxPro 系统提供的类库和用户自己设计的类库。

⑤ 代码：管理项目中使用的各种程序代码文件，有程序文件、API 库和应用程序。

⑥ 其他：显示和管理应用项目中使用的但在以上选项卡中没有管理的文件，有菜单文件、文本文件等。

3. 工作区

项目管理器的工作区是显示和管理各类文件的窗口。它采用分层结构的方式来组织和管理项目中的文件，左边的最高一层用明确的标题标识了文件的分类，单击“+”号可展开该类文件的下属组织层次，此时，“+”号变成了“－”号；单击“－”号可把展开的层次折叠起来，此时，“－”号变成了“+”号。逐层单击某类文件的“+”号，展开到最后是没有“+”或“－”号的文件名，选中其中某个文件后，就可以用项目管理器的命令按钮来修改和运行这个文件。

4. 命令按钮

项目管理器右边的命令按钮用来对工作区窗口的文件提供各种操作命令。

4.2.3　项目管理器中的命令按钮

可以利用两种方法来使用项目管理器，一种方法是先创建一个项目管理器文件，再使用项目管理器的界面来创建应用系统所需的各类文件；另一种方法是先独立地建立应用系统的各类文件，再把它们一一添加到一个新建的项目管理器中。项目管理器中的新建和添加命令按钮给开发者提供了选择的自由。

1. 各个按钮的功能

（1）“新建”按钮

① 选中要创建的内容。

② 单击“新建”按钮。对于某些项，既可以利用设计器来创建新文件，也可以利用向导来创建新文件。

（2）“添加”按钮

① 选择要添加文件的类型。

② 单击“添加”按钮。

③ 在“打开”对话框中输入要添加的文件名，然后单击“确定”按钮。

（3）“修改”按钮

① 选中一个已有的文件。

② 单击“修改”按钮。

（4）“移去”按钮

如要从项目中移去文件，则可以按照下列步骤操作。

① 选中要移去的文件或对象。

② 单击“移去”按钮。

③ 在提示框中单击“移去”按钮，如果要从磁盘中删除文件，则单击“删除”按钮，如图 4-3 所示。

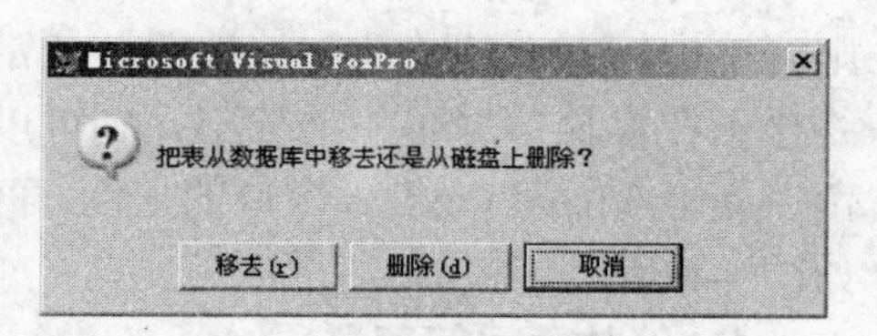

图 4-3　移去文件对话框

（5）“动态”按钮

随着所选择的文件类型不同，该按钮所显示的名称也随之改变。其功能如下。

① 浏览：在浏览窗口中显示一个表。

② 关闭和打开：打开或关闭一个数据库。

③ 预览：在打印预览方式下显示选定的报表或标签。

④ 运行：执行选定的查询、表单或程序。

（6）“连编”按钮

该按钮用于连编一个项目。

2. 将文件与其他项目关联

一个文件可以同时和多个不同的项目关联。不仅可以同时打开多个项目，并且可以把文件从一个项目拖动到另一个项目中。但项目只保存了对文件的引用，文件本身并没有被真正复制。

如要把一个项目中的文件添加到另一个项目中，则按如下步骤操作。

① 在项目管理器中选定文件。

② 用鼠标把文件拖到另一个项目中。

4.2.4 定制项目管理器

项目管理器在 Visual FoxPro 主窗口中显示为一个独立的窗口，用户可以按照自己的习惯来定制项目管理器，包括移动它的位置、改变其尺寸，或者将它折叠为只显示标签的形式。

1. 改变大小和位置

改变项目管理器的位置：可以将鼠标指针指向标题栏，然后将该窗口拖到屏幕上的其他位置。

改变项目管理器的大小：可以将鼠标指针指向该窗口的顶端、底端、两边或角上，然后拖动鼠标即可改变它的尺寸。

2. 折叠项目管理器

单击窗口右上角的向上的箭头可折叠项目管理器。这样可以节省屏幕空间。折叠之后，以前的箭头改变方向，变为朝下，再单击它，展开项目管理器，回到它原来的样子，如图 4-4 所示。

图 4-4　折叠项目管理器

3. 分离项目管理器中的选项卡

在折叠项目管理器之后，可将其中的一个标签用鼠标拖离项目管理器。如要还原标签，则可单击标签上的“关闭”按钮，或是将标签拖回到项目管理器中。如果希望某一标签始终显示在多窗口屏幕的最外层，则可以单击标签上的图钉图标，这样，该标签就会始终保留在其他 Visual FoxPro 窗口的上面。再次单击图钉图标可以取消标签的“顶层显示”设置，如图 4-5 所示。

4. 停放项目管理器

可以用鼠标拖动项目管理器的标题栏到 Visual FoxPro 主窗口的菜单栏和工具栏附近，

此时，项目管理器变成了系统工具栏的一个工具条。可以用鼠标把项目管理器从工具栏拖出来，如图 4-6 所示。

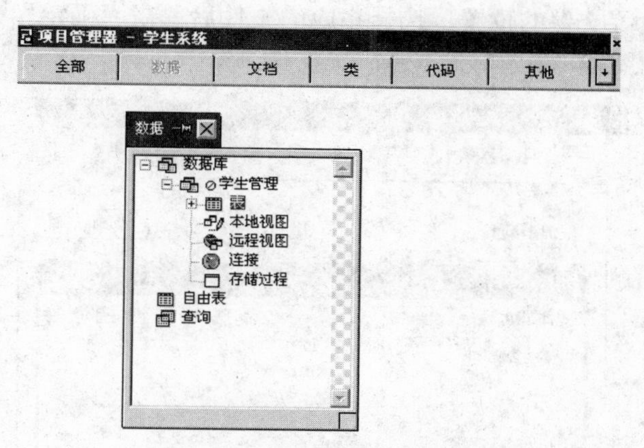

图 4-5　分离项目管理器

图 4-6　停放项目管理器

4.3　项目管理器中的文件操作

4.3.1　文件的创建与添加

1. 文件的创建

打开项目管理器，选择需要创建的文件类型如“数据库”，然后单击“新建”按钮，可以选择使用向导或手动创建，如图 4-7 所示。

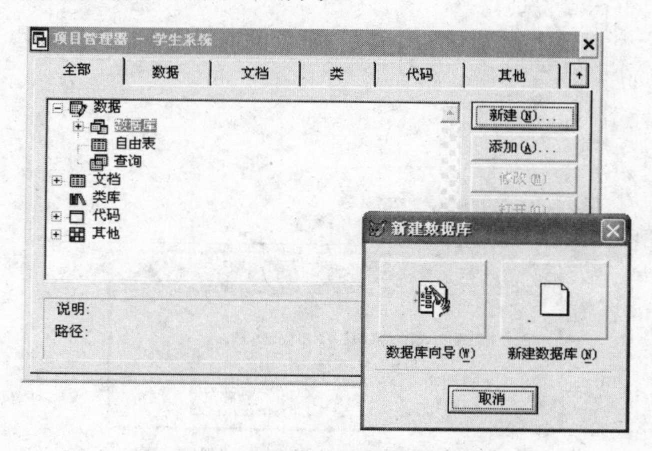

图 4-7　利用项目管理器创建文件

2. 文件的添加

打开项目管理器，选择需要创建的文件类型如“数据库”，然后单击“添加”按钮，在“查找范围”中设置文件的位置，选择相应的文件后单击“确定”按钮可以将已有的文件添加到项目中，如图 4-8 所示。

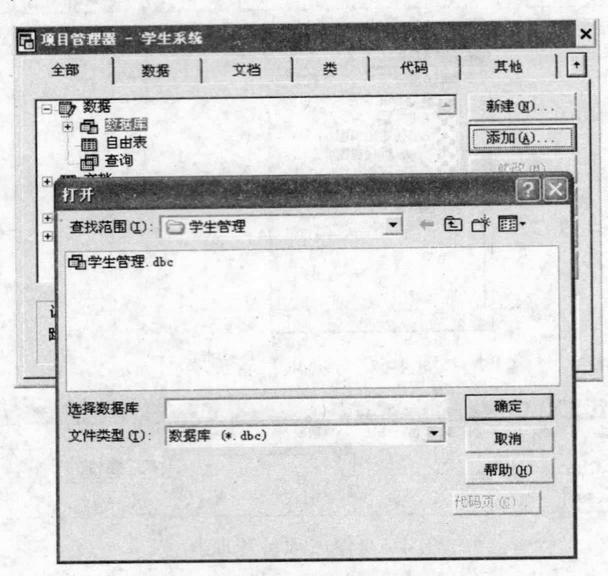

图 4-8　利用项目管理器添加文件

4.3.2　文件的移去与删除

使用项目管理器可以方便地将项目内的文件删除或从该项目中移去。打开项目管理器，选择要移去或删除的文件，单击“移去”按钮即可按提示完成操作，如图 4-9 所示。

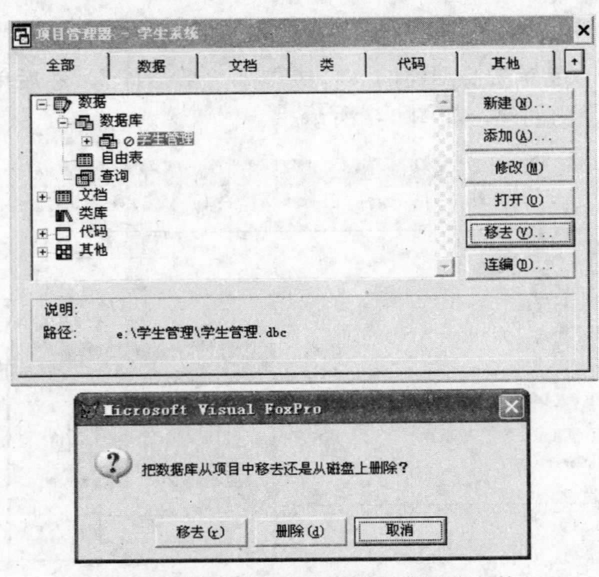

图 4-9　利用项目管理器移去或删除文件

4.3.3　文件的修改与运行

1. 文件的修改

打开项目管理器，选择要修改的文件，单击“修改”按钮，即可打开设计器进行修改，如图 4-10 所示。

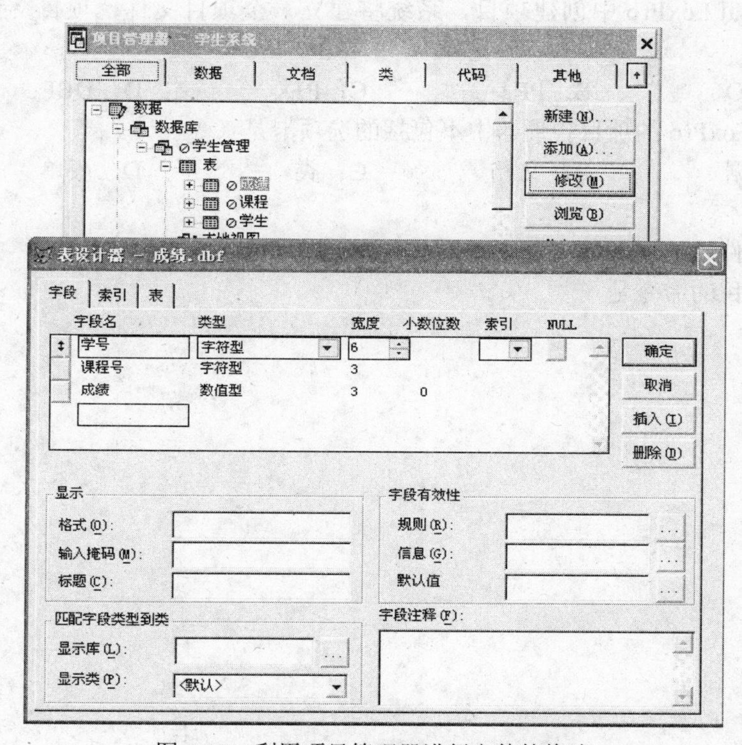

图 4-10　利用项目管理器进行文件的修改

2. 文件的运行

打开项目管理器，选择要运行的文件，单击“运行”按钮，即可运行相应的文件。

本章小结

本章简单地介绍了项目管理器的功能，详细描述了项目管理器的使用方法及文件操作。

综合练习

一、选择

1. 在 Visual FoxPro 中，项目管理器窗口中的选项卡依次为（　　）。

   A．全部、数据、文档、表单、代码、其他

   B．数据、全部、表单、代码、其他、文档

C．其他、全部、数据、文档、表单、代码

D．全部、数据、文档、类、代码、其他

2．在项目管理器中，如果某个文件的前面出现加号标志，那么表示（　　）。

A．该文件中只有一个数据项　　B．该文件中有一个或多个数据项

C．该文件不可用　　D．该文件只读

3．在 Visual FoxPro 中创建项目，系统将建立一个项目文件，项目文件的扩展名是（　　）。

A．PRO　　B．PRJ　　C．PJX　　D．DBF

4．Visual FoxPro 的项目管理器中不包括的选项卡是（　　）。

A．数据　　B．文档　　C．类　　D．表单

二、填空

1．项目文件的扩展名为（　　）。

2．建立项目的命令是（　　）。

第5章 数据库与表

本章详细介绍 Visual FoxPro 数据库的建立和操作，包括建立和管理数据库、建立和使用表以及索引和数据完整性等方面的内容，同时还介绍了多区操作。

5.1 数据库概述与设计

5.1.1 数据库概述

在 FoxPro 2.x 及更早的版本中，数据库文件彼此是独立的，没有一个完整的数据库概念和管理方法。直到发展到 Visual FoxPro 时才开始引入真正意义上的数据库概念，把一张二维表定义为表，把若干张具有一定关系的表集中起来放在一个数据库中管理、设置属性、设置数据有效性规则和建立表间关系，使相关联的表协同工作。

5.1.2 数据库设计

Visual FoxPro 数据库文件包含若干张表、视图和存储过程等内容。关系数据库是利用表来存放各种数据以及数据间的联系，下面以学生管理数据库为例介绍数据库的设计，数据库中有三张表：学生、成绩和课程，如表 5-1 所示。

表 5-1　数据库中的三张表

学生

学号	姓名	性别	出生日期	党员	民族	籍贯	高考成绩	简历	照片
201001	陈勇	男	05/29/90	T	汉族	西安	420.0	Memo	Gen
201008	刘东华	男	02/08/91	F	汉族	长春	522.5	Memo	Gen
201005	于丽莉	女	10/11/90	F	汉族	沈阳	499.0	Memo	Gen
201003	李玉田	男	09/09/92	F	满族	北京	510.0	Memo	Gen
201006	刘英	女	02/06/91	T	汉族	长春	390.0	Memo	Gen
201002	王晓丽	女	12/03/92	F	朝鲜族	上海	462.5	memo	gen
201007	张杰	男	07/18/92	T	汉族	北京	428.0	memo	gen
201009	黄超	男	04/22/90	F	汉族	上海	513.0	memo	gen
201004	高大海	男	01/01/89	F	朝鲜族	上海	537.0	memo	gen
201010	于娜	女	11/05/91	T	汉族	长春	398.5	memo	gen

成绩

学号	课程号	成绩
201001	001	84
201001	002	30
201001	003	69
201002	001	92
201002	002	90
201002	003	97
201003	002	75
201003	003	80
201004	001	45
201004	002	89

课程

课程号	课程名	学时
001	高等数学	68
002	大学英语	64
003	计算机基础	132

在设计的过程中，可以选取表中的一个关键字，作为区别每条记录的标志，并作为该表与其他表实现关联的关键字，该关键字称为主关键字，例如，学生表的学号字段，课程表的课程号字段。

数据库中不仅可存放数据信息，还可反映数据间联系的信息，如何表示数据间的联系是数据库设计中的重要问题。根据实际应用情况，可以把表之间的联系分为：一对一关系、一对多关系、多对多关系三种类型。

在学生管理数据库中，学生表与成绩表之间是一对多联系，成绩表中应有学生表中的主关键字，即学号字段。课程表和成绩表之间也是一对多联系，成绩表中应有课程表中的主关键字，即课程号字段。这样，学生表和课程表通过成绩表建立了多对多联系。

5.2 数据库基本操作

5.2.1 建立数据库

1. 命令方式

【格式】

```
CREATE  DATABASE  [<数据库文件名>|？]
```

【功能】建立数据库文件，并打开此数据库。

【说明】[<数据库文件名>|？]：指定建立数据库文件名称（可省略扩展名.DBC），同时自动建立数据库备注文件（扩展名为.DCT）和索引文件（扩展名为.DCX）。如果未指定数据库文件名或用“？”代替数据库名，那么 Visual FoxPro 系统会弹出“创建”对话框。

例如，要创建“学生管理”数据库，可以使用以下命令：

```
CREATE  DATABASE  学生管理
```

新建的“学生管理”数据库将显示在工具栏上，如图 5-1 所示，表示新建的数据库处于打开状态，并被指定为当前数据库。

图 5-1　数据库下拉列表框

2. 菜单方式

（1）选择“文件”→“新建”或单击工具栏上的“新建”按钮，打开“新建”对话框，如图 5-2 所示。

（2）选择“数据库”单选按钮，单击“新建文件”按钮，打开“创建”对话框，如图 5-3 所示。

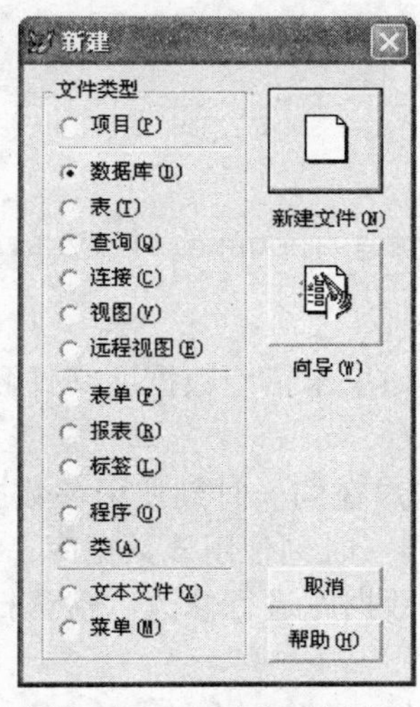

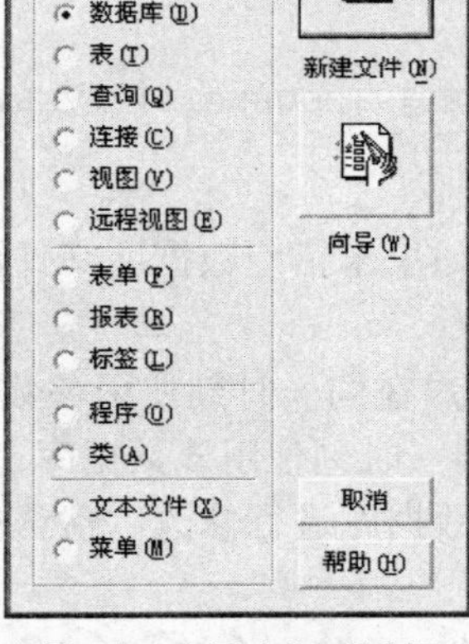

图 5-2 “新建”对话框

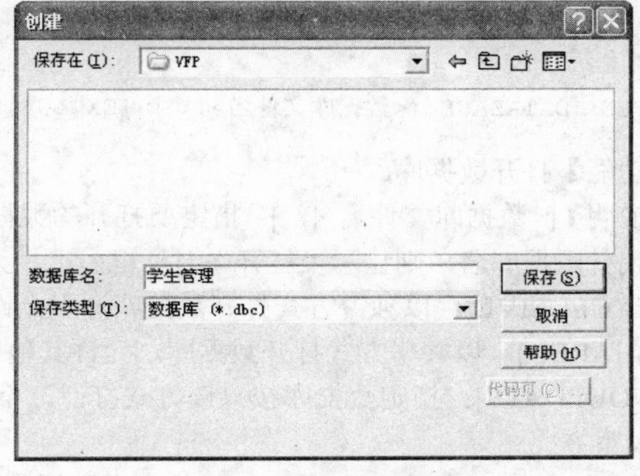

图 5-3 “创建”对话框

（3）在“创建”对话框中选择数据库的路径并输入数据库名，单击“保存”按钮后，系统会自动打开数据库文件，并进入“数据库设计器”对话框，如图 5-4 所示。

刚建立的数据库是空数据库，所以只能看见“数据库设计器”工具栏，这个工具栏是浮动工具栏。

3. 利用项目管理器

（1）打开已建立的项目文件，出现项目管理器窗口。

（2）选择“全部”选项卡，单击“数据”标签前的“+”，展开“数据”标签，选择“数据库”，如图 5-5 所示，或选择“数据”选项卡中的“数据库”，然后单击“新建”按钮，出现“新建数据库”对话框。

图 5-4 “数据库设计器”对话框

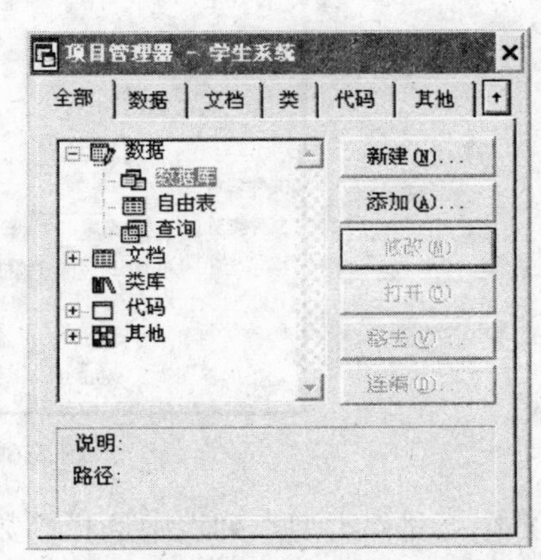

图 5-5 项目管理器中全部选项卡中的数据标签

（3）在“新建数据库”对话框中单击“新建数据库”按钮，出现“创建”对话框。

（4）后面的操作步骤与使用菜单方式建立数据库相同。

菜单方式和项目管理器方式不仅使建立的数据库处于打开状态，还能显示数据库设计器，而命令方式只能建立、打开该数据库，不能打开数据库设计器。

5.2.2 打开数据库

1. 命令方式

【格式】

```
OPEN  DATABASE [<数据库文件名>|? ] [EXCLUSIVE|SHARED] [NOUPDATE] [VALIDATE]
```

【功能】打开数据库。

【说明】[<数据库文件名>|?]：指定要打开的数据库名，如果未指定数据库文件名或用“？”代替数据库名，则显示“打开”对话框。

[EXCLUSIVE]：以独占方式打开数据库，不允许其他用户在同一时刻使用该数据库。

[SHARED]：以共享方式打开数据库，允许其他用户在同一时刻使用该数据库。

[NOUPDATE]：指定数据库按只读方式打开，不允许对数据库进行修改，默认打开方式为读/写方式。

[VALIDATE]：指定 Visual FoxPro 检查在数据库中引用的对象是否合法。

例如，要以共享方式并且只读打开“学生管理”数据库，可以使用以下命令：

```
OPEN  DATABASE  学生管理  SHARED  NOUPDATE
```

2. 菜单方式

（1）选择“文件”→“打开”选项或单击工具栏上的“打开”按钮，出现“打开”对话框，如图 5-6 所示。

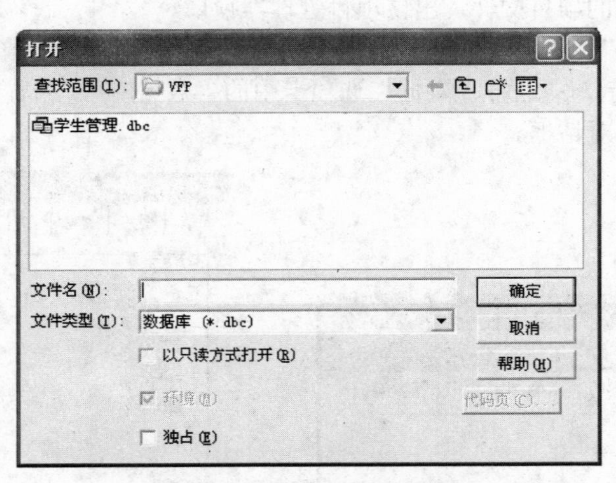

图 5-6 “打开”对话框

（2）在“文件类型”列表中选择“数据库（*.dbc)”，将显示数据库文件。

（3）选择要打开的数据库文件，单击“确定”按钮，打开数据库的同时，将显示“数据设计器”。

另外，在“打开”对话框中还有“以只读方式打开”、“独占”等复选框可以选择，它们的用法与以命令方式打开数据库相同。

3. 利用项目管理器

（1）打开已建立的项目文件，出现项目管理器窗口。

（2）选择“数据”标签的“数据库”，单击“+”展开数据库。

（3）选择要打开的数据库文件，单击“修改”按钮，打开数据库的同时，也将显示“数据设计器”。

5.2.3　关闭数据库

1. 命令方式

【格式】

```
CLOSE [ALL|DATABASE ]
```

【功能】关闭当前打开的数据库。

【说明】[ALL]：用于关闭所有对象，如数据库、表、索引、项目管理器等。

[DATABASE]：关闭当前数据库和数据库表，如果当前没有打开的数据库，则关闭所有打开的自由表、所有工作区内的索引和格式文件。

2. 利用项目管理器

（1）打开已建立的项目文件，出现项目管理器窗口。

（2）选择“数据”标签的“数据库”，单击“+”展开数据库。

（3）选择要关闭的数据库文件，然后单击“关闭”按钮。

此时，在常用工具栏上的当前数据库下拉列表框中该数据库名消失，同时在项目管理器中“关闭”按钮变成了“打开”按钮。

5.2.4　数据库间的切换

1. 命令方式

【格式】

```
SET  DATABASE  TO  [数据库名]
```

【功能】指定一个已经打开的数据库使其成为当前数据库。

【说明】[数据库名]：要设置为当前数据库的数据库名，若缺省，则为 SET　DATABASE TO，将使得所有打开的数据库都不是当前数据库，但并不关闭数据库。

2. 数据库下拉列表方式

可以使用常用工具栏上的数据库下拉列表来选择当前数据库。例如当前打开了两个数据库“图书管理”和“学生管理”，当前数据库是“图书管理”，可通过数据库下拉列表切换当前数据库，使当前数据库为“学生管理”，如图 5-7 所示。

图 5-7 切换当前数据库

5.2.5 修改数据库

1. 命令方式

【格式】

```
MODIFY  DATABASE [<数据库文件名>|? ] [NOWAIT] [NOEDIT]
```

【功能】打开数据库设计器。

【说明】[<数据库文件名>|？]：要修改的数据库名，若缺省，则打开当前数据库的数据库设计器，若无当前数据库或用“？”代替数据库名，则显示“打开”对话框。

[NOWAIT]：表示在数据库设计器打开后程序继续执行。

[NOEDIT]：表示打开数据库设计器，但禁止对数据库进行修改。

2. 菜单方式

（1）选择“文件”→“打开”或单击工具栏上的“打开”按钮，出现“打开”对话框。

（2）在“文件类型”列表中选择“数据库（*.dbc）”，出现所有数据库文件。

（3）选择要修改的数据库文件，单击“确定”按钮。

3. 利用项目管理器

（1）打开已建立的项目文件，出现项目管理器窗口。

（2）选择“数据”标签的“数据库”，单击“+”展开数据库。

（3）选择对应的数据库文件，单击“修改”按钮。

5.2.6 删除数据库

1. 命令方式

【格式】

```
DELETE  DATABASE <数据库文件名|? > [DELETETABLES] [RECYCLE]
```

【功能】从磁盘上删除数据库文件。

【说明】<数据库文件名|？>：给出要从磁盘上删除的数据库文件名，该数据库必须处于关闭状态，如果用“？”代替数据库文件名，那么将显示“删除”对话框，选择要从磁盘上删除的数据库的名字，被删除的数据库中的表成为自由表。

[DELETETABLES]：删除数据库文件，同时也删除该数据库所含有的表等文件。

[RECYCLE]：将删除文件放入 Windows 的回收站中，如果需要还可以还原它们。

2. 利用项目管理器

（1）打开已建立的项目文件，出现项目管理器窗口。

（2）选择“数据”标签的“数据库”，单击“+”展开数据库。

（3）选择要删除的数据库文件，单击“移去”按钮，出现选择对话框，如图 5-8 所示。

（4）若单击“移去”按钮，则仅将数据库从项目中移去；若单击“删除”按钮，则将从磁盘上删除数据库，被删除数据库中的表成为自由表；若单击“取消”按钮，则将取消删除数据库的操作。

图 5-8　移去或删除项目选择对话框

Visual FoxPro 的数据库文件并不真正含有数据库表或其他数据库对象，只是在数据库文件中登录了相关的信息，表、视图或其他数据库对象是独立存放在磁盘上的，所以删除数据库对表并没有影响，若想删除数据库的同时删除表，则需要用 DLELTE TABLES。

5.3 表概述与建立过程

5.3.1 表的概述

1. 表的分类

在 Visual FoxPro 中，表是收集和存储数据的基本单元，是扩展名为.DBF 的一类文件，如果有备注型或通用型字段，那么还会有一个对应扩展名为.FPT 的文件。根据表的不同关系和存放形式，可以将表分为自由表和数据库表，自由表是不属于任何数据库的表，数据库表是包含在数据库中的表，两者部分操作类似且可相互转换。

2. 自由表与数据库表的区别

相比之下，数据库表的优点要多一些，它具有以下内容：

- 长表名和表中的长字段名；
- 表中字段的标题和注释；
- 默认值、输入掩码和表中字段格式化；
- 表字段的默认控件类；
- 字段级规则和记录级规则；
- 支持参照完整性的主关键字索引和表间关系；
- INSERT、UPDATE 或 DELETE 事件的触发器。

5.3.2 创建表结构

前面已经介绍了表分为数据库表和自由表，如果建表时有当前打开的数据库，则建立的表为当前数据库表，否则，建立自由表。无论建立哪种表，其方法都相同，表由表结构和表记录两部分组成，例如表 5-2 就是一张“学生.DBF”数据表。

表 5-2 “学生”表

学号	姓名	性别	出生日期	党员	民族	籍贯	高考成绩	简历	照片
201001	陈勇	男	05/29/90	T	汉族	西安	420.0	Memo	Gen
201008	刘东华	男	02/08/91	F	汉族	长春	522.5	Memo	Gen
201005	于丽莉	女	10/11/90	F	汉族	沈阳	499.0	Memo	Gen
201003	李玉田	男	09/09/92	F	满族	北京	510.0	Memo	Gen
201006	刘英	女	02/06/91	T	汉族	长春	390.0	Memo	Gen
201002	王晓丽	女	12/03/92	F	朝鲜族	上海	462.5	memo	gen
201007	张杰	男	07/18/92	T	汉族	北京	428.0	memo	gen
201009	黄超	男	04/22/90	F	汉族	上海	513.0	memo	gen
201004	高大海	男	01/01/89	F	朝鲜族	上海	537.0	memo	gen
201010	于娜	女	11/05/91	T	汉族	长春	398.5	memo	gen

表名：每张数据表都有一个表名称，数据表就以表名称为主文件名，以.DBF 为扩展名，将数据存储在存储器上，如“学生.DBF”。

表头（表结构）：表头由若干标题栏目构成，每栏对应着表的一列，例如学生表的每一列反映学生某一方面的情况。一列称为一个字段（属性），确定表中的字段，主要是为每个字段指定名称、数据类型和数据宽度，这些信息决定了数据在表中是如何被标识和保存的。

表的内容：内容是由若干行组成的，例如学生表的每一行反映了某一学生的各方面情况，称为表的一个记录。

创建一个表时，首先要设计和建立表结构，然后再输入数据。建立表结构的方法有很多，在这里主要讲述三种方法：命令方式、菜单方式和利用项目管理器的方式。

1．命令方式

【格式】

```
CREATE  [<表文件名> | ?]
```

【功能】建立表文件。

【说明】[<表文件名> | ?]：指定生成的表文件名，若缺省扩展名，则默认为.DBF。如果使用“？”代替表文件名或未指定表文件名，那么 Visual FoxPro 系统会弹出“创建”对话框，如图 5-9 所示，以便用户输入表名和选择保存位置。

2．菜单方式

（1）选择“文件”→“新建”命令，或单击工具栏上的“新建”按钮，打开“新建”对话框，如图 5-10 所示，在“文件类型”中选择“表”单选按钮。

在“新建”对话框中可以单击“新建文件”按钮或“向导”按钮来完成表的定制。

“新建文件”：由用户自定义表各字段的内容及属性。

“向导”：可由系统提供的 26 种常用样表模板定制。

（2）单击“新建文件”按钮，将出现“创建”对话框，如图 5-9 所示。

（3）在“创建”对话框中，输入新建表的名称并选择新建表的位置，单击“保存”按钮，系统会自动打开表设计器。

使用以上两种方法建立表时，若没有当前数据库，则建立的表是自由表，反之建立的表为当前数据库中的数据表。

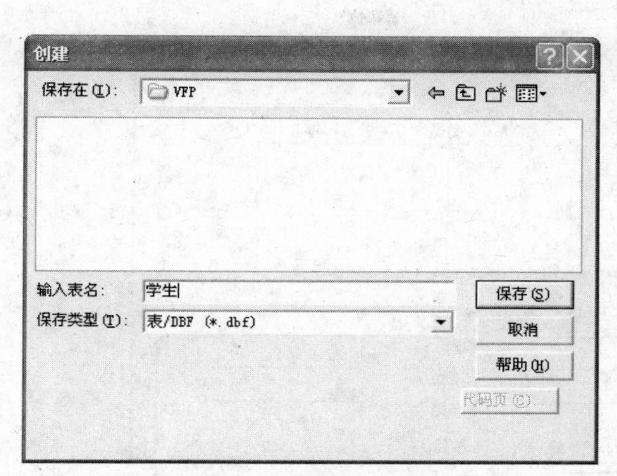

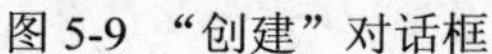
图 5-9 “创建”对话框

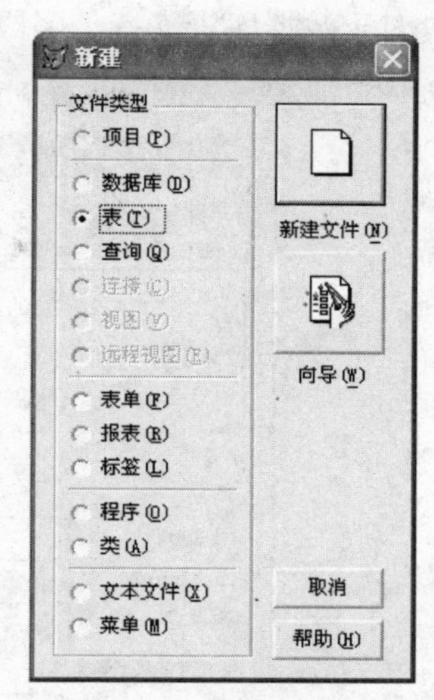

图 5-10 “新建”对话框

3. 利用项目管理器方式

若要建立数据库表，则在“数据”选项卡中选择“数据库”，单击“+”展开数据库，选择要建立表的数据库，如选择“学生管理”数据库，选择“表”，如图 5-11 所示，然后单击“新建”按钮，出现“新建表”对话框。单击“新建表”按钮，出现“创建”对话框。以下操作与菜单方式相同，最后出现数据库表的“表设计器”，如图 5-12 所示。

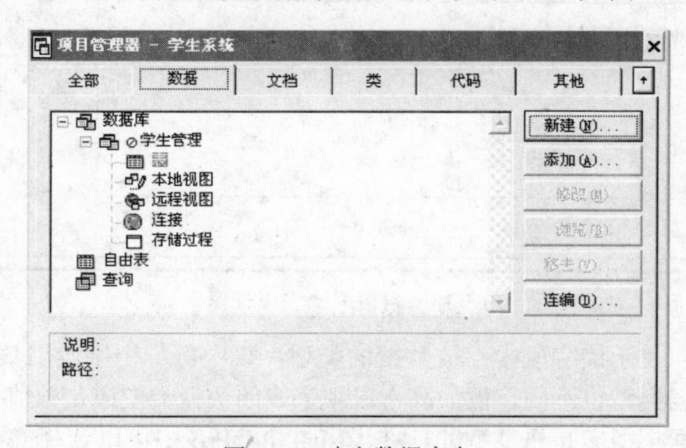

图 5-11 建立数据库表

若要建立自由表，在“数据”选项卡中选择“自由表”，然后单击“新建”按钮，出现“新建表”对话框。以下操作同建立数据库表方式。最后出现自由表的“表设计器”，如图 5-13 所示。

下面介绍表设计器的使用，无论哪种类型的表设计器都包含“字段”、“索引”、“表”三个选项卡，如图 5-12 和图 5-13 所示。

1. “字段”选项卡

- 字段名：用来标识字段，在表中必须是唯一的。字段名必须以汉字、字母或下划线开头，由汉字、字母、数字和下划线组成，不能包括空格，不能使用系统的保留字。

对于数据库表支持长字段名，字段名最多为 128 个字符，自由表的字段名最多为 10 个字符。

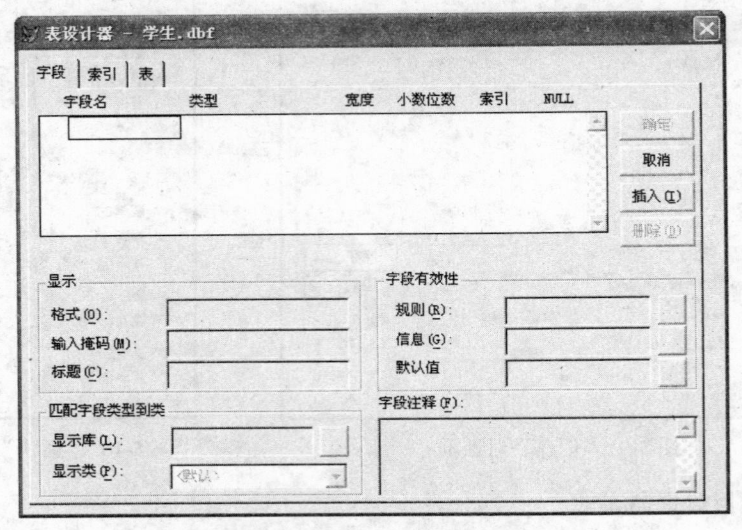

图 5-12　数据库表“表设计器”

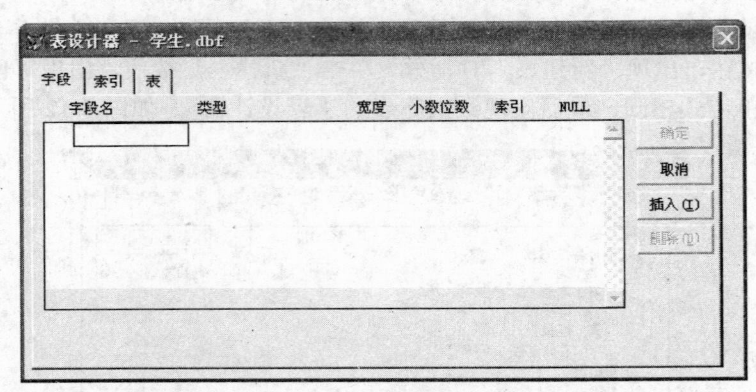

图 5-13　自由表“表设计器”

- 字段类型：表示该字段中存放数据的类型，表中每一个字段因其代表的意义不同，选用的数据类型也不同，例如高考成绩字段的数据类型应是数值型的，而出生日期字段的数据类型应是日期型的。在 Visual FoxPro 中可以选择的数据类型及说明如表 5-3 所示。

表 5-3　数据类型及宽度说明

数 据 类 型	默 认 宽 度	说　明
字符型	4	可表示 0～254 个字符
货币型	8	货币数量
数值型	8	包括数字、符号和小数点
浮点型	8	同数值型
整型	4	整型数据

续表

数据类型	默认宽度	说　明
双精度型	8	用于精确计算的数值
日期型	8	日期
日期时间型	8	日期时间
逻辑型	1	逻辑真（.T.）和逻辑假（.F.）
备注型	4	任何长度的文本
通用型	4	OLE 对象
二进制字符型	4	最多达 254 个字节的文本或二进制数据
二进制备注型	4	任何长度的文本或二进制数据

备注型和通用型字段的信息都没有直接存放在表文件中，而是存放在一个与表文件同名的.FPT 文件中，该文件随表的打开而自动打开，如果.FPT 被破坏或丢失，则表也就不能打开。

- 字段宽度：表示该字段所允许存放数据的最大宽度。字段宽度过大浪费存储空间，过小数据溢出。字符型字段的最大宽度为 254 个字节，数值型字段和浮点型字段的宽度为 20 个字节，逻辑型字段的宽度固定为 1 个字节，日期型字段的宽度固定为 8 个字节，通用型字段和备注型字段的宽度固定为 4 个字节，用于存储一个指针，该指针指向.FPT 文件的地址。各数据类型的默认宽度如表 5-3 所示。
- 小数位数：只对数值型字段和浮点型字段等数值类型有效，允许最大宽度为 20 个字节。在计算数值型字段和浮点型字段的宽度时，小数点本身也算作一个字符。
- 索引：可以显示该字段是否设置了索引，也可以为该字段直接设置一个普通索引。
- NULL：可以指定字段是否接受空值（.NULL.），单击 NULL 下面的无符号按钮，有“√”符号出现，表示该字段接受.NULL.。.NULL.不同于零、空字符串或空白，而是一个不确定的值。

若建立的是数据库表，则下面还有“显示”、“字段有效性”等框，如图 5-12 所示。

（1）字段的显示属性

① 格式：控制字段在浏览窗口、表单、报表等显示时的样式，格式字符及功能如表 5-4 所示。

表 5-4　格式字符及功能

字符	功　能	字符	功　能
A	字母字符，不允许空格和标点符号	R	显示文本框的格式掩码，但不保存到字段中
D	使用当前的 SET DATA 格式	T	删除前导空格和结尾空格
E	英国日期格式	!	字母字符转换成大写
K	光标移至该字段选择所有内容	^	用科学计数法表示数值数据
L	数值字段显示前导 0	$	显示货币符号

② 输入掩码：控制输入该字段的数据的格式，掩码字符及功能如表 5-5 所示。

表 5-5　掩码字符及功能

字符	功　能	字符	功　能
X	任意字符	*	左侧显示*
9	数字字符和+−号	.	指定小数点位置
#	数字字符、+−号和空格	,	用逗号分隔整数部分
$	指定位置显示货币符号	$$	货币符号与数字不分开显示

③ 标题：字段显示时，如果没有设置标题，默认表结构中的字段名作为字段的标题显示。设置标题后，标题将替代字段名显示。

（2）字段有效性

① 规则：规则应是一个逻辑型表达式，用于限制字段数据的有效范围。例如在规则中输入：性别="男".OR.性别="女"，当给“性别”字段输入记录值时就只能输入“男”或“女”。

② 信息：信息是字符型常量，用于设置出错提示信息。例如“性别只能是男或女!”，当输入不符合规则的数据时，就会显示所设置的出错提示信息。

③ 默认值：默认值的数据类型由字段类型决定。例如在“性别”字段中输入默认值为“男”，当往表中添加新记录时，“性别”字段自动填充为“男”，如图 5-14 所示。

2. “索引”选项卡

“索引”选项卡用来建立索引，在后面会有详细介绍。

3. “表”选项卡

“表”选项卡（如图 5-15 所示）主要是对表的记录级有效性规则进行设置，表的记录级有效性规则可以在同一条记录的多个字段间进行比较，完成有效性规则的约束。

字段有效性
规则(R): 性别="男".OR.性别="
信息(G): "性别只能是男或女!"
默认值 "男"

图 5-14　字段有效性

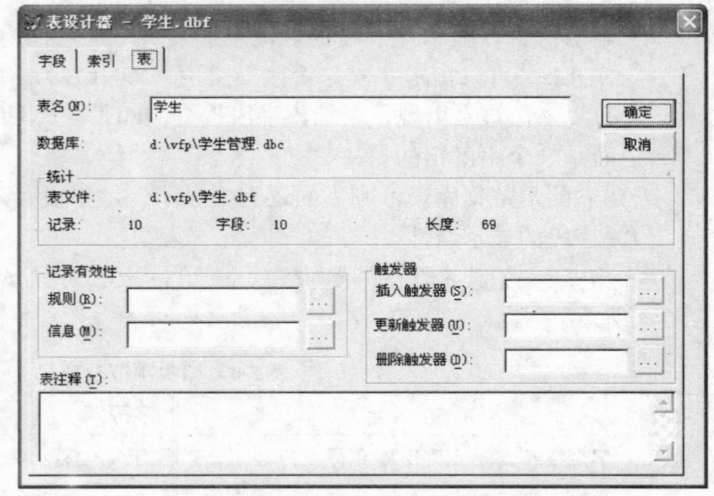

图 5-15　“表”选项卡

（1）记录有效性

① 规则：规则应是一个逻辑型表达式，当需要比较记录的两个以上字段是否满足条件时，就需进行记录有效性设置。例如在规则中设置 LEN（学号）=6 and 高考成绩>=0。

② 信息：信息是字符型常量，当记录的数据不符合规则时，系统显示给用户出错提示信息。

（2）触发器

当对记录进行操作时，若设置了触发器，则对触发器设置的条件表达式进行验证，若其值为真，则允许进行相关操作，否则，则拒绝操作。

① 插入触发器：当向表中插入或追加记录时，判断其表达式的值，为“真”允许插入或追加，为“假”不允许插入或追加。

② 更新触发器：当要修改记录时，判断其表达式的值，为“真”允许修改，为“假”不允许修改。

③ 删除触发器：当要删除表中记录时，判断其表达式的值，为“真”允许删除，为“假”不允许删除。

以上三类触发器也可以用相应的命令实现：

```
CREATE TRIGGER ON 表名 FOR INSERT AS 触发条件表达式
CREATE TRIGGER ON 表名 FOR UPDATE AS 触发条件表达式
CREATE TRIGGER ON 表名 FOR DELETE AS 触发条件表达式
```

例 5.1　建立一个文件名为“学生”的表结构，如图 5-16 所示。

图 5-16　学生表的表结构

操作步骤如下：

（1）选择“文件”→“新建”命令，打开“新建”对话框。

（2）在“新建”对话框中选择“表”选项，然后单击“新建文件”按钮。

（3）在“创建”对话框中选择路径并输入表名“学生”，然后单击“保存”按钮。

（4）在“表设计器”对话框中选择“字段”选项卡，在字段名列中输入字段名，在“类型”中选择数据类型，在“宽度”中选定字段宽度，具体表结构如表 5-6 所示，该表也给出了本书所用成绩表和课程表的表结构。

表 5-6　表结构

“学生”表

字段名	类型	宽度	小数位
学号	字符型	6	
姓名	字符型	8	
性别	字符型	2	
出生日期	日期型	8	
党员	逻辑型	1	
民族	字符型	6	
籍贯	字符型	4	
高考成绩	数值型	5	1
简历	备注型	4	
照片	通用型	4	

“成绩”表

字段名	类型	宽度
学号	字符型	6
课程号	字符型	3
成绩	数值型	3

“课程”表

字段名	类型	宽度
课程号	字符型	3
课程名	字符型	10
学时	数值型	3

（5）设置高考成绩字段的有效性规则为：高考成绩>=0；信息为：“高考成绩必须大于等于零”；默认值为.NULL.；并且允许用.NULL.。

（6）字段属性设定完成后单击“确定”按钮，出现一个对话框，询问“现在输入数据记录吗？”，若单击“是”按钮，将出现记录编辑窗口，供用户输入记录。

5.3.3 录入表数据

1. 立即追加数据

如果刚建好表结构时，在系统提示是否立即输入记录的对话框中单击“是”按钮可直接进入记录编辑窗口。如果单击了“否”按钮，那么再想输入表记录就要以追加方式输入记录。

2. 直接追加数据

（1）命令方式

【格式】

```
APPEND [BLANK]
```

【功能】在当前已打开表的末尾追加一条或多条记录。

【说明】[BLANK]：表示在表末尾追加一条空记录，并自动返回命令窗口。

例 5.2 在命令窗口输入命令。

```
USE 学生      &&打开学生表
APPEND
```

打开编辑窗口，如图 5-17 所示，待用户添加新记录，还可选择“显示”→“浏览”命令切换到浏览窗口，如图 5-18 所示，此时，光标停在最后一条记录的后面，等待输入新的记录。

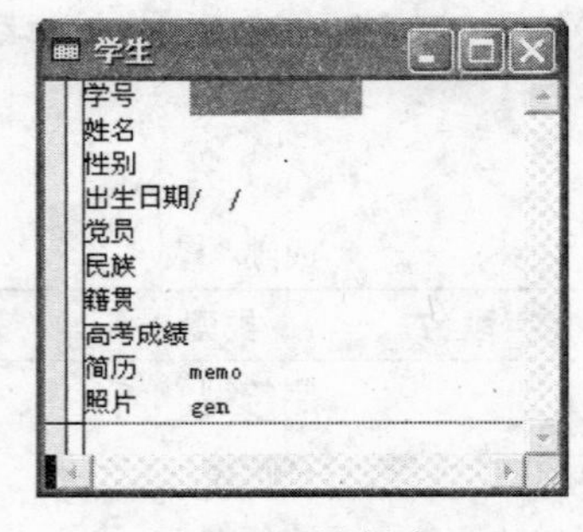

图 5-17 编辑窗口

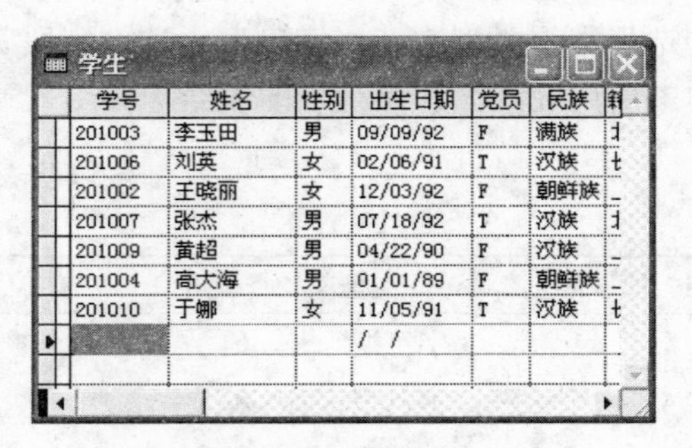

学号	姓名	性别	出生日期	党员	民族
201003	李玉田	男	09/09/92	F	满族
201006	刘英	女	02/06/91	T	汉族
201002	王晓丽	女	12/03/92	F	朝鲜族
201007	张杰	男	07/18/92	T	汉族
201009	黄超	男	04/22/90	F	汉族
201004	高大海	男	01/01/89	F	朝鲜族
201010	于娜	女	11/05/91	T	汉族
			/ /		

图 5-18 浏览窗口

（2）菜单方式

① 选择“文件”→“打开”命令，打开表文件。

② 选择“显示”→“浏览”命令，显示浏览窗口。

③ 选择“显示”→“追加方式”命令，可以追加多条记录。

或者选择“表”→“追加新记录”命令，用户可以追加一条记录。

3. 特殊类型数据的录入

在编辑窗口中，数据通过按记录逐个字段输入。字符型和数值型的数据输入与修改比较简单，这里说明其他类型的数据的输入方法。

（1）逻辑型字段只接受 T、Y、F、N（不区分大小写）。

（2）日期型字段的年月日之间的分隔符已经存在，默认按月月/日日/年年格式输入即可。

（3）备注型用 memo 标志，表示要用特殊的方式输入或修改数据，双击 memo 区可打开备注型数据的录入界面，如图 5-19 所示，在该界面可以输入文本，可对文本进行剪切、复制、粘贴等操作，经过编辑的备注字段，显示为 Memo，修改数据可通过双击返回到编辑窗口进行修改。

图 5-19　备注型数据的录入界面

（4）通用型用 gen 标志，通用型操作与备注型类似，可通过双击打开通用型数据的录入界面，如图 5-20 所示，选择“编辑”→“插入对象”命令，弹出“插入对象”对话框，如图 5-21 所示，若插入的对象是新创建的，则单击“新建”，若插入的对象已经存在，则选择“由文件创建”单选按钮，若想删除字段内容，则执行“编辑”→“清除”命令即可。经过编辑的通用字段显示为 Gen。

图 5-20　通用型数据的录入界面

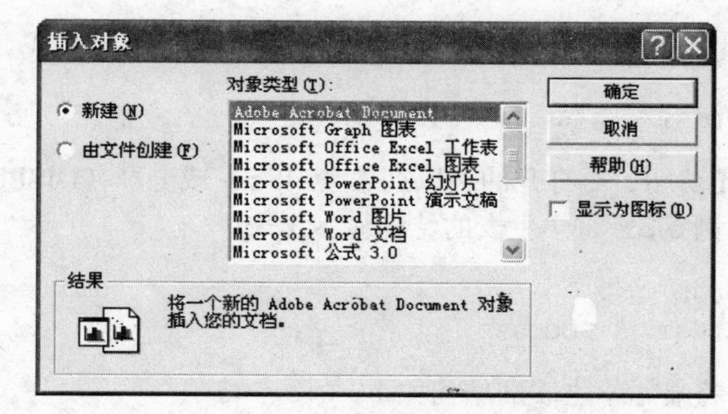

图 5-21　“插入对象”对话框

5.3.4　表的删除

1. 删除自由表

【格式】

```
DELETE  FILE [表文件名.DBF]
```

【功能】将指定的表文件从磁盘上删除。

【说明】[表文件名.DBF]：指定要删除表的名称，若不指定文件名，则系统会弹出“删除”对话框，在该对话框中选择要删除的表文件。要删除的表文件必须处于关闭状态。

2. 删除数据库表

删除数据库表时，先将数据库表从数据库中移去，然后再用删除自由表的方法进行删除。

【格式】

```
REMOVE TABLE [表文件名|?][DELETE][RECYCLE]
```

【功能】从当前数据库中移去一个表。

【说明】[表文件名|?]：指定从数据库中移去的表文件名。

[DELETE]：在移去数据库表的同时，将其从磁盘上删除。

[RECYCLE]：在移去数据库表的同时，不会立即将其从磁盘上删除，而是放入回收站中。

3. 利用项目管理器

（1）在项目管理器中选中需要删除的表，单击“移去”按钮。

（2）在“选择”对话框中若单击“移去”按钮，则将表文件移出项目文件，若单击“删除”按钮，则将表文件从磁盘上删除。

5.4 表结构的基本操作

5.4.1 表结构的显示

【格式】

```
LIST | DISPLAY  STRUCTURE
```

【功能】对打开的表以列表（LIST）或分屏（DISPLAY）的方式显示其结构。

例 5.3 将学生表的结构显示出来。

```
USE  学生
LIST  STRUCTURE
```

将显示学生表的结构如下：

```
表结构:              D:\VFP\学生.DBF
数据记录数:          10
最近更新的时间:      10/29/10
备注文件块大小:      64
代码页:              936
  字段   字段名         类型        宽度   小数位   索引   排序    Nulls
     1   学号           字符型         6                               否
     2   姓名           字符型         8                               否
     3   性别           字符型         2                               否
     4   出生日期       日期型         8                               否
     5   党员           逻辑型         1                               否
     6   民族           字符型        10                               否
     7   籍贯           字符型        20                               否
     8   高考成绩       数值型         5       1                       否
     9   简历           备注型         4                               否
    10   照片           通用型         4                               否
**总计**                              69
```

在这里字段总宽度应为 68，而总计显示 69，多出的 1 个字节用来存放删除标记。

5.4.2　表结构的修改

1. 命令方式

【格式】

```
MODIFY  STRUCTURE
```

【功能】打开当前表的设计器。

【说明】先打开需要修改结构的表文件，如果当前工作区中没有已打开的表，那么系统会弹出“打开”对话框，以便用户选择需要修改表结构的文件，选择完成后，系统将弹出“表设计器”对话框，如图 5-22 所示。

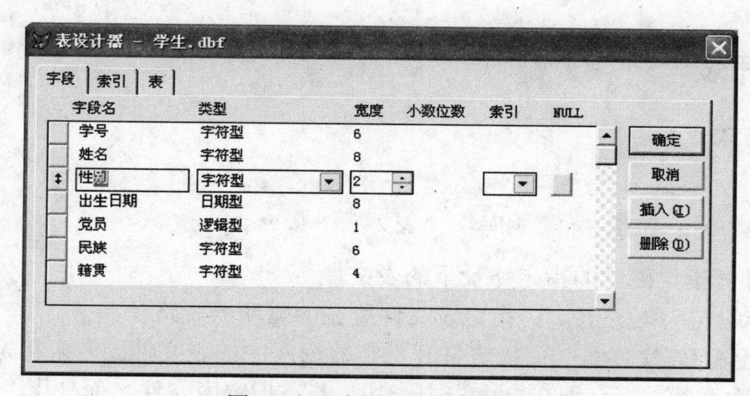

图 5-22　“表设计器”对话框

对表结构的操作主要有增加、修改、删除和移动几种。

（1）增加字段：例如在图 5-22 中选择性别字段，性别字段前面的按钮变为“↕”，表示性别字段为当前字段，单击“插入”按钮，将在姓名和性别间插入一个新字段。

（2）修改字段：将光标定位在需要修改处，编辑修改。

（3）删除字段：将光标移至需删除的字段上，单击“删除”按钮即可。

（4）移动字段：将光标移至需移动位置的字段上，用鼠标拖动字段名前的“↕”按钮，出现一个虚框，当虚框出现在目标位置上时松开鼠标，完成移动。

无论是何种修改，修改完成都需单击“确定”按钮，由于表结构的变化要影响表记录数据，因此都会出现如图 5-23 所示的对话框，由用户确认修改是否有效。

图 5-23　修改提示对话框

使用 MODIFY STRUCTURE 命令时要注意以下几点。

① 在 MODIFY STRUCTURE 命令的执行期间，如果强行退出，那么有可能丢失数据。

② 不能同时修改字段名和它的类型，否则系统将不能正确地送回原来的数据而造成数据的丢失。

③ 如果在修改字段名的同时插入或删除了字段，那么会引起字段位置发生变化，有可

能造成数据丢失。但是，在插入或删除字段的同时却可以修改字段的宽度或字段的类型，MODIFY STRUCTURE 将根据字段名正确地从备份文件中传送数据。

2. 菜单方式

（1）选择“文件”→“打开”命令，打开表文件。

（2）选择“显示”→“表设计器”命令，打开表设计器。

（3）之后操作同命令方式。

3. 利用项目管理器

在项目管理器中选中需要修改的表，再单击“修改”按钮即可。

5.5 表的基本操作

5.5.1 打开表

1. 命令方式

【格式】

```
USE [[&lt;盘符&gt;][&lt;路径&gt;]<[数据库名！]表文件名 | ?>]
```

【功能】打开指定磁盘的指定路径下的表文件。

【说明】[<盘符>和<路径>]：指定表文件所在的驱动器及路径。

[[数据库名！]表文件名|?]：指定打开指定数据库中的表文件。若未指定数据库名，则在当前数据库中查找，没有则在自由表中查找。若不指定表文件名而使用“?”代替表文件名，则系统会弹出“使用”对话框，以便用户指定打开的表文件。

如果表文件中含有通用型、备注型字段，那么与表同名的.FPT 文件也同时打开。

例 5.4 打开在 E 盘 VFP 子目录中“学生.DBF”表。

```
USE E:\VFP\学生
```

2. 菜单方式

（1）选择“文件”→“打开”命令，出现“打开”对话框。

（2）选择文件类型为“表（*.dbf)”，选中所需的表文件，单击“确定”按钮。

5.5.2 关闭表

1. 打开另一个表文件

如果工作区中已打开一个表文件，那么打开另一个表文件时，系统自动将先前打开的表文件关闭。

2. 使用不带任何选项的 USE 命令

【格式】

```
USE
```

【功能】关闭当前已打开的表文件。

3. 使用 CLEAR 命令

【格式】

```
CLEAR ALL
```

【功能】关闭所有工作区中已打开的表文件、索引文件、格式文件及备注文件等，同时释放所有的内存变量，并选择工作区 1 为当前工作区。

4. 使用 CLOSE 命令

【格式】

```
CLOSE  ALL
```

【功能】关闭各种类型文件，并选择工作区 1 为当前工作区。

5. 退出 Visual FoxPro 系统

【格式】

```
QUIT
```

【功能】退出 Visual FoxPro 系统，并关闭所有打开的文件，返回操作系统。

5.5.3　显示表记录

1. 命令方式

【格式】

```
LIST | DISPLAY [FIELDS <字段名表>][<范围>] [FOR<条件表达式>] [WHILE <条件表达式>][OFF]
```

【功能】将当前表文件的记录按照指定的选项进行显示。

【说明】[LIST | DISPLAY]：LIST 命令连续滚动（列表）显示，DISPLAY 命令分屏显示。需要注意的是，如果同时缺省<范围>和<条件>子句，那么 DISPLAY 命令只显示当前的一条记录，而 LIST 命令则显示全部记录。

[FIELDS <字段名表>]：用来指定显示的字段。

[<范围>]：用来指定显示哪些记录，“范围”有以下四种表示方法：

① ALL：所有记录，为默认值。

② NEXT　N：从当前记录开始，后面的 *N* 条记录（包括当前记录）。

③ RECORD N：第 *N* 条记录。

④ REST：当前记录后的全部记录（包括当前记录）。

[FOR<条件表达式>]：指定对表文件中指定范围内满足条件的记录进行操作。

[WHILE<条件表达式>]：也是指定对表文件中指定范围内满足条件的记录进行操作，但是，当第一次遇到不满足条件的记录时，停止搜索。

[WHILE<条件表达式>]若与[FOR<条件表达式>]同时使用，WHILE 项优先；若两者都不选用，则显示<范围>中指定的全部记录。

[OFF]：表示不显示记录号，若不选此项，则在各记录前显示记录号。

例 5.5 显示“学生.DBF”表的全部记录。

```
USE 学生
LIST
```

结果如下所示：

记录号	学号	姓名	性别	出生日期	党员	民族	籍贯	高考成绩	简历	照片
1	201001	陈勇	男	05/29/90	.T.	汉族	西安	420.0	Memo	Gen
2	201008	刘东华	男	02/08/91	.F.	汉族	长春	522.5	Memo	Gen
3	201005	于丽莉	女	10/11/90	.F.	汉族	沈阳	499.0	Memo	Gen
4	201003	李玉田	男	09/09/92	.F.	满族	北京	510.0	Memo	Gen
5	201006	刘英	女	02/06/91	.T.	汉族	长春	390.0	Memo	Gen
6	201002	王晓丽	女	12/03/92	.F.	朝鲜族	上海	462.5	memo	gen
7	201007	张杰	男	07/18/92	.T.	汉族	北京	428.0	memo	gen
8	201009	黄超	男	04/22/90	.F.	汉族	上海	513.0	memo	gen
9	201004	高大海	男	01/01/89	.F.	朝鲜族	上海	537.0	memo	gen
10	201010	于娜	女	11/05/91	.T.	汉族	长春	398.5	memo	gen

例 5.6 显示男生的学号、姓名和性别，不显示记录号。

```
USE  学生
DISPLAY  FOR 性别="男"  FIELDS 学号,姓名,性别  OFF
```

结果如下所示：

学号	姓名	性别
201001	陈勇	男
201008	刘东华	男
201003	李玉田	男
201007	张杰	男
201009	黄超	男
201004	高大海	男

2. 浏览窗口显示记录

（1）打开表后，在命令窗口中输入 BROWSE 或 BROWSE LAST。

（2）打开表后，选择“显示”→“浏览”命令，这时还可以通过选择“显示”→“浏览”或“编辑”来改变浏览窗口显示方式，如图 5-24 所示。

学生

学号	姓名	性别	出生日期	党员	民族
201001	陈勇	男	05/29/90	T	汉族
201008	刘东华	男	02/08/91	F	汉族
201005	于丽莉	女	10/11/90	F	汉族
201003	李玉田	男	09/09/92	F	满族
201006	刘英	女	02/06/91	T	汉族
201002	王晓丽	女	12/03/92	F	朝鲜族
201007	张杰	男	07/18/92	T	汉族
201009	黄超	男	04/22/90	F	汉族

（a）浏览窗口

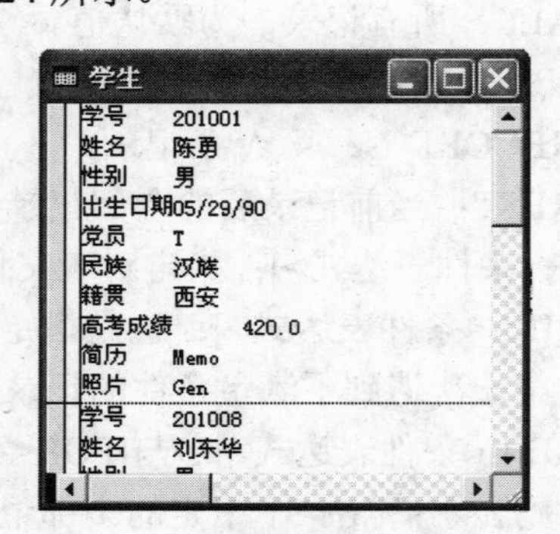

（b）编辑窗口

图 5-24 表内容的显示

（3）在项目管理器中选定表后，单击“浏览”按钮。

5.5.4 记录指针

Visual FoxPro 为当前表文件设置了一个记录指针，指针所指向的记录称为当前记录。一张表刚打开时，记录指针自动指向第一条记录。在对表的数据进行操作之前，通常要先进行记录指针的定位，记录指针定位分为绝对定位、相对定位和条件定位三种。

1. 绝对定位

【格式】

```
GO | GOTO  <数值表达式|TOP|BOTTOM>
```

【功能】[数值表达式|TOP|BOTTOM]：若选择<数值表达式>，则记录指针绝对定位到<数值表达式>指定的记录上；若选择 TOP，则记录指针指向表的第一条记录；若选择 BOTTOM，则记录指针指向表的最后一条记录。

例 5.7 绝对定位命令的用法，学生表共十条记录。

```
USE  学生                  &&刚打开表文件,指针指向第一条记录
GOTO  2                   &&指针指向第二条记录
GO 3                      &&指针指向第三条记录
? RECNO()                 &&显示当前记录的记录号:3
GO  BOTTOM                &&指针指向最后一条记录
? RECNO()                 &&显示当前记录的记录号:10
```

2. 相对定位

【格式】

```
SKIP [<数值表达式>]
```

【功能】记录指针从当前记录向前（或向后）移动若干个记录。

【说明】[<数值表达式>]：表示移动的记录个数。若数值表达式的值为负值，则表示向前移动记录；否则，表示向后移动记录。如果缺省此项，则表示向后移动 1 个记录。

例 5.8 相对定位的用法。

```
USE   学生                 &&刚打开表文件,指针指向第一条记录
SKIP  4                   &&指针从当前记录向下移动 4 条记录
? RECNO()                 &&显示当前记录的记录号: 5
```

3. 条件定位

【格式】

```
LOCATE  FOR  <表达式>
```

【功能】将记录指针定位在满足条件的第一条记录上，如果没有满足条件的记录，则指针指向文件结束位置。

【说明】要使指针指向下一条满足条件的记录，可使用 CONTINUE 命令，LOCATE FOR 与 CONTINUE 必须配对使用。

例 5.9 显示学生表前两个女生的记录。

```
USE  学生
LOCATE  FOR  性别="女"  &&将记录指针定位在第一条女生记录上
DISP
CONTINU                 &&使指针指向下一条女生记录
DISP
```

结果如下显示：

记录号	学号	姓名	性别	出生日期	党员	民族	籍贯	高考成绩	简历	照片
3	201005	于丽莉	女	10/11/90	.F.	汉族	沈阳	499.0	Memo	Gen

记录号	学号	姓名	性别	出生日期	党员	民族	籍贯	高考成绩	简历	照片
5	201006	刘英	女	02/06/91	.T.	汉族	长春	390.0	Memo	Gen

5.5.5 修改记录

1. 编辑修改

【格式】

```
EDIT | CHANGE  [FIELDS <字段名表>] [<范围>] [FOR <逻辑表达式 1>] [WHILE <逻辑表达式 2>]
```

【功能】按照给定条件编辑修改当前打开的表文件的记录。

【说明】[FIELDS <字段名表>]：若选择此选项，则只列出字段名表中的字段；若未选择此选项，则显示表中的所有字段。

[<范围>]：若未选择此选项，则 EDIT/CHANGE 命令的范围为全部记录。

例 5.10 修改“学生.DBF”表中“刘英”同学的学号、姓名和性别。

```
USE  学生
EDIT  FIELDS 学号,姓名,性别  FOR 姓名="刘英"
```

结果显示如下：

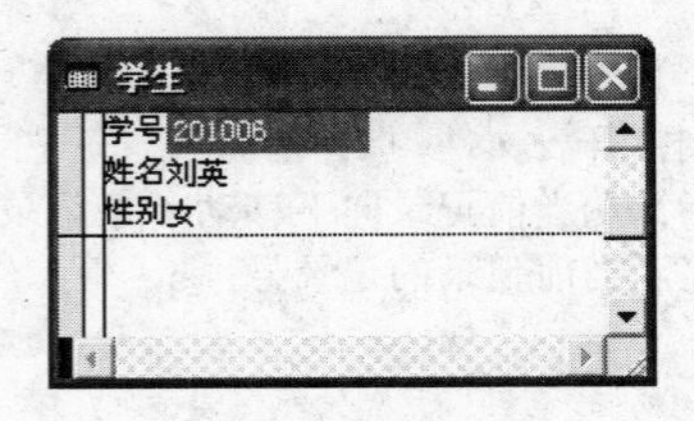

2. 浏览修改

浏览修改就是在表的浏览窗口中进行修改，打开浏览窗口的方法前面已经介绍过。

3. 替换修改

（1）命令方式

【格式】

```
REPLACE <字段名 1> WITH <表达式 1> [ADDITIVE][, <字段名 2> WITH <表达式 2>
```

```
[ADDITIVE]] ... [<范围>][FOR <逻辑表达式 1>] [WHILE <逻辑表达式 2>]
```

【功能】用指定表达式的值替换当前表中满足条件记录的指定字段的值。

【说明】① 该命令适合对当前表进行成批地、有规律地修改。
② 缺省范围、条件时，仅替换当前记录。
③ 执行该命令后，数据修改自动完成。适用于程序设计。
④ ADDITIVE 只对备注型字段修改有效。表示将表达式值添加到字段的原有内容后面，否则取代原有内容。
⑤ 表达式的类型必须与字段类型一致。
⑥ 表达式的值不能超出字段宽度，否则，数据无效。

例 5.11　修改“学生.DBF”表中的“高考成绩”字段的数据，每个人加 5 分。

```
USE 学生
REPLACE  ALL 高考成绩  WITH  高考成绩+5
```

例 5.12　修改“学生.DBF”表中的“高考成绩”字段的数据，给每个女生加 5 分。

```
USE 学生
REPLACE  高考成绩  WITH  高考成绩+5  FOR 性别="女"
```

（2）菜单方式

① 打开表文件，选择“显示”→“浏览”命令。
② 选择“表”→“替换字段”命令，弹出如图 5-25 所示的“替换字段”对话框。
③ 设置“字段”、“替换为”、“替换条件”的值。
④ 单击“替换”按钮，系统将自动完成替换操作。

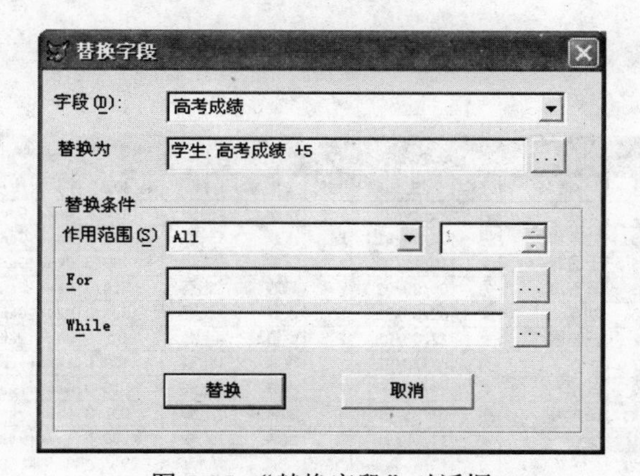

图 5-25　“替换字段”对话框

5.5.6　插入记录

【格式】

```
INSERT [BEFORE] [BLANK]
```

【功能】在当前表文件的指定位置插入新记录或空记录。

【说明】[INSERT]：在当前记录之后插入新记录。

[INSERT BEFORE]：在当前记录之前插入新记录。

[INSERT BLANK]：在当前记录之后插入空记录。

5.5.7 删除记录

表记录的删除也是表维护的一项经常性的工作，删除分为逻辑删除和物理删除两种，逻辑删除就是给指定的记录进行删除标记，这些记录是可以恢复，而物理删除则不可恢复。

1. 逻辑删除记录

（1）命令方式

【格式】

```
DELETE [<范围>] [FOR <条件>] [WHILE <条件>]
```

【功能】逻辑删除满足条件的记录。

【说明】[DELETE]：命令仅仅是在要删除的记录前加上一个删除标记，并不是真正地从表文件中将该记录删除。

如果同时缺省[<范围>]和 [<条件>]子句，则仅仅删除当前的记录。

例 5.13 删除“学生.DBF”表中所有男同学的记录。

```
USE 学生
DELETE  FOR 性别="男"
BROWSE
```

结果如下所示：

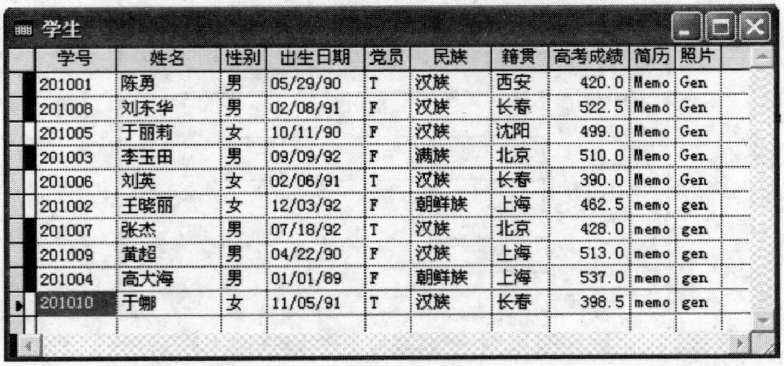

学生

学号	姓名	性别	出生日期	党员	民族	籍贯	高考成绩	简历	照片
201001	陈勇	男	05/29/90	T	汉族	西安	420.0	Memo	Gen
201008	刘东华	男	02/08/91	F	汉族	长春	522.5	Memo	Gen
201005	于丽莉	女	10/11/90	F	汉族	沈阳	499.0	Memo	Gen
201003	李玉田	男	09/09/92	F	满族	北京	510.0	Memo	Gen
201006	刘英	女	02/06/91	T	汉族	长春	390.0	Memo	Gen
201002	王晓丽	女	12/03/92	F	朝鲜族	上海	462.5	memo	gen
201007	张杰	男	07/18/92	T	汉族	北京	428.0	memo	gen
201009	黄超	男	04/22/90	F	汉族	上海	513.0	memo	gen
201004	高大海	男	01/01/89	F	朝鲜族	上海	537.0	memo	gen
201010	于娜	女	11/05/91	T	汉族	长春	398.5	memo	gen

（2）菜单方式

打开表文件，选择“表”→“删除记录”命令，出现如图 5-26 所示的“删除”对话框，设置范围与条件。

（3）在“浏览”窗口中做删除标记

在浏览窗口中可以单击每个要删除记录左边的小方框，出现黑色小方块表示已经逻辑删除，再次单击可取消黑色小方块表示取消删除。

2. 恢复逻辑删除记录

（1）命令方式

【格式】

```
RECALL [<范围>] [FOR <条件>] [WHILE <条件>]
```

【功能】恢复当前表中带有删除标记的记录，使之成为正常记录。

【说明】RECALL 命令与 DELETE 命令相对应，它可以去掉逻辑删除标记。

如果同时缺省[<范围>]和 [<条件>]子句，则仅仅恢复当前记录。

例 5.14　恢复“学生.DBF”表中被逻辑删除的记录。

```
USE    学生
RECALL  ALL
```

（2）菜单方式

首先打开表浏览窗口，选择“表”→“恢复记录”命令，出现如图 5-27 所示的对话框，在该对话框中可设置范围与条件。

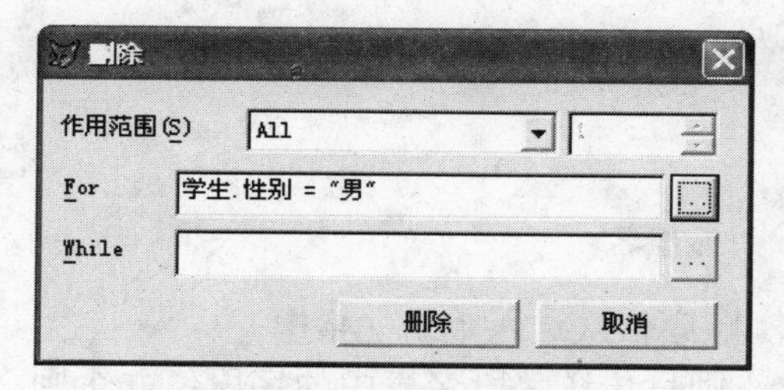

图 5-26 “删除”对话框

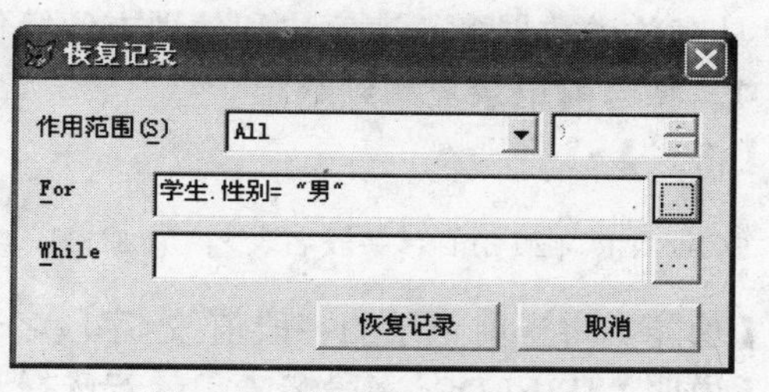

图 5-27 “恢复记录”对话框

3. 物理删除记录

（1）命令方式

【格式】

```
PACK
```

【功能】将当前表文件中所有带删除标记的记录全部真正地删除。

【说明】执行该命令后被删除的记录将不能被恢复，因此使用时应特别小心。

例 5.15　将“学生.DBF”表中的高考成绩小于 450 的记录进行物理删除。

```
USE    学生
DELETE  FOR 高考成绩<450    &&为高考成绩<450 的记录加删除标记
PACK                        &&物理删除带逻辑删除标记的记录
```

（2）菜单方式

首先打开表浏览窗口，选择“表”→“彻底删除”命令，出现如图 5-28 所示的提示框，单击“是”按钮，将删除所有带有删除标记的记录，完成物理删除过程。

4. 删除全部记录

【格式】

```
ZAP
```

【功能】将当前打开的表文件中的所有记录完全删除。

【说明】执行该命令，将只保留表结构，而不再有任何数据存在。ZAP 相当于 DELETE ALL 和 PACK 两条命令。这种删除无法恢复，执行该命令时，系统会弹出如图 5-29 所示的 ZAP 提示框，单击“是”按钮清除所有记录，单击“否”按钮放弃 ZAP 操作。

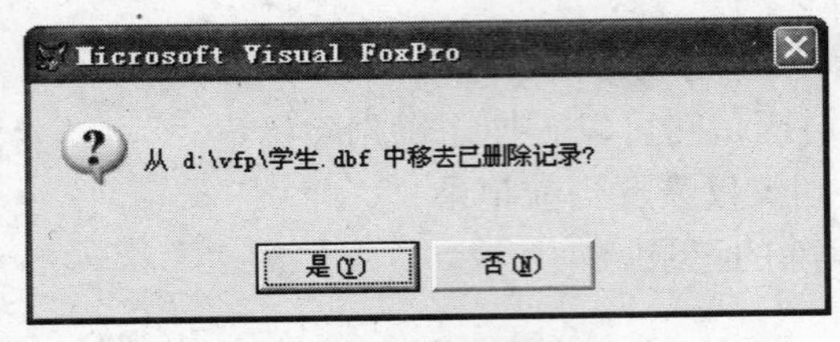

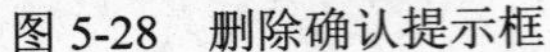
图 5-28　删除确认提示框

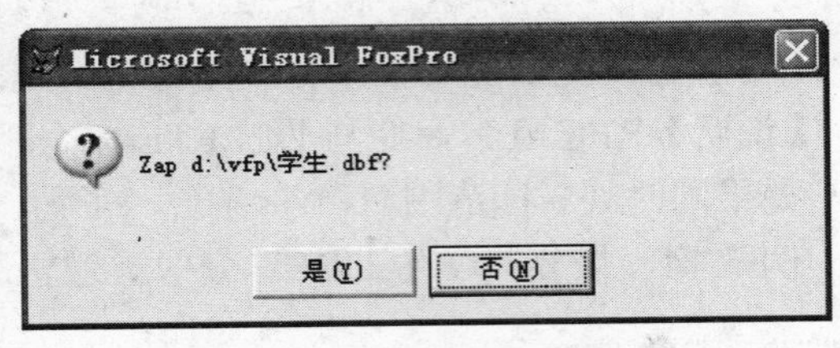

图 5-29　ZAP 提示框

5.5.8　数据表与数组的数据交换

在 Visual FoxPro 中，数据表与数组之间进行数据交换是应用程序中经常使用的一种操作，具有传送数据多、速度快和使用方便等优点。

1. 将当前记录复制到数组

【格式】

```
SCATTER [FIELDS<字段名表>] [MEMO] TO <数组名>
```

【功能】将当前记录的字段值按<字段名表>顺序依次送入数组元素中。

【说明】[FIELDS<字段名表>]：若选择它，则只传送字段名表中的字段值，否则将传送所有字段值（备注型和通用型除外），若要传送备注型字段值，则还需要使用 MEMO。

[TO　<数组名>]：将数据复制到<数组名>所示的数组元素中，如果定义的数组长度不够，那么 Visual FoxPro 会自动扩大数组长度。

例 5.16　把学生表的第一条记录的学号、姓名、高考成绩这三个字段的值复制给数组 A，并显示结果。

程序如下：

```
USE　学生
SCATTER　FIELDS　学号,姓名,高考成绩　TO　A
LIST　MEMORY　LIKE　A
```

结果如下显示：

```
A                  Pub      A
           (  1)            C     "201001"
           (  2)            C     "陈勇"
           (  3)            N     420.0          (        420.00000000)
```

2. 将数组的数据复制到当前记录

【格式】

```
GATHER　FROM <数组名> [FIELDS<字段名表>] [MEMO]
```

【功能】将数组中的数据依次复制到当前记录。

【说明】[FIELDS<字段名表>]：仅字段名表中的字段值被数组元素替代，否则将按顺序依次替代，多出的字段不改变；若数组元素多于记录中字段的个数，则多余数组元素被忽略。

[MEMO]：若不选用[MEMO]，则忽略备注字段。

例 5.17　把数组 M 中的三个元素的值传递给学生表的学号、姓名、高考成绩这三个字段。

程序如下：

```
USE 学生
APPEND BLANK
DIME M(3)
M(1)="111111"
M(2)="天天"
M(3)=600
GATHER FROM M FIELDS 学号，姓名，高考成绩
BROWSE
```

结果如下所示：

学生

学号	姓名	性别	出生日期	党员	民族	籍贯	高考成绩	简历	照片
201001	陈勇	男	05/29/90	T	汉族	西安	420.0	Memo	Gen
201008	刘东华	男	02/08/91	F	汉族	长春	522.5	Memo	Gen
201005	于丽莉	女	10/11/90	F	汉族	沈阳	499.0	Memo	Gen
201003	李玉田	男	09/09/92	F	满族	北京	510.0	Memo	Gen
201006	刘英	女	02/06/91	T	汉族	长春	390.0	Memo	Gen
201002	王晓丽	女	12/03/92	F	朝鲜族	上海	462.5	memo	gen
201007	张杰	男	07/18/92	T	汉族	北京	428.0	memo	gen
201009	黃超	男	04/22/90	F	汉族	上海	513.0	memo	gen
201004	高大海	男	01/01/89	F	朝鲜族	上海	537.0	memo	gen
201010	于娜	女	11/05/91	T	汉族	长春	398.5	memo	gen
111111	天天		/ /				600.0	memo	gen

5.6　排序

用户浏览表记录时，往往希望记录按特定的顺序显示，比如按年龄由大到小显示，或按工资由低到高显示等，因此，需要调整表中记录的顺序，Visual FoxPro 提供了两种方法重新组织数据，即排序和索引。这一节将介绍排序的概念及方法。

5.6.1　排序的概述

排序是从物理上对表进行重新整理，按照指定的关键字段值的大小来重新排列表中数据记录的顺序，并产生一个新的表文件，这个新表文件可以与原来的表文件的大小、内容一样，但其中记录的排序顺序是按要求重新整理过的。

5.6.2 建立排序

【格式】

```
SORT  TO <新文件名> ON <字段 1> [/A | /D] [/C] [, <字段 2> [/A | /D]
[/C] …][ASCENDING | DESCENDING] [<范围>] [FOR <逻辑表达式 1>] [WHILE <逻辑表
达式 2>][FIELDS <字段名表>]
```

【功能】对当前表按指定的字段进行排序，生成新的表文件。

【说明】[TO <新文件名>]：存放排序后记录的新表名，该表的结构与原表相同。

[ON <字段 1>]：指定表中的排序字段，默认按升序排序，可同时指定多个字段排序，第一个字段为主排序字段，第二个字段为第二级排序字段，以此类推。

[/A | /D]：/A 表示升序，字段的值从小到大；/D 表示降序，字段的值从大到小。

[/C]：表示不区分大小写，/C 可以与/A 或/D 合用，如/AC 或/DC。

[ASCENDING]：将所有不带/D 的字段指定为升序排序。

[DESCENDING]：将所有不带/A 的字段指定为降序排序。

[FIELDS <字段名表>]：默认新表的结构可以与原表相同，也可以使用 FIELDS 取部分字段。

例 5.18 将“学生.DBF”表按籍贯升序排列，籍贯相同的按高考成绩的降序排列，生成的新表名为学生 1。

```
USE 学生
SORT  TO  学生 1  ON  籍贯,高考成绩/D
USE  学生 1
BROWSE
```

结果如下所示：

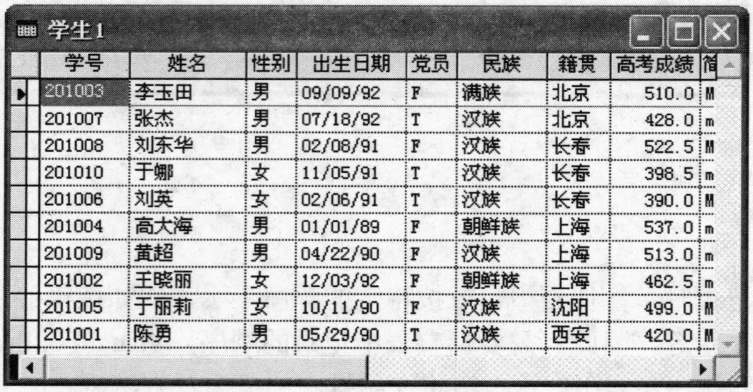

学生 1

学号	姓名	性别	出生日期	党员	民族	籍贯	高考成绩	简
201003	李玉田	男	09/09/92	F	满族	北京	510.0	M
201007	张杰	男	07/18/92	T	汉族	北京	428.0	m
201008	刘东华	男	02/08/91	F	汉族	长春	522.5	M
201010	于娜	女	11/05/91	T	汉族	长春	398.5	m
201006	刘英	女	02/06/91	T	汉族	长春	390.0	M
201004	高大海	男	01/01/89	F	朝鲜族	上海	537.0	m
201009	黄超	男	04/22/90	F	汉族	上海	513.0	m
201002	王晓丽	女	12/03/92	F	朝鲜族	上海	462.5	m
201005	于丽莉	女	10/11/90	F	汉族	沈阳	499.0	M
201001	陈勇	男	05/29/90	T	汉族	西安	420.0	M

5.7 索引

排序的结果是生成一个基于原表的数据表，对原表进行操作时，排序表不能随之更新，因此会致使数据不同步。而采用索引，不但克服了排序的缺点，而且还可以加快查询的速度。

5.7.1　索引及相关概念

1. 索引及索引文件的概述

索引是从逻辑上对表进行重新整理，按照指定的关键字段建立索引文件，索引文件由指向表文件记录的指针构成。索引文件必须与原表一起使用，打开索引文件时，将改变表中记录的逻辑顺序，但并不改变表中记录的物理顺序。索引可以提高查询速度，但是降低了更新速度。

2. 索引文件的类型

索引文件可以分为单索引文件和复合索引文件。

（1）单索引文件

只包含一个索引项的索引文件，称为单索引文件，该文件的扩展名是.IDX。

（2）复合索引文件

含有多个索引项，索引项之间用唯一的索引标识区别的索引文件，称为复合索引文件，该文件的扩展名是.CDX。复合索引又分为结构复合索引和非结构复合索引，其特点如表 5-7 所示。

表 5-7　结构复合索引和非结构复合索引的特点

	结构复合索引	非结构复合索引
特点	① 结构复合索引的文件名与数据表文件名相同 ② 该索引文件随表文件同时打开和同时关闭 ③ 该索引文件自动更新	① 非结构复合索引的文件名与数据表文件名不相同 ② 该索引文件必须使用单独的打开命令 ③ 该索引文件不自动更新

3. 索引关键字和索引类型

索引关键字是在建立索引用的表达式，它可以是单个字段，也可以是由几个字段组成的表达式，如图 5-30 所示。

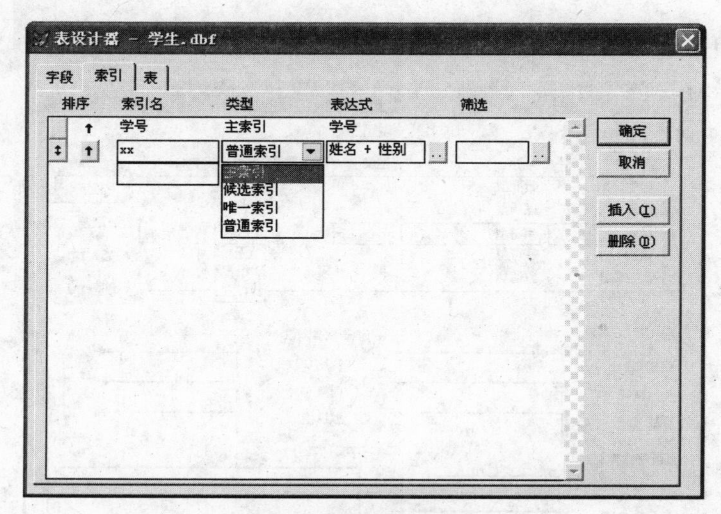

图 5-30　索引表达式

索引可以根据功能分为下列四种类型。

（1）主索引

主索引是一个永远不允许在指定字段和表达式中出现重复值的索引。只有数据库表才能建立主索引，且每个数据库表只能建立一个主索引，它适合于一对多永久关联中“一”边（父表）的索引。

（2）候选索引

候选索引也是一个不允许在指定字段和表达式中出现重复值的索引。数据库表和自由表都可以建立候选索引，一个表可以建立多个候选索引。

（3）唯一索引

唯一索引中的“唯一”是指索引项的唯一，而不是字段值的唯一，它仅保留第一次出现的索引关键字值。数据库表和自由表都可以建立唯一索引，一个表可以建立多个唯一索引。

（4）普通索引

普通索引是一个最简单的索引，它允许关键字值的重复出现，适合用来进行表中记录的排序和查询。数据库表和自由表都可以建立普通索引，每个表都可以建立多个普通索引，它适合于一对多永久关联中“多”边（子表）的索引。

5.7.2 表设计器方式建立索引

打开表设计器（以数据库表设计器为例）有三个选项卡，其中字段选项卡（如图 5-31 所示）和索引选项卡（如图 5-32 所示）都可以建立索引，用表设计器建立的索引都是结构复合索引文件。

1. 在字段选项卡建立索引

在字段选项卡只能建立单字段索引，步骤如下：

（1）打开要建立索引的表设计器，选择“字段”选项卡，如图 5-31 所示。

（2）选择要建立索引的字段，在相应的索引下拉列表选择一种排序方式，然后单击“确定”按钮。

如图 5-31 所示，按民族的升序建立索引。

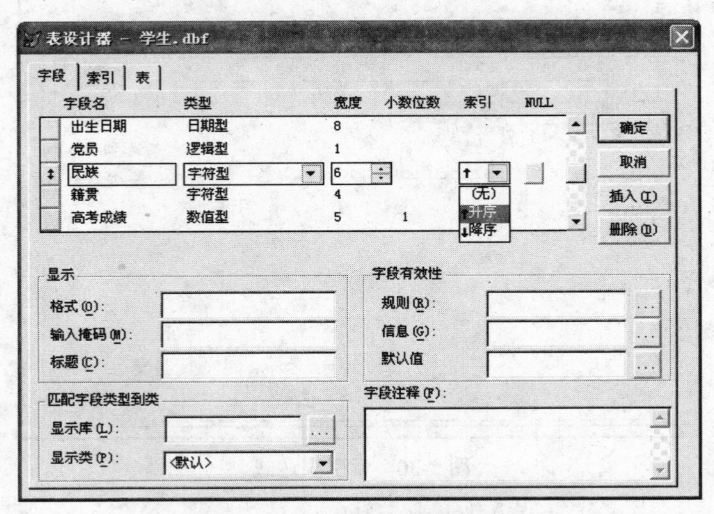

图 5-31 在“字段”选项卡建立索引

这种方式建立的索引是普通索引，索引名与字段名相同，索引表达式就是对应的字段，如果想要修改索引名或建立其他类型的索引，那么必须切换到索引选项卡。

2. 在索引选项卡建立索引

在索引选项卡建立的索引，索引关键字可以是组合字段，也可以是单一字段，索引名可以直接输入，步骤如下：

（1）打开要建立索引的表设计器，选择“索引”选项卡，如图 5-32 所示。

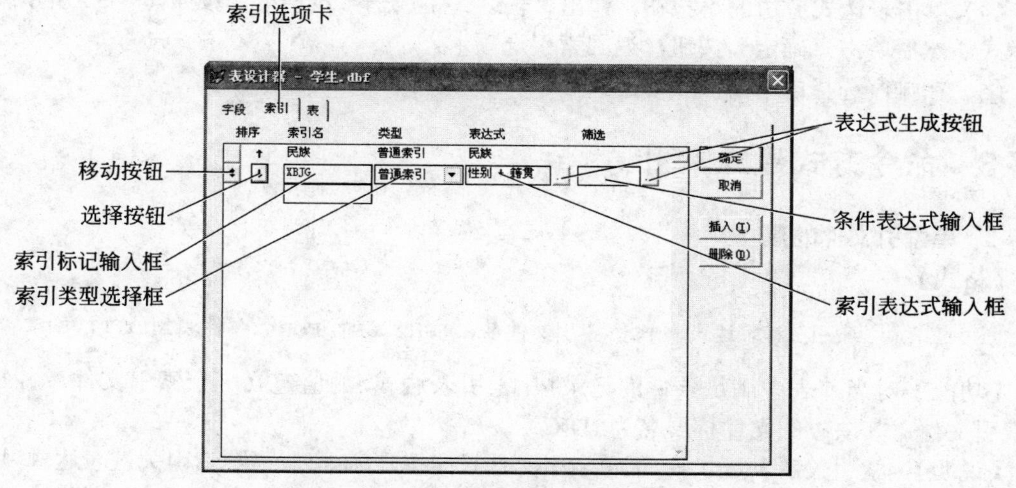

图 5-32 在“索引”选项卡建立索引

（2）在“索引名”中输入要创建索引的名字。

（3）在“类型”下拉列表中选择要建立索引的类型，数据库表有四种类型：主索引、候选索引、唯一索引、普通索引，自由表没有主索引。

（4）在表达式框中输入表达式，也可使用“表达式生成器”，单击表达式旁边的小按钮，弹出“表达式生成器”对话框，如图 5-33 所示，在此对话框中方便输入各种表达式，然后单击“确定”按钮。

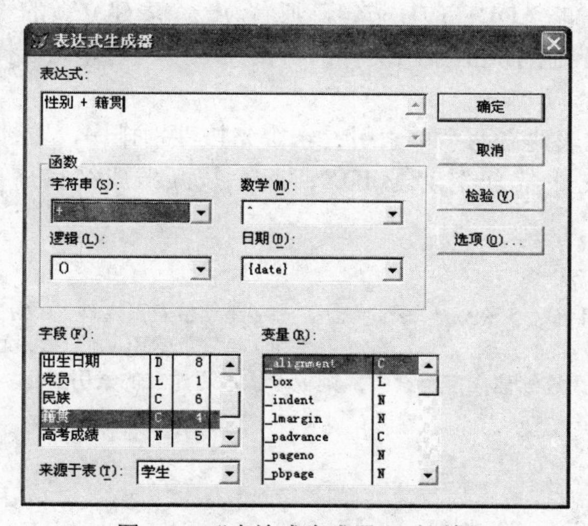

图 5-33 “表达式生成器”对话框

（5）在排序下单击设置排序方式，向上箭头为升序，向下箭头为降序。

例 5.19 为表文件“学生.DBF”按性别和籍贯建立索引，索引名为 XBJG，索引类型为普通索引，先按性别的降序排序，若性别相同，则再按籍贯的降序排序。

（1）打开要建立索引的表设计器，选择“索引”选项卡，如图 5-32 所示。

（2）在“索引名”中输入 XBJG。

（3）在“类型”下拉列表中选择“普通索引”。

（4）单击表达式旁边的小按钮，弹出“表达式生成器”对话框，按如图 5-33 所示编辑表达式，然后单击“确定”按钮，返回索引选项卡。

（5）在排序选择向下箭头即可。

5.7.3 命令方式建立索引

1. 单索引文件的建立

【格式】

```
INDEX ON <索引关键表达式> TO <索引文件名> [UNIQUE] FOR <条件>[ADDITIVE]
```

【功能】对当前表中满足条件的记录按<索引表达式>的值建立一个索引文件，并打开此索引文件，其缺省的文件扩展名为.IDX。

【说明】<索引关键表达式>：因单索引文件只能按升序排列，故<索引关键表达式>用以指定记录按升序排序的字段或表达式，它可以是字段名或含有当前表中字段的表达式。表达式值的数据类型可以是字符型、数值型、日期型、逻辑型。若在表达式中包含有几种类型的字段名，则需要使用类型转换函数将其转换为相同类型的数据。

TO <索引文件名>：创建一个单索引文件名，扩展名为.IDX。

UNIQUE：建立唯一索引。

FOR <条件>：指定一个条件，只显示和访问满足表达式<条件>的记录，索引文件只为满足条件的表达式的记录创建索引关键字。

ADDITIVE：若省略 ADDITIVE 子句，则当为一个表建立新的索引文件时，除结构复合索引文件外，所有其他打开的索引文件都将被关闭；若选择此选择项，则已打开的索引文件仍然保持打开状态。

例 5.20 为学生表建立两个单索引：一个先按性别排序，若性别相同，则再按姓名排序的唯一索引，文件名为 XBXM.IDX；一个按高考成绩排序的单索引，文件名为 CG.IDX。

```
USE 学生
INDEX ON 性别+姓名 TO XBXM UNIQUE     &&建立单索引文件 XBXM.IDX
INDEX  ON 高考成绩 TO CG              &&建立单索引文件 CG.IDX
BROWSE     &&如果连续建立多个索引，则记录按最近建立的索引显示
```

结果如下所示：

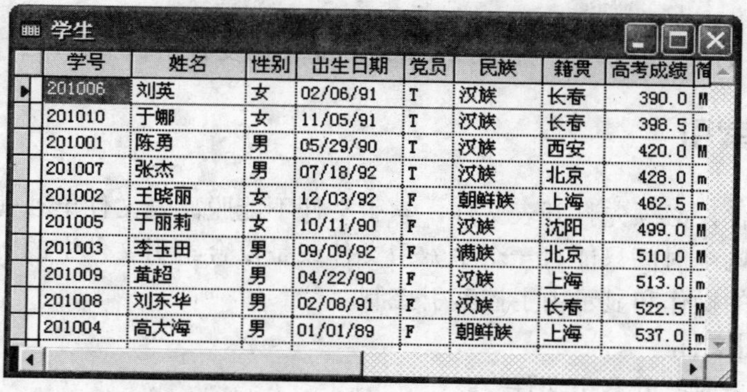

学生

学号	姓名	性别	出生日期	党员	民族	籍贯	高考成绩	简
201006	刘英	女	02/06/91	T	汉族	长春	390.0	M
201010	于娜	女	11/05/91	T	汉族	长春	398.5	m
201001	陈勇	男	05/29/90	T	汉族	西安	420.0	M
201007	张杰	男	07/18/92	T	汉族	北京	428.0	m
201002	王晓丽	女	12/03/92	F	朝鲜族	上海	462.5	m
201005	于丽莉	女	10/11/90	F	汉族	沈阳	499.0	M
201003	李玉田	男	09/09/92	F	满族	北京	510.0	M
201009	黃超	男	04/22/90	F	汉族	上海	513.0	m
201008	刘东华	男	02/08/91	F	汉族	长春	522.5	M
201004	高大海	男	01/01/89	F	朝鲜族	上海	537.0	m

2. 复合索引文件的建立

复合索引文件是由索引标记组成的，每个复合索引文件都可包含多个索引标记，每个索引标记都有标记名，一个索引标记相当于一个单索引文件。

【格式】

```
INDEX ON <索引关键表达式> TAG <标记名> [OF <复合索引文件名>][FOR <条件>]
[ASCENDING | DESCENDING] [UNIQUE | CANDIDATE] [ADDITIVE]
```

【功能】建立复合索引文件，并打开此索引文件，其默认的文件扩展名为.CDX。

【说明】[<索引关键表达式>]、[FOR <条件>]、[UNIQUE]、[ADDITIVE]：与上相同。

[TAG <标识名>]：此选项只对建立复合索引文件时有效，用于指定建立或追加索引标识的标识名。

[OF <复合索引文件>]：TAG <标记名>参数中不包含可选的 OF <复合索引文件名>子句时，便创建结构复合索引文件；如果在 TAG <标记名>参数后包含可选项 OF <复合索引文件名>子句，则创建非结构复合索引文件。

[ASCENDING | DESCENDING]：指定记录是按升序或降序排序，默认为升序。

[CANDIDATE]：建立候选索引，只对结构复合索引标识有效。

例 5.21　为表文件“学生.DBF”建立一个结构复合索引文件，该索引文件包含两个索引项：一个索引名是入党情况，表达式是党员，记录按党员的升序排序；另一个索引名是 XHJG，记录先按学号的降序排序，再按籍贯的降序排序的候选索引。

```
USE    学生
INDEX  ON 党员  TAG  入党情况          &&默认按升序排序
INDEX  ON 学号+籍贯  TAG  XHJG  DESCENDING CANDIDATE
```

这两个索引项都存储在一个名为学生.CDX 的结构复合索引文件中。

例 5.22　为表文件“学生.DBF”建立一个非结构复合索引文件 FF.CDX，该索引文件包含两个索引项：一个索引名和表达式都为出生日期的索引项，要求记录按出生日期的降序排序；另一个是索引名 MZCJ，记录先按民族的升序排序，若民族相同，则再按高考成绩的升序排序。

```
USE    学生
INDEX  ON   出生日期 TAG  出生日期   OF  FF  DESCENDING
INDEX  ON   民族+STR（高考成绩）   TAG  MZCJ  OF  FF
```

这两个索引项都存储在一个名为 FF.CDX 的非结构复合索引文件中。

5.7.4 使用索引

使用索引文件，必须先打开表文件，索引文件不能脱离表文件单独使用。在打开的多个索引文件中，同一时间只能有一个单索引文件或是复合索引文件中的一个索引标识作为主控索引，记录的操作和显示由主控索引控制。

1. 打开索引文件

（1）在打开表时打开索引文件

结构复合索引文件随表的打开而自动打开，其他索引文件需要使用命令打开。

【格式】

```
USE <表文件名> INDEX <索引文件名表> [ORDER <数值表达式> | <单索引文件名> | [TAG]
<索引标记名> [OF <复合索引文件名>]] [ASCENDING | DESCENDING]
```

【功能】打开指定的表，并且打开由<索引文件名表>指定的所有索引文件。

【说明】[INDEX <索引文件名表>]：指定要打开的一个或多个索引文件，若是多个索引文件，则中间用逗号隔开。如果<索引文件名表>中排在第一位的是单索引文件，则该单索引就是主控索引，如果排在第一位的是复合索引文件，则还需要用 ORDER 子句规定主控索引，如果不使用 ORDER 子句，那么记录将仍然按记录号的顺序显示。

[ORDER <数值表达式>]：ORDER 用来规定主控索引，以<数值表达式>的值作为索引文件的序号，根据序号来确定主控索引文件。系统给打开的单索引文件和复合索引文件的索引标记编号的方法是：首先按照打开索引文件时的单索引文件名的排列顺序编号，再按照结构复合索引文件中索引标记建立的顺序编号，最后按照非结构复合索引文件中的索引标记建立的顺序编号。当数值表达式的值为 0 时，则以物理顺序显示和访问记录。

[ORDER <单索引文件名>]：指定一个单索引文件作为主控索引。

[ORDER [TAG] <索引标记> [OF <复合索引文件名>]]：指定索引文件里的一个索引项作为主控索引，ORDER 子句中的索引可以是结构复合索引文件中的索引标记，也可以是已经打开的非结构复合索引文件中的索引标记。

[ASCENDING | DESCENDING]：指定显示或访问表中记录是升序还是降序，不改变索引文件或标识。

例 5.23 已用 INDEX ON 命令为“学生.DBF”表建立索引，命令如下：

```
INDEX  ON  高考成绩  TO  CG
INDEX  ON  出生日期 TAG 出生日期  OF  FF
```

打开表时打开索引文件的命令序列如下：

```
CLOSE ALL
USE 学生 INDEX CG,FF &&因无 ORDER 选项，单索引文件 CG 设为主控索引
LIST
```

结果显示如下：

记录号	学号	姓名	性别	出生日期	党员	民族	籍贯	高考成绩	简历	照片
5	201006	刘英	女	02/06/91	.T.	汉族	长春	390.0	Memo	Gen
10	201010	于娜	女	11/05/91	.T.	汉族	长春	398.5	memo	gen
1	201001	陈勇	男	05/29/90	.T.	汉族	西安	420.0	Memo	Gen
7	201007	张杰	男	07/18/92	.T.	汉族	北京	428.0	memo	gen
6	201002	王晓丽	女	12/03/92	.F.	朝鲜族	上海	462.5	memo	gen
3	201005	于丽莉	女	10/11/90	.F.	汉族	沈阳	499.0	Memo	Gen
4	201003	李玉田	男	09/09/92	.F.	满族	北京	510.0	Memo	Gen
8	201009	黄超	男	04/22/90	.F.	汉族	上海	513.0	memo	gen
2	201008	刘东华	男	02/08/91	.F.	汉族	长春	522.5	Memo	Gen
9	201004	高大海	男	01/01/89	.F.	朝鲜族	上海	537.0	memo	gen

（2）在打开表后打开索引文件

【格式】

```
SET INDEX TO [<索引文件名表>] [ORDER <索引号> | <复合索引文件名> | [TAG] <索引
标记> [OF <复合索引文件名>]] [ASCENDING | DESCENDING]
```

【功能】省略所有选项为关闭当前工作区中除结构复合索引文件外的所有索引文件。其他命令参数与 USE 相同。

例 5.24　已用 INDEX ON 命令为“学生.DBF”表建立索引，命令如下：

```
INDEX  ON  高考成绩  TO  CG
INDEX  ON  出生日期 TAG  出生日期  OF  FF
```

打开表后打开索引文件的命令序列如下：

```
CLOSE ALL
USE 学生
SET  INDEX  TO FF, CG  ORDER CG  &&ORDER 指定 CG 设为主控索引
LIST
```

显示结果同例 5.23。

2. 设置主控索引

如果在打开索引文件时未指定主控索引，那么打开索引文件之后需要指定主控索引，或者希望改变主控索引，可使用下面的命令。

【格式】

```
SET ORDER TO [<数值表达式> | [TAG] <索引标记> [OF <复合索引文件名>] [ASCENDING |
DESCENDING]
```

【功能】在打开的索引文件中指定主控索引。

【说明】当数值表达式的值为 0，或省略所有可选项时，则恢复表文件的自然顺序，但不关闭索引文件。参数用法同前。

例 5.25　已用 INDEX ON 命令为“学生.DBF”表建立索引，命令如下：

```
INDEX  ON  高考成绩  TO  CG
INDEX  ON  性别  TO  XB
```

```
INDEX  ON 民族  TAG  MZ
INDEX  ON  出生日期 TAG BIRTHDAY  OF FF
```

指定主控索引的命令序列如下：

```
CLOSE ALL
USE 学生
SET INDEX TO CG , XB, FF
SET ORDER TO 2          &&指定主控索引文件为 XB.IDX
LIST                    &&按性别升序显示
SET ORDER TO 3          &&指定结构复合索引为主控索引文件，主控索引标识为 MZ
LIST                    &&按民族升序显示
SET ORDER TO MZ         &&同 SET ORDER TO 3
LIST                    &&按民族升序显示
SET ORDER TO TAG BIRTHDAY OF FF
LIST                    &&按出生日期升序显示
```

3. 索引文件的关闭

【格式 1】

```
USE
```

【功能】关闭当前工作区中打开的表文件及所有索引文件。

【格式 2】

```
SET INDEX TO
```

【功能】在当前工作区中打开所有单索引文件和复合索引文件。

【格式 3】

```
CLOSE INDEXS
```

【功能】关闭当前工作区中打开的所有单索引文件和复合索引文件。

4. 索引的删除

【格式】

```
DELETE TAG <标识名 1> [OF <复合索引文件名 1>][, <标识名 2> [OF <复合索引文件名 2>]] …
```

或：

```
DELETE TAG ALL [OF <复合索引文件名>]
```

【功能】从指定的索引文件中删除索引项。

【说明】参数用法同前。

5.7.5 索引查找

LOCATE 命令用于按条件进行顺序查找，无论索引文件是否打开都可使用。在打开索引文件后，还可以用 FIND、SEEK 命令进行快速查找。

1. FIND命令

【格式】

```
FIND <字符串>| <数值常量>
```

【功能】按当前主控索引查找第一个满足条件的记录。

【说明】必须打开相应的表文件和索引文件，并设置对应的主控索引。查询字符串时，字符串可以不用定界符括起来。查询常数时，必须使用索引关键字的完整值。由于索引文件中关键字表达式值相同的记录总是排在一起的，因此可用SKIP、DISP命令来逐个查询。

例5.26 打开表文件“学生.DBF”，查找姓“于”的记录，已按姓名建立索引。

```
USE 学生
INDEX ON 姓名 TO 姓名
SET  ORDER  TO  姓名        &&设置姓名为主控索引
FIND 于                     &&指针指向第一个姓"于"的记录
DISP
SKIP
DISP
```

结果显示如下：

记录号	学号	姓名	性别	出生日期	党员	民族	籍贯	高考成绩	简历	照片
3	201005	于丽莉	女	10/11/90	.F.	汉族	沈阳	499.0	Memo	Gen

记录号	学号	姓名	性别	出生日期	党员	民族	籍贯	高考成绩	简历	照片
10	201010	于娜	女	11/05/91	.T.	汉族	长春	398.5	memo	gen

2. SEEK命令

【格式】

```
SEEK <表达式>
```

【功能】在表文件的主索引中查找关键字值与<表达式>值相匹配的第一个记录。

【说明】SEEK命令可以查找字符型、数值型、日期型、逻辑型表达式的值。表达式为字符串时，必须用定界符括起来。日期常量也必须用大括号括起来。

例5.27 用SEEK命令在“学生.DBF”表文件中查找姓“于”的记录，已按姓名建立索引。

```
USE  学生
INDEX ON 姓名 TO 姓名
SET  ORDER  TO  姓名
SEEK  "于"
DISP
SKIP
DISP
```

显示结果同例5.22。

5.8 数据完整性

在数据库中，数据完整性是指保证数据正确的特性，数据完整性一般包括实体完整性、域完整性和参照完整性。

5.8.1 实体完整性与主关键字

实体完整性是指保证表中记录唯一的特性，即在一个表中不允许有重复记录。在 Visual FoxPro 中利用主关键字或候选关键字来保证表中记录唯一，将主关键字称为主索引，将候选关键字称为候选索引。

5.8.2 域完整性与约束规则

域完整性用来保证表中每个字段的取值情况。表设计器中的类型、宽度和字段有效性规则都是用来保证域完整性的。

5.8.3 参照完整性

数据库的参照完整性是数据库系统的必须保障，参照完整性是控制数据一致性，尤其是不同表的主关键字和外部关键字之间关系的规则。设置参照完整性必须在数据库里完成，在设置参照完整性之前，数据库里的表之间必须建立永久性关系。

1. 永久性关系

Visual FoxPro 表之间的关系分为临时性关系和永久性关系，具有永久性关系的表只能是数据库中的表，这种关系不但在运行时存在，而且一直保留直到被删除为止。

下面以一道例题来说明设置永久性关系的过程。

例 5.28 创建学生.DBF 和成绩.DBF 的永久性关系。

分析：为了创建和说明永久性关系，通常把数据库中的表分为父表和子表，这种关系通过公共字段进行联接来实现。父表必须按关键字建主索引或候选索引，子表一般建立普通索引。学生.DBF 和成绩.DBF 的公共字段为学号字段，学号字段在学生表中无重复值，可以建立主索引，学生表即为父表，成绩表学号字段有重复值，建立普通索引，成绩表即为子表。

操作步骤如下：

（1）建立“学生管理”数据库，把学生表和成绩表添加到该数据库中，打开数据库设计器界面，如图 5-34 所示。

（2）打开学生表设计器，用学号字段建立主索引。利用同样方法为成绩表用学号字段建立普通索引。

（3）建立完索引，在数据库设计器界面可以看到，学生表中学号字段建立的主索引前有金钥匙标记，然后按下鼠标左键从主索引拖向普通索引会产生一条黑线，就是永久性关系。如图 5-34 所示。

2. 设置参照完整性

（1）打开“参照完整性生成器”

打开“参照完整性生成器”有下列三种方法。

① 在“数据库设计器”中双击两个表之间的关系线，并在“编辑关系”对话框中选择“参照完整性”单选按钮。

② 在“数据库设计器”中右击，并选择“编辑参照完整性”选项。

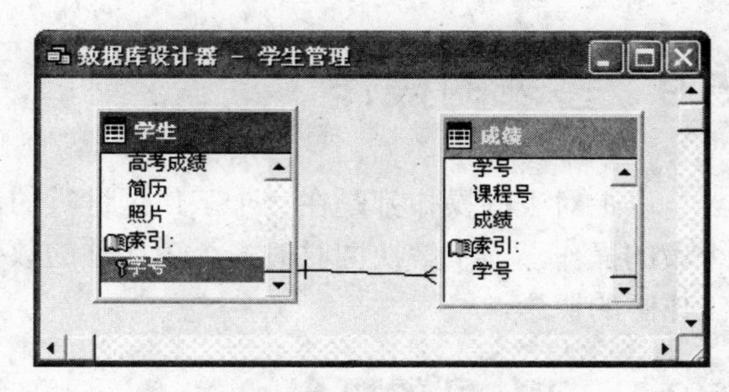

图 5-34 永久性关系

③ 选择“数据库”菜单中的“编辑参照完整性”选项。

注意： *在建立参照完整性之前必须首先清理数据库，选择“数据库”→“清理数据库”命令，清理完数据库后，就可以设置参照完整性。*

“参照完整性生成器”对话框如图 5-35 所示。

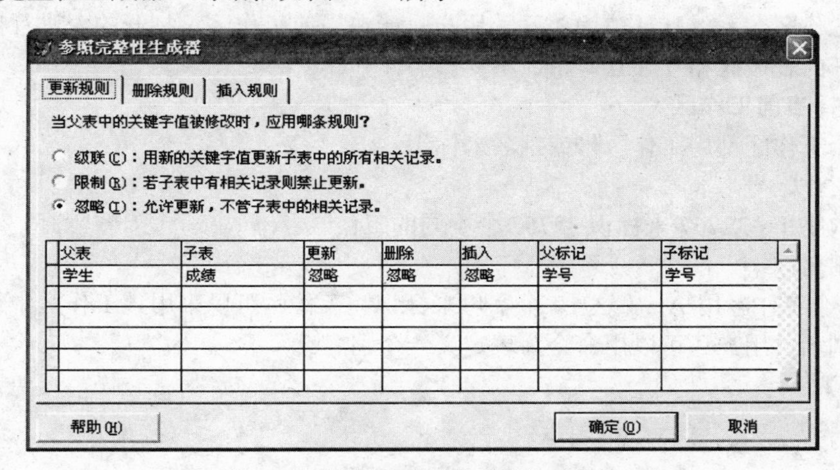

图 5-35 “参照完整性生成器”对话框

（2）参照完整性设置

三种规则：

①“更新规则”选项卡指定修改父表中的关键字值时所用的规则。

②“删除规则”选项卡指定在删除父表中的记录时所用的规则。

③“插入规则”选项卡指定在子表插入新的记录，或者在子表中更新已存在的记录时所用的规则。

规则含义：

① 级联：指定在父表中进行的修改在相关的子表中反映出来。如果为一个关系选择了“级联”，那么无论何时修改父表中的记录，相关子表中的记录会自动修改。

② 限制：禁止更改父表中的记录，这些记录在子表中有相关的记录。如果为一个关系选择了“限制”，那么当在子表中有相关的记录时，则在父表中进行修改记录的尝试就会产生一个错误。

③ 忽略：允许修改父表中的记录，同时把受影响的子记录保留。

5.9 多表的操作

以上对表的操作都是在一个工作区进行的，在数据库系统的应用中，经常需要涉及多个表的操作，为了解决同时对多个表文件的数据进行操作这一问题，Visual FoxPro 引入了工作区的概念。

5.9.1 工作区的概念

1. 工作区和当前工作区

Visual FoxPro 能同时提供 32767 个工作区，在每一个工作区中都只能打开一个表文件，同一时刻最多允许打开 32767 个表。而同一个表文件不允许同时在多个工作区打开，但在其他工作区中被关闭之后，可以在任意一个工作区中被打开。在任意时刻，只有一个工作区是当前工作区，系统默认值为 1 区，用户只能在当前工作区对打开的表进行操作。各工作区中打开的表彼此相互独立（指针不受影响）。

2. 选择当前工作区

每一个工作区都用工作区号或别名来标识。

（1）工作区号

利用数字 1～32767 来标识 32767 个不同的工作区。

（2）别名

前 10 个工作区用 A～J 这 10 个字母来标识。工作区可以采用该工作区中已打开的表的名字作别名，用户还可以用命令为表定义一个别名。

【格式】

```
USE  <表名>  ALIAS  <别名>
```

【功能】打开表并为该表指定别名。

3. 工作区的选择

当系统启动时，1 号工作区是当前工作区，若想改变当前工作区，则可使用 SELECT 命令来转换当前工作区。

【格式】

```
SELECT <工作区号>| <工作区别名>
```

【功能】选择一个工作区作为当前工作区。

【说明】[<工作区号> | <工作区别名>]：指定当前工作区。选择工作区时，可以直接指定区号，也可以通过别名指定工作区，二者是等效的。如果指定“0”，则表示选用当前未使用过的编号最小的工作区作为当前工作区。执行该命令后，对任何工作区中的表及记录指针均没有影响，仅实现各个工作区之间的切换。

例 5.29 在 1 号和 2 号工作区分别打开“学生.DBF”和“成绩.DBF”表文件，并选择 1 号工作区为当前工作区。

```
SELECT 1
USE 学生
SELECT 2
USE 成绩
SELECT 1        && 与 SELECT A, SELECT 学生等价
```

5.9.2 使用不同工作区的表

Visual FoxPro 系统对当前工作区上的表可以进行操作，也可以对其他工作区中的表文件进行访问。在主工作区可通过以下两种格式访问其他工作区表中的数据。

【格式】

```
<工作区别名>-> <字段名>
<工作区别名>. <字段名>
```

通过工作区别名指定欲访问的工作区，所得到的字段值为指定工作区打开表的当前记录的字段值。

例 5.30 在 1 号和 2 号工作区分别打开“学生.DBF”和“成绩.DBF”表，在 1 号工作区内查看当前记录的学号、姓名、性别、出生日期、课程号、成绩字段内容，其中课程号、成绩字段属于成绩表。

```
SELECT A
USE 学生
SELECT B
USE 成绩
SELECT A        && 选择 1 号工作区为当前工作区
DISPLAY 学号,姓名,性别,出生日期,成绩.课程号, B->成绩 &&课程号和成绩为成绩表中字段,需指定工作区
```

结果显示如下：

记录号	学号	姓名	性别	出生日期	成绩->课程号	B->成绩
1	201001	陈勇	男	05/29/90	001	84

5.9.3 表的关联

1. 关联的概述

所谓表文件的关联是指把当前工作区中打开的表与另一个工作区中打开的表进行逻辑连接。在多个表中，必须有一个表为关联表，此表常称为父表，而其他的表为被关联表，常称为子表。在两个表之间建立关联，必须以某一个字段为标准，该字段称为关键字段。

2. 表文件关联的建立

【格式】

```
SET RELATION TO [<关键字段表达式>] [INTO<别名> | <工作区号>]
```

【功能】将当前工作区的表文件与<别名>（或工作区号）指定的工作区中的表文件按<关

键字段表达式>建立关联。

【说明】[<关键字段表达式>]：用<关键字段表达式>建立关联时，关键字必须是两个表文件共有的字段，且别名表文件已按关键字段建立了索引文件，并已指定为主控索引。

[INTO<别名>| <工作区号>]：指定子表的工作区编号或子表别名。

当父表文件的记录指针移动时，子表文件的记录指针将根据关键字段值与父表文件相同的记录移动。如果子表中没有与关键字段值相同的记录，那么记录指针指向文件尾，EOF()为.T.。

例 5.31 将表文件“学生.DBF”和“成绩.DBF”表以“学号”为关键字段建立关联。

```
SELECT  2
USE  成绩
INDEX ON 学号 TAG 学号          && 建立学号标识
SET ORDER TO TAG 学号           && 指定学号为主索引
SELECT 1
USE  学生
SET  RELATION  TO  学号 INTO 2  &&学生表和成绩表通过学号建立关联
?学号,姓名,B.课程号,B.成绩      &&显示学生表中第一条记录的信息及成绩表中与之对应的信息
GO 3                            &&学生表指针指向第三条，成绩表指针自动也指向与学生表
                                中第 3 条记录相同学号的记录
?学号,姓名,B.课程号,B.成绩     &&显示学生表中第三条记录的信息及成绩表中与之对应的信息
```

结果显示如下：

```
201001  陈勇    001  84
201005  于丽莉  001  89
```

3. 取消表的关联

关联是临时性的，关闭表文件，关联会自动被取消。也可用命令 SET RELATION TO 取消当前表与其他表之间的关联。

本章小结

本章比较全面地介绍了 Visual FoxPro 数据库和表的概念，并通过命令方式、菜单方式等多种方式讲解了数据库和表的创建过程和基本操作。由于在实际问题中常常要求表中数据按不同的排序方式显示或使用，因此本章还分别介绍了数据重组的两种方式排序和索引。最后以学生管理数据库为例引入工作区的概念，并介绍了多工作区操作和表之间的联系。

综合练习

一、选择

1. 在 Visual FoxPro 中，打开一个数据库文件 GRADE 的命令是（　　）。

   A. CREATE DATABASE GRADE

   B. OPEN DATABASE GRADE

   C. USE DATABASE GRADE

D．OPEN GRADE

2．在 Visual FoxPro 中，备注型数据类型在表中占（　　）个字节。

A．1　　B．2　　C．4　　D．8

3．在 Visual FoxPro 中，修改当前表的结构的命令是（　　）。

A．MODIFY STRUCTURE　　B．MODIFY DATABASE

C．OPEN STRUCURE　　D．OPEN DATABASE

4．在 Visual FoxPro 中，删除记录有（　　）两种。

A．逻辑删除和物理删除　　B．逻辑删除和彻底删除

C．物理删除和彻底删除　　D．物理删除和移去删除

5．在 Visual FoxPro 中，一个表可以创建（　　）个主索引。

A．1　　B．2　　C．3　　D．若干

6．要控制两个表中数据的完整性和一致性可以设置“参照完整性”，要求这两个表（　　）。

A．是同一个数据库中的两个表　　B．不同数据库中的两个表

C．两个自由表　　D．一个是数据库表，另一个是自由表

7．在 Visual FoxPro 中，建立数据库表时，将年龄字段值限制在 12～14 之间的这种约束属于（　　）。

A．实体完整性约束　　B．域完整性约束

C．参照完整性约束　　D．视图完整性约束

8．可以伴随着表的打开而自动打开的索引是（　　）。

A．单一索引文件（IDX）　　B．复合索引文件（CDX）

C．结构化复合索引文件　　D．非结构化复合索引文件

9．要为当前表所有职工增加 100 元工资应该使用命令（　　）。

A．CHANGE 工资 WITH 工资+100

B．REPLACE 工资 WITH 工资+100

C．CHANGE ALL 工资 WITH 工资+100

D．REPLACE ALL 工资 WITH 工资+100

10．在 Visual FoxPro 中，关于自由表叙述正确的是（　　）。

A．自由表和数据库表是完全相同的　　B．自由表不能建立字段级规则和约束

C．自由表不能建立候选索引　　D．自由表不可以加入到数据库中

二、填空

1．自由表的扩展名是（　　）。

2．同一个表的多个索引可以创建在一个索引文件中，索引文件名与相关的表同名，索引文件的扩展名是（　　），这种索引称为（　　）。

3．在 Visual FoxPro 中，建立索引的作用之一是提高（　　）速度。

4．在 Visual FoxPro 中，通过建立主索引或候选索引来实现（　　）完整性约束。

5．在 Visual FoxPro 中，参照完整性规则包括更新规则、删除规则和（　　）规则。

6．在 Visual FoxPro 中，选择一个没有使用的、编号最小的工作区的命令是（　　）。

7．在 Visual FoxPro 中，可以在表设计器中为字段设置默认值的表是（　　）表。

8．在定义字段有效性规则时，在规则框中输入的表达式类型是（　　）。

查询与视图

查询和视图有很多类似之处，创建视图与创建查询的步骤也非常类似。视图兼有表和查询的特点，查询可以根据表或视图定义来进行，所以查询和视图有很多交叉的概念和作用。查询和视图都是为快速、方便地使用数据库中的数据提供的一种方法。

6.1 查询

查询是 Visual FoxPro 为方便检索数据提供的一种工具或方法。查询是从指定的表或视图中提取满足条件的记录，然后按照想得到的输出类型定向输出查询结果。查询是以扩展名为 QPR 的文件保存在磁盘上的，它实际上就是预先定义好的一个 SQL SELECT 语句，是一个文本文件。

在创建查询时，通常可以遵循以下六个步骤：

（1）用“查询向导”或“查询设计器”创建查询。

（2）选择需要的字段。

（3）设置查询记录的条件。

（4）设置排序及分组条件来组织查询结果。

（5）选择查询输出类别，可以是报表、表文件、图表、浏览窗口等。

（6）运行查询。

6.1.1 用查询向导创建查询

查询向导可以引导用户快速设计一个简单查询。利用“查询向导”创建查询的步骤如下。

（1）进入“查询向导”。

进入“查询向导”可采用下面三种方法：

① 选择“工具”→“向导”→“查询”命令。

② 选择“文件”→“新建”命令，进入“新建”对话框，选择“查询”单选按钮，单击“向导”按钮。

③ 在“项目管理器”窗口中选择“数据”选项卡，选中“查询”，单击“新建”按钮，出现“新建查询”对话框，单击“查询向导”按钮。

（2）通过选择“查询向导”进入向导界面，然后按下面的步骤进行操作。

① 进行字段选取，如图 6-1 所示。

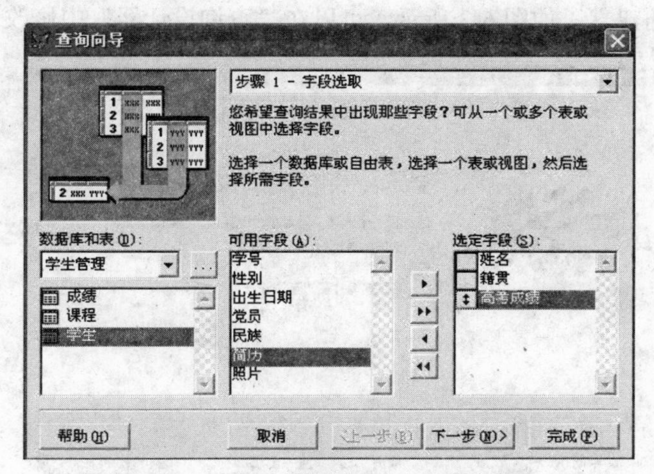

图 6-1 在“查询向导”中选取字段

用户可以从几个表和视图中选择字段。首先，从一个表或视图内选择字段并且将其移到“选定字段”框中，然后从别的表或视图中选择并移动字段。

注意：字段只有移动到“选定字段”框中才是查询最后生成的字段。

② 筛选记录。在这一步，用户可以通过字段框、操作符框和值框来创建表达式，从而将不满足表达式的所有记录从查询中删除，如图 6-2 所示。

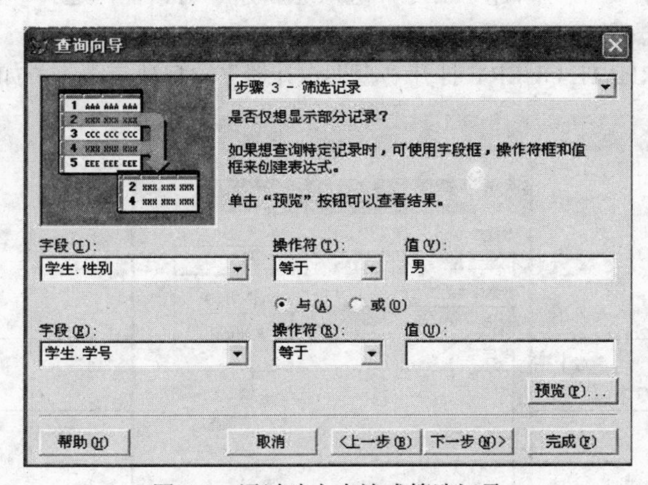

图 6-2 通过建立表达式筛选记录

用户可以通过单击“预览”按钮查看筛选设置情况。

③ 排序记录。用户可以通过设置指定字段的升序或降序来进行查询结果的定向输出。用于排序的字段最多不能超过 3 个，而且，排序根据在选定字段框中指定字段的先后顺序来设定优先级，也就是说，排在最顶部的字段在排序中最先考虑，然后以此类推。

④ 限制记录。如果用户不希望查询整个表中的记录，那么可以在这一步中选择需要查询的部分范围的设定。用户可以通过设置查询占所有记录的百分之几或记录号数来限定

查询记录。这一步的查询结果依赖于上一步的记录排序设置。

在这一步，用户也可以通过单击“预览”按钮来查看查询设置的效果。

⑤ 完成查询的建立，如图 6-3 所示，可以在“查询设计器”中修改设置。

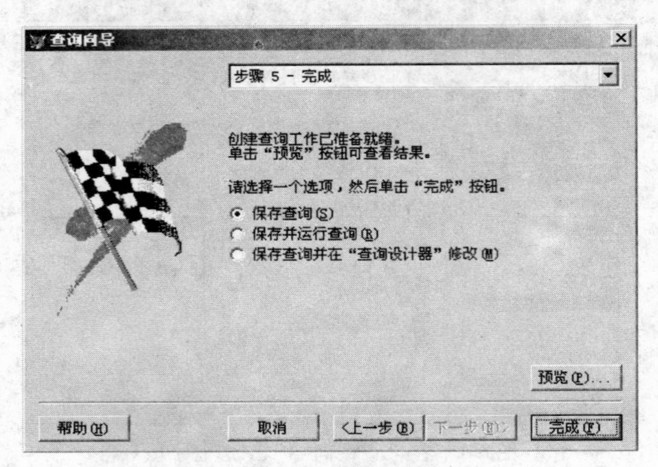

图 6-3　查询向导完成

6.1.2　用查询设计器创建查询

1. 进入“查询设计器”窗口有三种方法

（1）选择“文件”→“新建”命令，进入“新建”对话框，选择“查询”单选按钮，单击“新建文件”按钮。

（2）用命令 CREATE QUERY 打开“查询设计器”窗口建立查询，如图 6-4 所示。

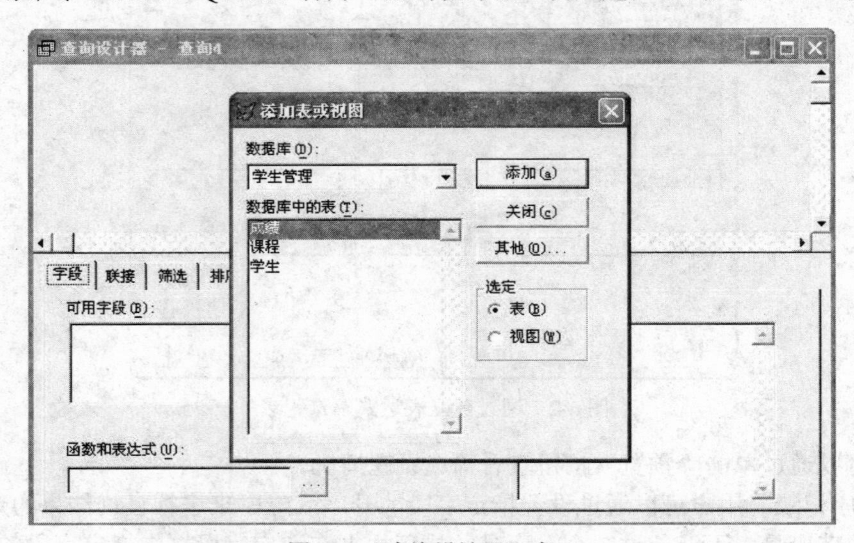

图 6-4 “查询设计器”窗口

（3）在“项目管理器”窗口中选择“数据”选项卡，选中“查询”文件类型，单击“新建”按钮，出现“新建查询”对话框，单击“新建查询”按钮。

利用以上三种方法都可进入“查询设计器”窗口。

2. 查询设计器工具栏

查询设计器工具栏各按钮的功能如下：

按钮：添加表；

按钮：移去表；

按钮：添加数据库表间的联接；

按钮：显示 SQL 窗口；

按钮：最大化上部窗格；

按钮：确定查询去向。

3. 查询设计器的使用

（1）表或视图选取

进入“查询设计器”窗口后，先要在“添加表或视图”对话框中选择查询中要使用的表或视图，如图 6-5 所示。

“添加”按钮：选中表名，单击“添加”按钮，可以把需要的表添加到查询设计器中。

“关闭”按钮：关闭“添加表或视图”窗口。

“其他”按钮：如果当前没有所需要的表，可以单击“其他”按钮。

要想从查询设计器中移去一个表，可以选中该表并右击，在弹出的快捷菜单中选择“移去表”命令。

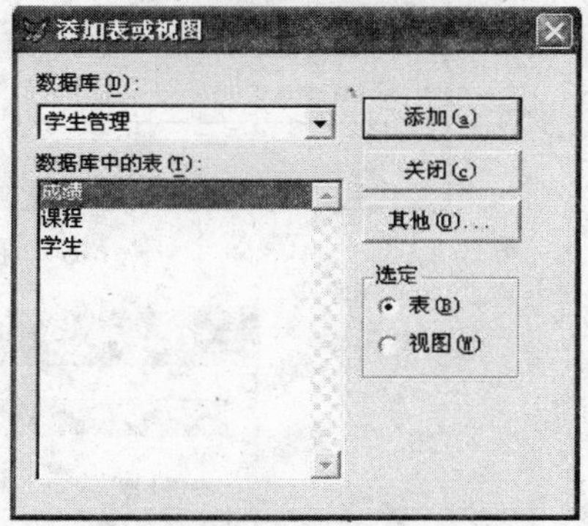

图 6-5 “添加表或视图”对话框

（2）选定查询字段

在运行查询前，用户应先选择需要包含在查询结果中的字段，在某些情况下，也可以选择表或视图中的所有字段。如果需要根据某些字段对查询结果进行排序或分组，那么必须首先保证在查询的输出中包含该字段。选定这些字段后，还可以在输出中为其设置顺序。使用“查询设计器”的“字段”选项卡可以选择需要包含在查询结果中的字段。

包含“字段”选项卡的对话框如图 6-6 所示。

可以通过单击“可用字段”框和“选定字段”框之间的“添加”按钮，向“选定字段”中添加字段，也可以选中需要的字段，并拖动它到“选定字段”框中添加字段。如果用户希望一次添加所有的可用字段，那么可以选择“全部添加”按钮，或者用鼠标将表顶部“*”号拖入“选定字段”框中。

也可以通过“表达式生成器”或直接在框中输入一个表达式，并用指定的函数或表达式作为可用字段添加到“选定字段”框中。

在“选定字段”框中列出了出现在查询或视图结果中的所有字段、合计函数和其他表达式，可以按下鼠标左键拖动字段左边的垂直双箭头按钮来重新调整输出顺序。

（3）连接条件[1]

若要查询两个以上的表或视图，则它们之间需要建立连接，连接选项卡用来指定连接

[1] 图中显示“联接条件”，乃软件设计者所为，应为连接条件。

表达式，如果表之间已设置了连接，则不需进行此项的设置。如果没有建立连接，那么将会出现“连接条件”对话框，如图 6-7 所示。

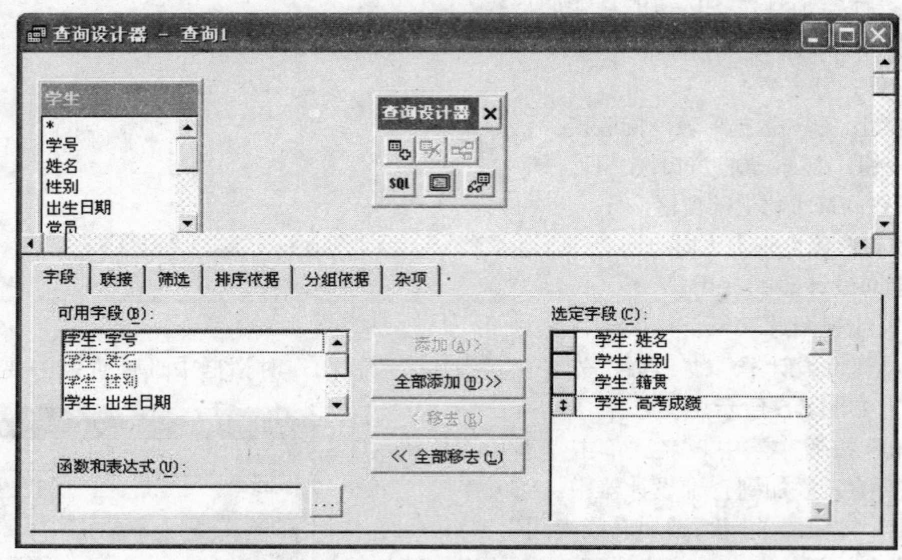

图 6-6 通过“字段”选项卡设置查询的字段

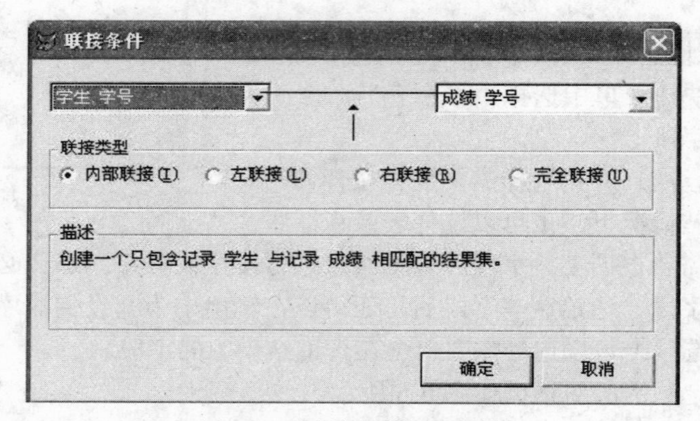

图 6-7 “连接条件”对话框

其中连接类型及说明如表 6-1 所示。

表 6-1 连接类型及说明

连 接 类 型	说 明
内部连接（Inner Join）	只返回完全满足条件的记录，是 Visual FoxPro 中的默认连接
左连接（Left Outer Join）	返回左侧表中的所有记录以及右侧表中匹配的记录
右连接（Right Outer Join）	返回右侧表中的所有记录以及左侧表中匹配的记录
完全连接（Full Join）	返回两个表中的所有记录

如果想删除已有的连接，可以在“查询设计器”中选定连接线，并从“查询”菜单中选择“移去连接条件”命令；也可以单击表之间的连接线，此时可见连接线加粗，按 Del

键，可以删除选定的连接。

（4）记录的筛选

在“查询设计器”的“筛选”选项卡中，用户可以构造一个条件选择语句，以使 Visual FoxPro 按照指定的条件检索指定的记录。要设置筛选条件，可以在图 6-8 中按照以下步骤进行。

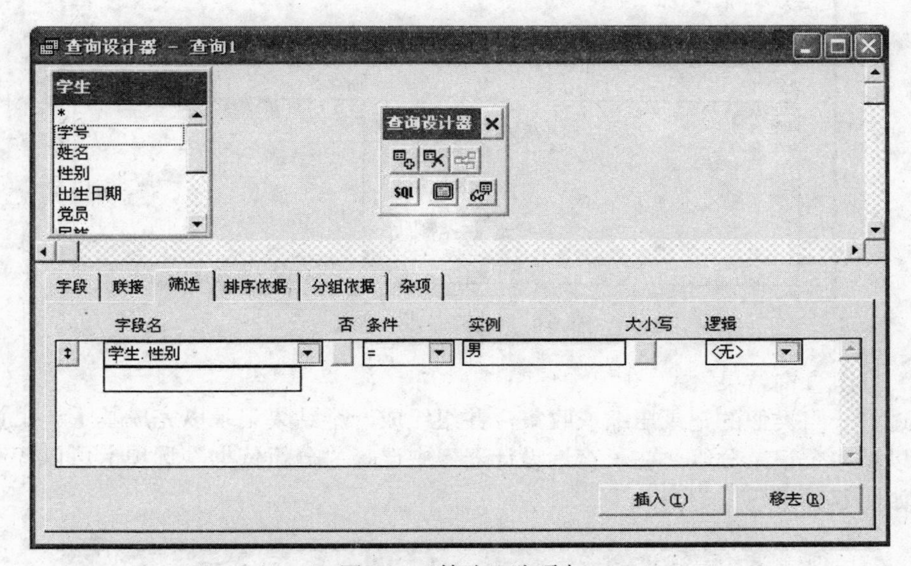

图 6-8 “筛选”选项卡

① 字段名：用于选择记录的字段或表达式。

② 条件：用于比较的类型。

③ 实例：输入比较条件。

④“大小写”按钮：若选中该按钮，在搜索字符数据时忽略其大小写。

⑤“否”按钮：若选中该按钮，则排除与条件相匹配的记录。

⑥ 逻辑：在筛选条件中添加 AND 或 OR 条件。

⑦“插入”按钮：插入一个空的筛选条件。

⑧“移去”按钮：将所选定的筛选条件删除。

（5）排序查询结果

排序决定了在查询输出的结果中记录的先后排列顺序。它通过指定字段、函数或其他表达式来设置查询中检索记录的顺序。

利用图 6-9 所示的窗口，用户可以设置查询的排列顺序。如果要设置排序条件，那么可以在“选定字段”框中选定一个字段名，并单击“添加”按钮将要使用的字段移入“排序条件”框中；如果要移去排序条件，那么可以选定一个想要移去的字段，并单击“移去”按钮。最后，根据用户要求确定查询是升序还是降序。

在“排序条件”框中的字段次序代表了排序查询结果时的重要性次序。其中，第一个字段决定了主排序次序。可以通过鼠标左键拖动字段左边的按钮来调整排序字段的重要性。按钮边上的上箭头或下箭头代表该字段实行升序还是降序排序。

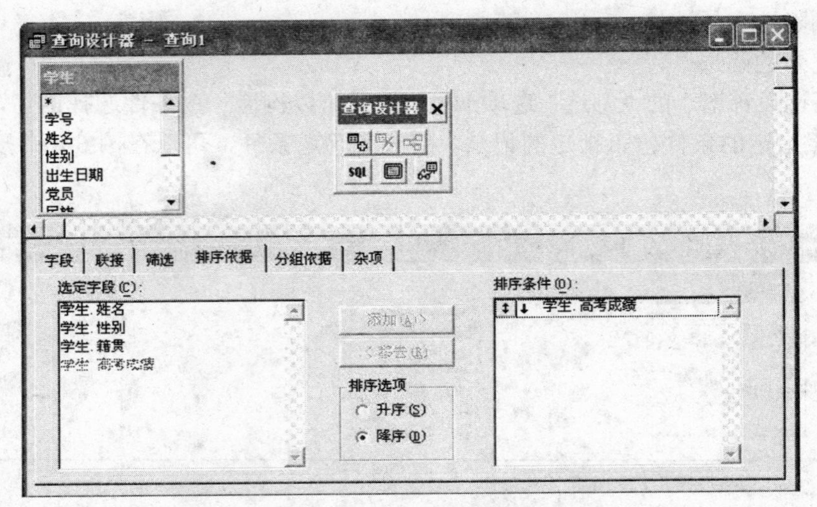

图 6-9 “排序依据”选项卡

（6）分组查询结果

通过将一组类似的记录压缩或收集，并组织成一个结果记录以完成基于一组记录的计算，可以将多个记录分组。在“查询设计器”中选择“分组依据”选项卡可以控制记录的分组，如图 6-10 所示。

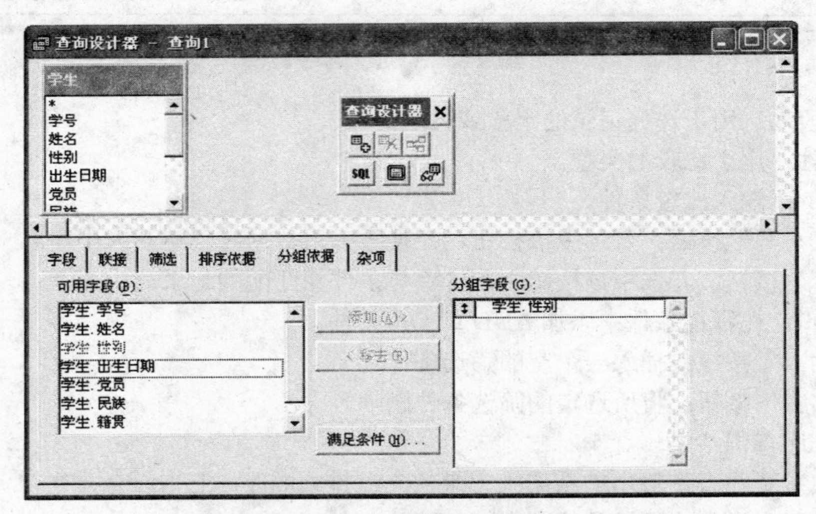

图 6-10 “分组依据”选项卡

在“分组依据”中单击“满足条件”按钮，可以进入如图 6-11 所示的“满足条件”对话框。在该对话框中设置指定条件，以决定要查询输出中包含哪一组记录。

（7）杂项

如图 6-12 所示，设置杂项包括：

无重复记录：是否允许有重复记录输出。

列在前面的记录：用于指定查询结果中出现的是全部记录，还是指定的记录个数或百分比。

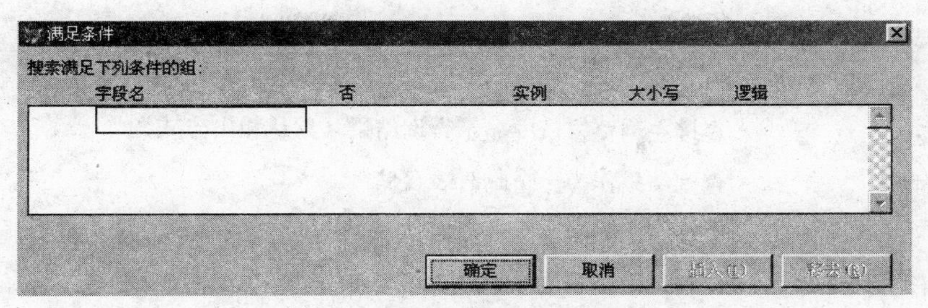

图 6-11 “满足条件”对话框

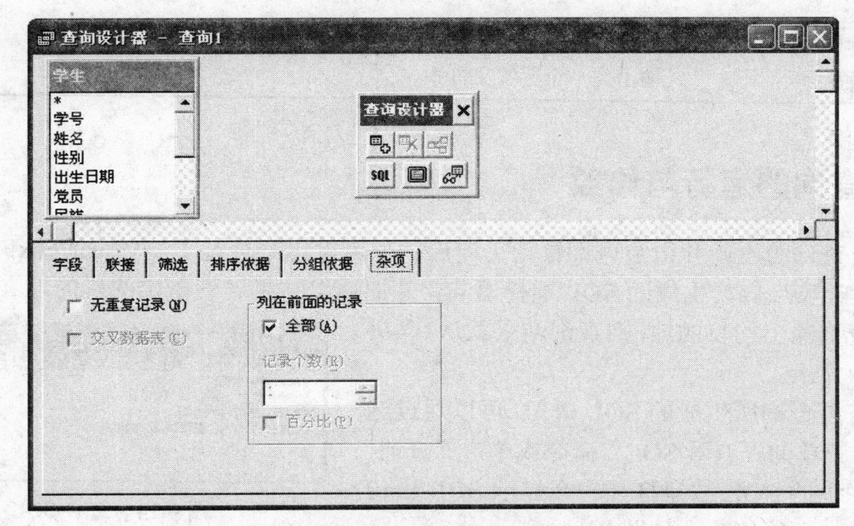

图 6-12 “杂项”选项卡

6.1.3　查询去向的设置

单击“查询设计器”工具栏中的“查询去向”按钮或在系统菜单中执行“查询”→“查询去向”命令，弹出“查询去向”对话框，如图 6-13 所示。其中共包含 7 个查询去向，系统默认是“浏览”。

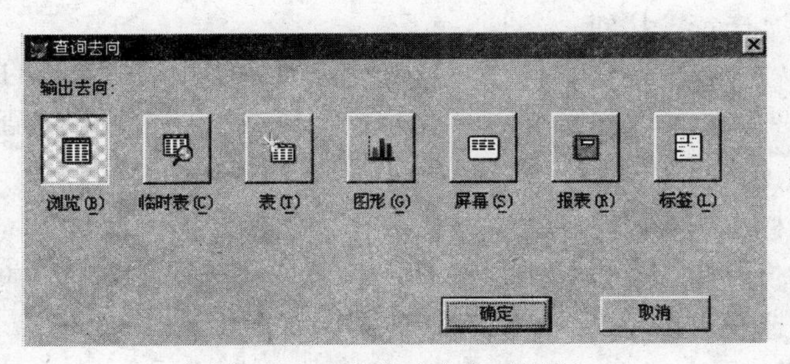

图 6-13 “查询去向”对话框

根据要求选择一个查询去向，然后单击“确定”按钮，回到“查询设计器”窗口继续操作。

“查询去向”各项的含义如表 6-2 所示。

表 6-2　查询去向的含义

输出选项	查询结果显示
浏览	直接在浏览窗口中显示查询结果（默认输出方式）
临时表	查询结果作为一个临时表存储
表	查询结果作为一个表存储
图形	查询结果以图形显示
屏幕	在 Visual FoxPro 主窗口或当前活动输出窗口中显示查询结果
报表	输出到一个报表文件中
标签	输出到一个标签文件中

6.1.4　查询的运行与修改

当完成查询的设计并指定查询输出去向后，就可以运行查询了。Visual FoxPro 将执行由“查询设计器”自动生成的 SQL 选择语句，并把输出结果送到指定的目的地。如果用户尚未指定查询输出的目的地，则查询结果默认在“浏览”窗口中显示。

要想查看查询所生成的 SQL 语句，可以通过选择“查询”菜单的“查看 SQL”命令或单击“查询”快捷工具栏上的 SQL 按钮打开一个显示 SQL 语句的只读窗口，不能修改，如图 6-14 所示。

图 6-14　查看 SQL

1. 查询的运行

查询建立完成后，可以马上运行，也可以将其保存起来以后运行。

运行查询的方法有以下 6 种：

（1）在“查询设计器”窗口中选择菜单“查询”→“运行查询”命令。

（2）在“查询设计器”窗口中右击，选择快捷菜单中的“运行查询”命令。

（3）选择“程序”→“运行”命令，弹出“运行”对话框，在对话框中选择所要运行的查询文件，单击“运行”按钮。

（4）在“项目管理器”窗口中选择要运行的查询文件，单击右边的“运行”按钮。

（5）在“命令”窗口中，输入 DO　查询文件名.QPR，必须给出查询文件的扩展名，例如，DO　查询 1.QPR。

（6）利用工具栏中的 ! 按钮。

查询文件需要保存时，可以按组合键 Ctrl+W，或在关闭查询设计器时，在出现的提示框中单击“是”按钮就可以了。

2. 查询的修改

修改查询可以采用以下 3 种方法：

（1）在“项目管理器”窗口中选择要修改的查询文件，单击右边的“修改”按钮，进入“查询设计器”窗口中进行修改。

（2）选择“文件”→“打开”命令，在“打开”对话框中选择所要修改的查询文件，单击“确定”按钮，进入“查询设计器”窗口中进行修改。

（3）在命令窗口中输入 MODIFY QUERY <查询文件名>。

6.1.5 查询设计器的局限性

查询设计器只能建立一些比较规则的查询，而对于复杂的查询它就无能为力了，只有通过写 SQL SELECT 语句来建立。

例 6.1 根据学生管理数据库里的三张表（学生、成绩、课程），查询女学生的姓名、课程号、课程名和成绩，结果按姓名的降序排列，保存查询为“女查询.QPR”，并把查询结果去向一张新表“女学生.DBF”。

操作步骤如下：

（1）选择“文件”→“新建”→“查询”→“新建文件”命令，打开查询设计器。

（2）在“添加表或视图”对话框中选定数据库，并选择需要添加的表。如果需要添加的表不在选定的数据库中，则单击“其他”按钮，并在“打开”对话框中重新定位表。将“学生管理”数据库中的学生、成绩和课程表依次添加到“查询设计器”窗口中，如图 6-15 所示。

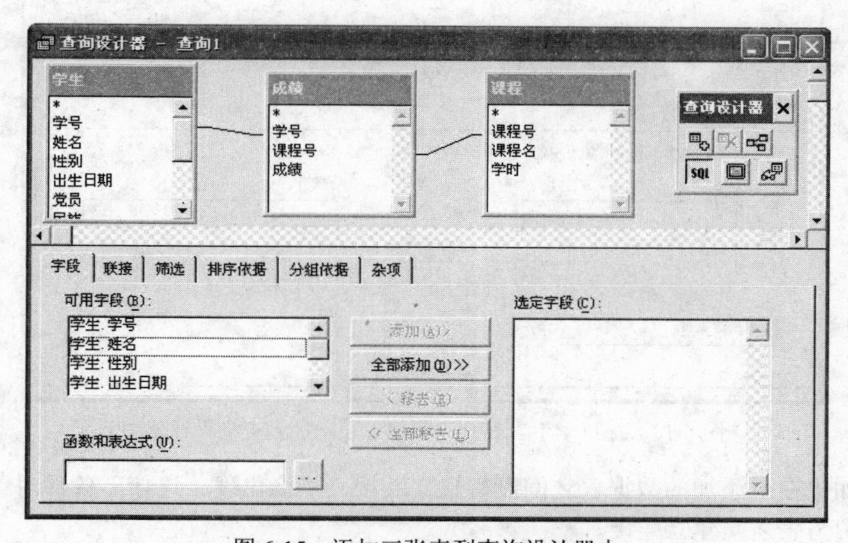

图 6-15 添加三张表到查询设计器中

（3）如果在所添加的数据表之间没有建立连接，将会出现“连接条件”对话框，可在该对话框中为表之间设置连接。

（4）在查询设计器窗口的字段选项卡中选择姓名、课程号、课程名和成绩（课程号两张表都有，任选其中一个即可）；在筛选选项卡中设置筛选条件：性别="女"。

（5）在排序依据选项卡中选择姓名作为排序条件，“排序选项”改为降序。

（6）设置查询去向，选择“表”，输入表名为“女学生.DBF”。

（7）保存查询为“女查询.QPR”，并运行查询。在菜单“显示”下可以找到“浏览女学生表”命令，就可以看到查询结果，如图 6-16 所示。

女学生

姓名	课程号	课程名	成绩
于丽莉	001	高等数学	89
王晓丽	001	高等数学	92
王晓丽	002	大学英语	90
王晓丽	003	计算机基础	97
刘英	001	高等数学	81
刘英	002	大学英语	96
刘英	003	计算机基础	97

图 6-16　查询结果

例 6.2　根据学生管理数据库里的表（学生、成绩），查询每个学生的姓名、平均成绩，结果按平均成绩的升序排列，保存查询为“平均成绩.QPR”。

操作步骤如下：

（1）选择“文件”→“新建”→“查询”→“新建文件”命令，打开查询设计器。

（2）在“添加表或视图”对话框中选定数据库，并选择需要添加的表。将“学生管理”数据库中的学生、成绩表添加到“查询设计器”窗口中，如图 6-17 所示。

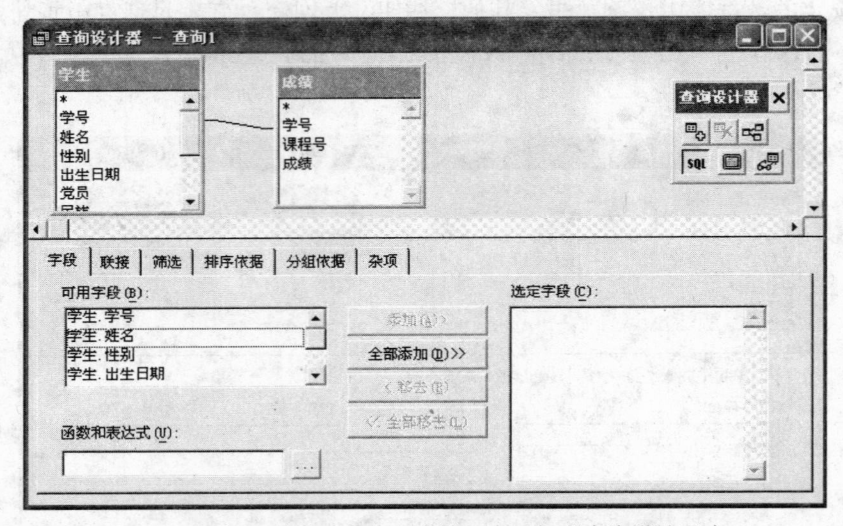

图 6-17　把“学生”表和“成绩”表添加到查询设计器中

（3）如果在所添加的数据表之间没有建立连接，将会出现“连接”条件对话框，可在该对话框中为表之间建立连接。

（4）在“查询设计器”窗口的“字段”选项卡中，先把“姓名”字段移到“选定字段”中，平均成绩字段是表里没有的，必须经过计算得来，所以要在“函数和表达式”中完成。用户可以自己在“函数和表达式”的文本框里输入表达式，也可以单击“函数和表达式”右边的按钮，在表达式生成器里完成表达式：AVG（成绩）AS 平均成绩，如图 6-18 所示。最后把该表达式添加到“选定字段”里去，如图 6-19 所示。其中 AS 是为计算后的字段起一个新的名字。AS 可以省略，用空格隔开：AVG（成绩）平均成绩。

（5）在排序依据选项卡中选择平均成绩作为排序条件，如图 6-20 所示。

（6）在分组选项卡中选择“姓名”作为分组字段，如图 6-21 所示。

（7）保存查询为“平均成绩.QPR”，并运行查询，查询结果如图 6-22 所示。

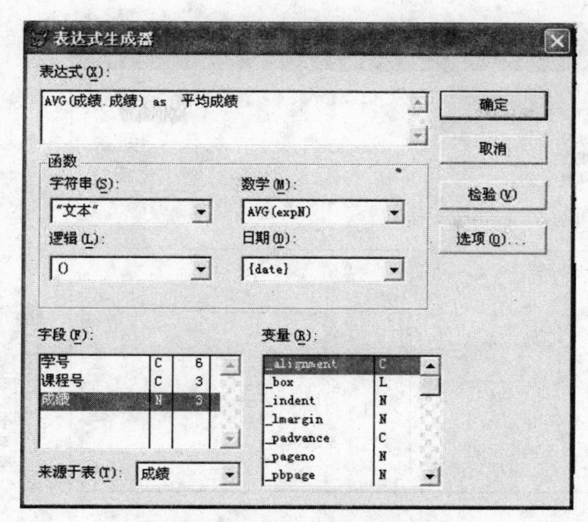

图 6-18 “表达式生成器”窗口

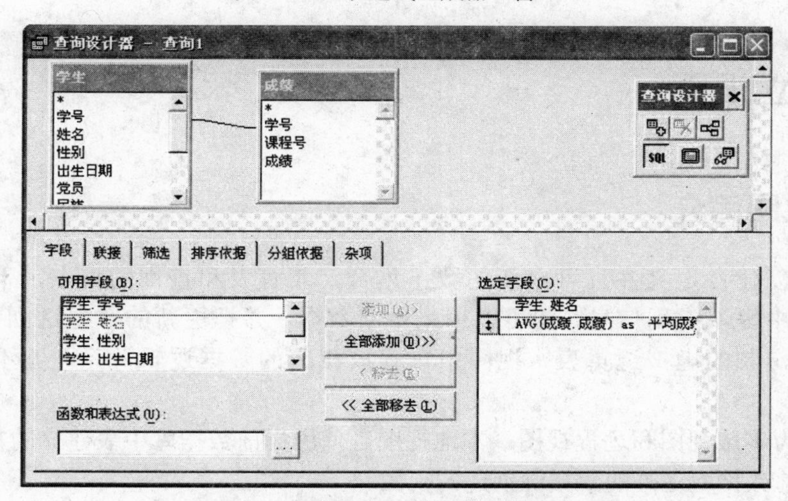

图 6-19 选择姓名和平均成绩字段

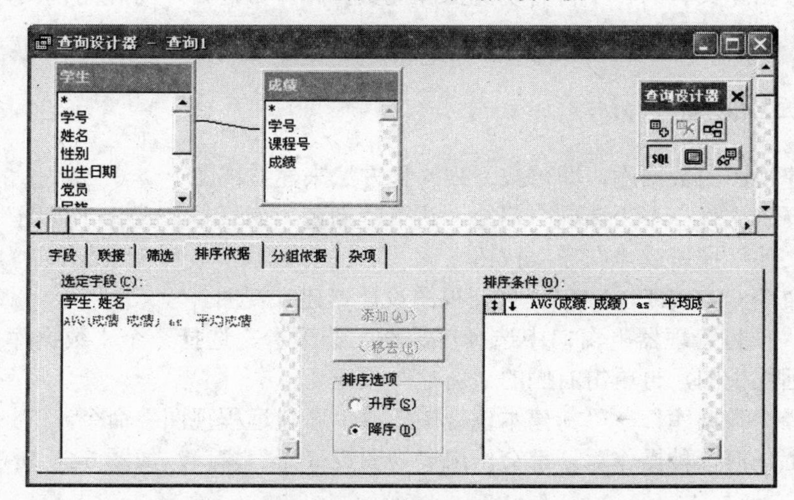

图 6-20 设置排序条件

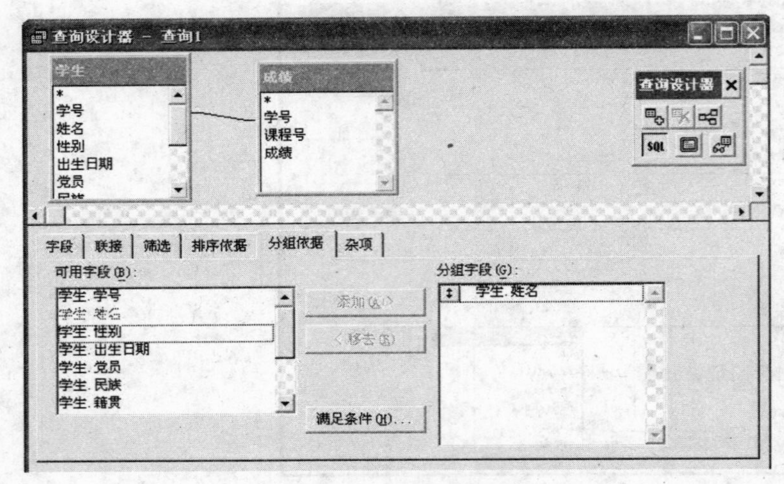

图 6-21　按“姓名”分组

姓名	平均成绩
刘东华	99.00
王晓丽	93.00
刘英	91.33
于丽莉	89.00
李玉田	77.50
陈勇	61.00

图 6-22　查询结果（二）

6.2 建立视图

6.2.1 视图简介

视图是创建自定义并且可更新的数据集合，兼有表和查询的特点，不仅可以从一个或多个表中提取有用信息，还可以用来更新数据，并把更新的数据送回到基本表中。视图是一个定制的虚拟逻辑表，视图中只存放相应的数据逻辑关系，并不保存表的记录内容。

视图分为本地视图和远程视图：本地视图是使用当前数据库中表建立的视图；远程视图是使用当前数据库之外的数据源创建的视图。

视图是数据库具有的一个特有功能，因此数据库打开时，才可使用视图，视图只能创建在数据库中。

6.2.2 建立视图

打开创建视图的数据库，即可按下列 4 种方法来建立视图。

（1）选择“文件”→“新建”命令，进入“新建”对话框，选择“视图”单选按钮，单击“新建文件”按钮或“向导”按钮。

（2）用命令 CREATE　VIEW 打开视图设计器建立视图。

（3）在“项目管理器”窗口中选择“数据”选项卡，选择一个“数据库”，从中选择本地视图或远程视图，再单击右侧的“新建”按钮。

（4）选择“数据库”→“新建本地视图”或“新建远程视图”命令。

执行以上任何一种操作后，都会出现“视图设计器”窗口，如图 6-23 所示。

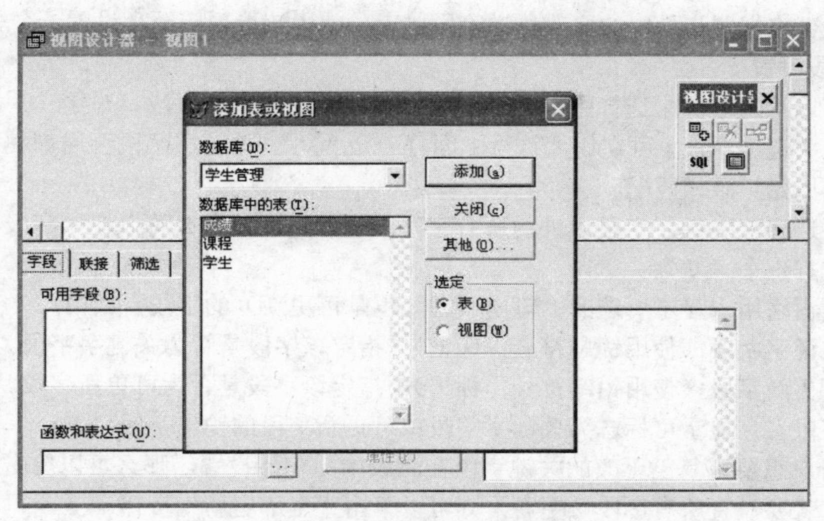

图 6-23 “视图设计器”窗口

6.2.3 视图设计器

由图 6-23 可见，视图设计器和查询设计器的功能相似，在此就不再介绍了，视图设计器比查询设计器只多了一个“更新条件”选项卡，如图 6-24 所示。使用“更新条件”选项卡用户可以指定条件，将视图中的修改传送到视图所使用的表的原始记录中，从而控制对远程数据的修改。该选项卡还可以控制打开或关闭对表中指定字段的更新，以及设置适合服务器的 SQL 更新方法。

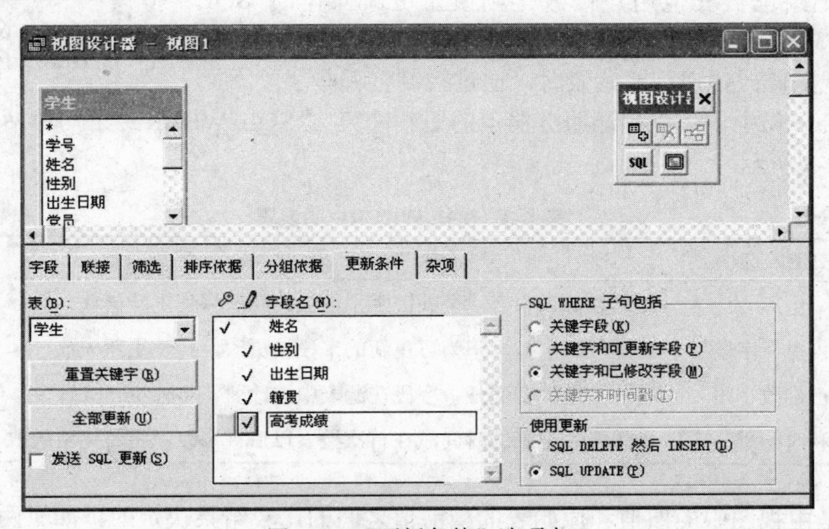

图 6-24 “更新条件”选项卡

1. 设置可更新的表

在“表”列表框中，用户可以指定视图所使用的哪些表可以修改。此列表中所显示的表都包含了“字段”选项卡的“选定字段”列表中的字段。选择“发送 SQL 更新”选项，可以指定是否将视图记录中的修改传送给原始表，使用该选项应至少设置一个关键字。

2. 字段设置

用户可以从每个表中选择主关键字字段作为视图的关键字字段，对于“字段名”列表中的每个主关键字字段，可在钥匙符号下面打一个“√”。关键字字段可用来使视图中的修改与表中的原始记录相匹配。

如果要选择除关键字字段以外的所有字段来进行更新，那么可以在“字段名”列表的铅笔符号下打一个“√”。

字段名窗格用来显示所选的、输出（因此也是可更新）的字段，其中：

（1）关键字字段（使用钥匙符号作标记）：指定该字段是否为关键字字段。

（2）可更新字段（使用铅笔符号作标记）：指定该字段是否为可更新字段。

（3）字段名：显示可标志为关键字字段或可更新字段的输出字段名。

如果用户想要恢复已更改的关键字段在源表中的初始设置，那么可以单击“重置关键字”按钮。若要设置所有字段可更新，则可以单击“全部更新”按钮。

3. 控制更新冲突检查

在一个多用户环境中，服务器上的数据可以由许多用户访问，如果用户正试图更新远程服务上的记录，那 Visual FoxPro 能够检测出由视图操作的数据在更新之前是否被其他用户改变。

“更新条件”选项卡的“SQL WHERE 子句包括”框中的选项用于解决多用户访问同一数据时记录的更新方式。在更新被允许之前，Visual FoxPro 先检查远程数据源表中的指定字段，以确定其在记录被提取到视图后是否改变。如果远程数据源表中的这些记录已被其他用户修改，则禁止更新操作。“SQL WHERE 子句包括”的设置如图 6-25 所示。

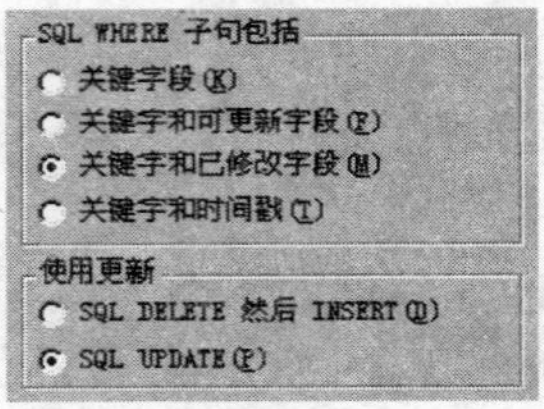

图 6-25 设置“SQL WHERE 子句包括”

在将视图修改传送到原始表时，通过控制将哪些字段添加到 WHERE 子句中，可以检测服务器上的更新冲突。“SQL WHERE 子句包括”中各项的设置如表 6-3 所示。

表 6-3 SQL WHERE 的设置

SQL WHERE 选项	执行结果
关键字段	如果在源表中有一个关键字字段被改变，将使更新失败
关键字和可更新字段	若远程表中被标记为可更新的字段被更改，将使更新失败
关键字和已修改字段	若在本地改变的任一字段在源表中被改变，将使更新失败
关键字段和时间戳	如果源表记录的时间戳在首次检索以后被修改，将使更新失败

冲突是由视图中的旧值和原始表的当前值之间的比较结果决定的。如果两个值相等，则认为原始值未做修改，不存在冲突；如果不相等，则存在冲突，数据源返回一条错误信息。

若要控制字段信息在服务器上的实际更新方式，则可以使用“使用更新”中的选项，这些选项决定了当记录中的关键字段更新后回送到服务器上的更新语句使用哪种 SQL 命令。

可以采用以下方法指定字段如何在后端服务器上更新。

（1）“SQL DELETE 然后 INSERT”可删除源表记录，并创建一个新的在视图中被修改的记录。

（2）“SQL UPDATE”利用视图字段中的变化来修改源表中的字段。

6.2.4 远程视图

为了建立远程视图，必须首先建立远程数据库的“连接”。

1. 定义数据源和连接

远程视图是一种视图，它使用当前数据库之外的数据源，如 ODBC。通过远程视图，用户无须将所有需要的远程记录下载到本地机即可提取远程 ODBC 服务器上的数据子集，并在本地操作选定的记录，然后将更改或添加的值回送到远程数据源中。

（1）数据源 ODBC（Open Data Base Connectivity，开放式数据互连），是一种连接数据库的通用标准。

（2）连接是 Visual FoxPro 数据库中的一种对象，它是根据数据源创建并保存在数据库中的一个命名连接。

2. 创建连接

使用“连接设计器”可以为服务器创建自定义的连接，所创建的连接包含如何访问特定数据源的信息，这些信息并将作为数据库的一部分保存。

用户可以自行设置连接选项，命名并保存创建的连接。某些情况下也可能需要同管理员协商或查看服务器文档，以确定连接到指定服务器的正确设置。

要创建新的连接，可以按照以下步骤进行：

（1）选择“文件”→“打开”命令打开一个已存在的数据库。

（2）在“数据库设计器”中右击，并在弹出的对话框框中选择“连接”。

（3）在“连接设计器”对话框中单击“新建”按钮，如图 6-26 所示。

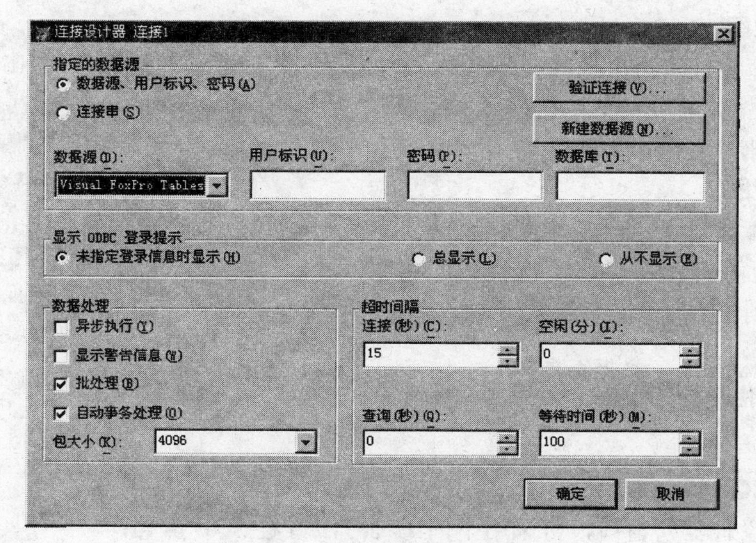

图 6-26 “连接设计器”对话框

（4）在图 6-26 所示的“连接设计器”对话框中，根据服务器的需要设定相应的选项。

（5）确定连接设置后，单击“确定”按钮，并在“连接名称”对话框中输入设定的连接名称。

（6）单击“确定”按钮，完成新连接的建立。

3. 远程视图的创建

如果要创建新的远程视图，应首先建立同数据源的连接，再按以下步骤进行：

（1）打开数据库后，在“数据库管理器”中右击，并选择“新建远程视图”。

（2）在“新建远程视图”对话框中选择“新建视图”。

（3）在“选择连接或数据源”对话框中选择“可用的数据源”选项。如果有已定义并保存过的连接，也可选择“选取连接”选项。

（4）选择指定的数据源或连接并单击“确定”按钮。

（5）在“设置连接”对话框中选择数据来源的位置，是数据库表还是自由表。

（6）在“打开”对话框中选择从数据来源所显示的表。

（7）选择表后，远程视图的“视图设计器”将被打开。

6.2.5 视图的有关操作

1. 更新数据

在“视图设计器”中，“更新条件”选项卡控制对数据源的修改（如更改、删除、插入）应发送回数据源的方式，而且还可以控制对表中的特定字段定义是否为可修改字段，并能为用户的服务器设置合适的 SQL 更新方法。

2. 修改视图

在“数据库设计器”里选择要修改的“本地视图”或“远程视图”，右击，在弹出的快捷菜单中选择“修改”命令，进入“视图设计器”进行修改。

3. 删除视图

在“数据库设计器”里选择要删除的“本地视图”或“远程视图”，右击，在弹出的快捷菜单中选择“删除”命令，单击提示框中“移去”按钮即可删除视图，如图 6-27 所示。

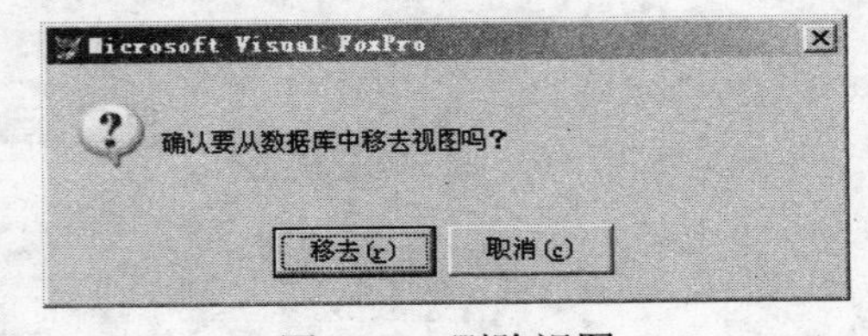

图 6-27　删除视图

4. 浏览视图

在“数据库设计器”里选定要浏览的“本地视图”或“远程视图”，右击，在弹出的快捷菜单中选择“浏览”命令，或者使用如下命令：

```
OPEN  DATABASE  <数据库文件名>
USE  <视图名>
BROWSE
```

5. 显示 SQL 语句

在“视图设计器”窗口，可采用下面三种方法查看 SQL 语句：

（1）单击“视图设计器”工具栏中 SQL 按钮。

（2）右击“视图设计器”窗口，选择“查看 SQL”。

（3）在系统菜单中选择“查询”→“查看 SQL”。

总之，视图一经建立就可以像基本表一样使用，适用于基本表的命令基本都可以用于视图，但视图不可以用 MODIFY STRUCTURE 命令来修改结构。因为视图毕竟不是独立存在的基本表，它是由基本表派生出来的，只能修改视图的定义。

例 6.3 在“学生管理”数据库中建立一个名为“长春”的本地视图，该视图显示学生表中籍贯是长春的学生的姓名、性别、出生日期和高考成绩。

操作步骤如下：

（1）打开“学生管理”数据库，在数据库设计器空白处右击，选择“新建本地视图”选项，如图 6-28 所示。

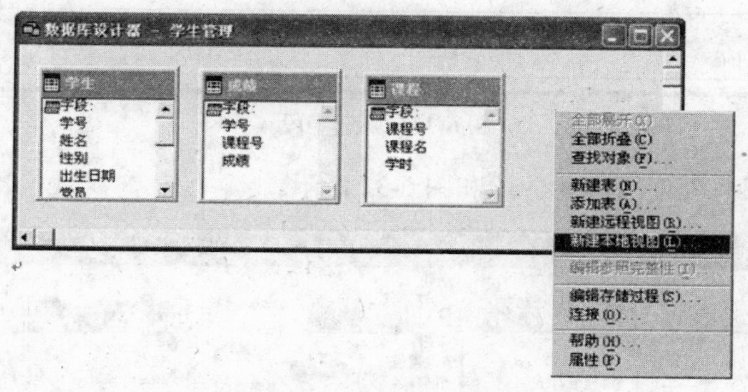

图 6-28 建立本地视图

（2）选择“新建视图”，打开视图设计器，添加“学生”表，并选取姓名、性别、出生日期和高考成绩这四个字段，如图 6-29 所示。

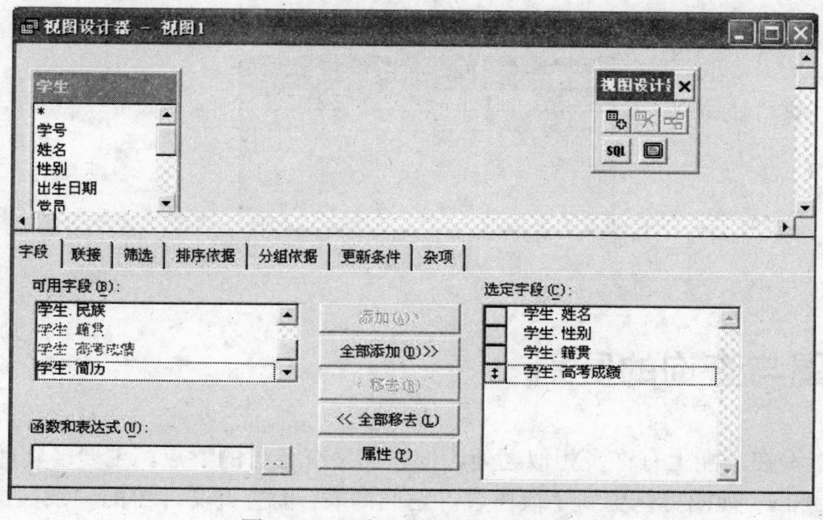

图 6-29 添加“学生”表和字段

（3）设定筛选条件：籍贯=“长春”，如图 6-30 所示。

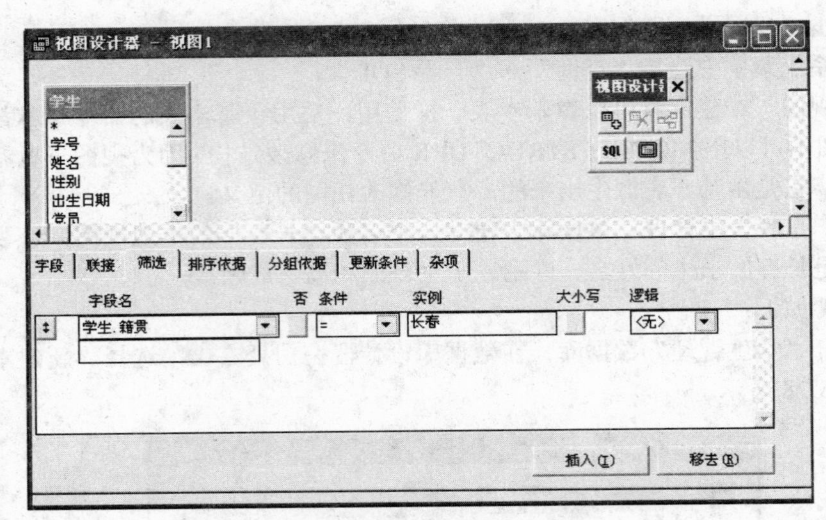

图 6-30 筛选字段

（4）保存视图并浏览，如图 6-31 和图 6-32 所示。

图 6-31 包含视图的数据库

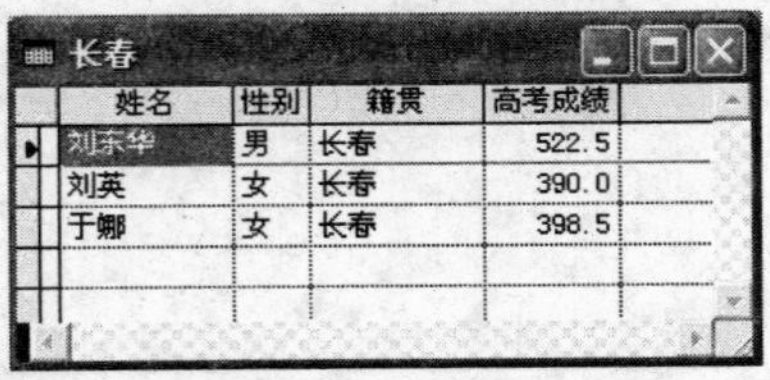

长春

姓名	性别	籍贯	高考成绩
刘东华	男	长春	522.5
刘英	女	长春	390.0
于娜	女	长春	398.5

图 6-32 浏览视图

6.3 视图与查询的区别

视图与查询在功能上有许多相似之处，但它们又有各自的特点，主要区别如下：

- 功能不同：视图可以更新字段内容并返回源表，而查询文件中的记录数据只能看不能被修改，除非把查询结果移动到其他文件中。
- 从属不同：视图不是一个独立的文件而从属于某一个数据库；查询是一个独立的文件，它不从属于某一个数据库。

- 访问范围不同：视图可以访问本地数据源和远程数据源；而查询只能访问本地数据源。
- 输出去向不同：视图本身就是虚拟表，没有去向问题；而查询可以选择多种去向，如表、图表、报表、标签、窗口等形式。
- 使用方式不同：视图只有所属的数据库被打开时，才能使用；而查询文件可在命令窗口中使用。

本章小结

本章介绍了查询与视图及其相关的一些内容，包括查询的建立、查询去向的设置、查询的运行与修改、查询设计器的局限性，本地视图和远程视图的建立、视图的有关操作，查询和视图的区别等。

综合练习

一、选择

1．在查询设计器的“字段”选项卡中设置字段时，如果将“可用字段”框中的所有字段一次移到“选定字段”框中，可单击（　　）按钮。

A．“添加”　　B．“全部添加”　　C．“移去”　　D．“全部移去”

2．在 Visual FoxPro 中，连接类型有（　　）。

A．内部连接、左连接、右连接

B．内部连接、左连接、右连接、外部连接

C．内部连接、左连接、右连接、完全连接

D．内部连接、左连接、外部连接

3．使用当前的数据库中的数据库表建立的视图是（　　）；使用当前数据库之外的数据源中的表创建的视图是（　　）。

A．本地视图，本地视图　　B．远程视图，本地视图

C．本地视图，远程视图　　D．远程视图，远程视图

4．在 Visual FoxPro 中，视图存在于（　　）中。

A．表　　B．视图　　C．查询　　D．数据库

5．查询设计器和视图设计器的主要不同表现在（　　）。

A．查询设计器有“更新条件”选项卡，没有“查询去向”选项

B．视图设计器没有“更新条件”选项卡，有“查询去向”选项

C．视图设计器有“更新条件”选项卡，也有“查询去向”选项

D．查询设计器没有“更新条件”选项卡，有“查询去向”选项

6．在视图设计器的“更新条件”选项卡中，如果出现“钥匙”标志，表示（　　）。

A．更新换代　　B．该字段为非关键字

C．该字段是关键字段　　D．该字段为可更新字段

7．在 Visual FoxPro 中，下列叙述正确的是（ ）。

A．利用视图可以修改数据　　B．利用查询可以修改数据

C．查询和视图具有相同的作用　　D．视图可以定义输出去向

8．下列关于查询的说法正确的是（ ）。

A．查询文件的扩展名为 QPX

B．不能基于自由表创建查询

C．根据数据库表或自由表或视图可以建立查询

D．不能基于视图创建查询

9．视图设计器中含有的、但查询设计器中却没有的选项卡是（ ）。

A．筛选　　B．排序依据　　C．分组依据　　D．更新条件

10．在 Visual FoxPro 中，要运行查询文件 query1.QPR，可以使用命令（ ）。

A．DO query1　　B．DO query1.QPR

C．DO QUERY query1　　D．RUN query1

二、填空

1．查询文件的扩展名是（ ）。

2．创建视图时，相应的数据库必须是（ ）状态。

3. 利用查询设计器设计查询可以实现多项功能，查询设计器实质上是生成一条（ ）语句。

4．查询设计器（ ）生成所有的 SQL 查询语句。

5．查询设计器的筛选选项卡用来指定查询的（ ）。

6．视图不仅可以查询表，还可以（ ）表。

7．建立远程视图之前必须首先建立与远程数据库的（ ）。

第7章 关系数据库标准语言 SQL

关系数据库标准语言 SQL 是一种一体化的语言，它包括数据查询、数据定义、数据操纵、数据控制等功能。目前，SQL 已经成为关系数据库的标准语言，所有的关系数据库管理系统都支持 SQL。现在的 Visual FoxPro 在这方面当然更加完善。

7.1 SQL 语言简介

SQL（Structured Query Language）是一种结构化查询语言，是一种标准的关系数据库语言，它用于对关系型数据库中的数据进行定义、查询、更新等操作。正因为 SQL 语言的标准化，所以绝大多数数据库系统都支持 SQL 语言。

SQL 语言有如下主要特点。

（1）SQL 是一种一体化的语言，包括数据定义、数据查询、数据操纵和数据控制等功能，它可以完成数据库活动中的全部工作。

（2）SQL 语言是一种高度非过程化的语言，它不需要一步一步地告诉计算机“如何去做”，而只需要描述清楚用户要“做什么”。

（3）SQL 语言非常简洁。

（4）SQL 语言可以直接以命令方式交互使用，也可以嵌入到程序设计语言中以程序方式使用。

Visual FoxPro 提供支持 SQL 语言的数据定义、数据查询、数据操纵功能，但没有提供数据控制功能，其功能及命令动词如表 7-1 所示。

表 7-1 SQL 语言的功能及命令动词

SQL 功能	命令动词	SQL 功能	命令动词
数据查询	SELECT	数据操纵	INSERT、UPDATE、DELETE
数据定义	CREATE、DROP、ALTER	数据控制	GRANT、REVOKE

7.2 SQL 的数据查询功能

SQL 的核心是查询。SQL 的查询命令是一条 SELECT 语句。它的基本形式由

SELECT-FROM-WHERE 查询块组成，多个查询块可以嵌套执行。

SELECT 语句用于从一个或多个表中检索数据，提取出满足条件的记录。Visual FoxPro 系统解释该命令，并从表中检索出指定的数据。该命令和其他命令一样，建立在 Visual FoxPro 内部。SELECT-SQL 命令可以出现在下面三个区域：

（1）命令窗口中；

（2）Visual FoxPro 程序中；

（3）查询设计器中。

7.2.1 SELECT 命令的格式

【格式】

```
SELECT [ ALL | DISTINCT][TOP <数值表达式> [PERCENT]]
[别名.] <字段 1> [[AS] <列名>] [,[别名.] <字段 2> [[AS] <列名>]…]
FROM  [数据库名!]<表名>[[AS] <别名>] [,[数据库名!]<表名>…]
[[INNER | LEFT[OUTER] | RIGHT[OUTER] | FULL[OUTER] JOIN [数据库名!]<表名>[[AS]
<别名>] [ON  <连接条件>…]]
[WHERE <条件表达式 1> [AND <条件表达式 2>…]
[GROUP BY  <分组字段 1>[,<分组字段 2>… ]][HAVING  <分组条件>]
[ORDER BY <排序字段 1> [ASC | DESC][,<排序字段 2>[ASC | DESC… ]]
[INTO  TABLE [CURSOR][ARRAY]  <文件名>]
[TO  FILE  <文件名>]
```

SELECT 的命令格式看来似乎非常复杂，实际上只要理解了命令中各个短语的含义就很容易掌握，其主要短语的含义如下。

（1）SELECT 说明要查询的字段。

（2）DISTINCT：消除重复记录。

（3）TOP 数值表达式[PERCENT]：指定查询结果包括特定数据的行数，或者包括全部行数的百分比。使用 TOP 必须同时使用 ORDER BY 子句。

（4）FROM：列出查询要用的所有数据表。

（5）INNER | LEFT[OUTER] | RIGHT[OUTER] | FULL[OUTER] JOIN：为表建立连接。

（6）WHERE：查询筛选条件。

（7）GROUP BY：把查询结果分组。

（8）ORDER BY：把查询结果按字段排序，默认是升序。

（9）INTO TABLE[CURSOR][ARRAY]<文件名>：把查询结果存放到表、临时表或数组中。

（10）TO FILE<文件名>：把查询结果存放到文本文件中。

SELECT 命令的执行过程是：先根据 WHERE 子句的连接条件和筛选条件，从 FROM 子句指定的基本表或视图中选取满足条件的元组，再按照 SELECT 子句中指定的字段，选出数据形成结果。如果有 GROUP 子句，则将查询结果按照分组字段进行分组；如果 GROUP 子句后有 HAVING 短语，则只输出满足 HAVING 条件的元组；如果有 ORDER 子句，查询结果还要按照字段排序。

按 SELECT 语句中各子句的使用，查询可分为基本查询、条件查询、统计查询、分组查询、查询排序、连接查询和子查询。

7.2.2 基本查询

【格式】

```
SELECT  [ALL | DISTINCT]  <字段列表>  FROM  <表>
```

【功能】无条件查询。

【说明】ALL：表示显示全部查询记录，包括重复记录，可以省略。

DISTINCT：表示显示无重复结果的记录。

例 7.1 显示“学生”表中的所有记录。

```
SELECT  *   FROM  学生
```

命令中的“*”表示输出表中所有的字段。

例 7.2 显示“学生”表中的所有学生的学号及姓名。

```
SELECT  学号，姓名  FROM 学生
```

例 7.3 显示“学生”表中的高考成绩字段的值，并去掉重复值。

```
SELECT  DISTINCT 高考成绩 FROM 学生
```

例 7.4 显示“成绩”表中的所有记录，并将成绩一项乘以 0.7。

```
SELECT  学号，课程号，成绩*0.7  AS  成绩  FROM  成绩
```

7.2.3 条件（WHERE）查询语句

【格式】

```
SELECT  [ALL  |  DISTINCT]  <字段列表>
          FROM  <表>
          WHERE  <条件表达式>
```

【功能】从表中查询满足条件的数据。

【说明】<条件表达式>由一系列用 AND 或 OR 连接的条件表达式组成，常用运算符如表 7-2 所示。

表 7-2 常用运算符

运 算 符	含 义
=、<>、!=、#、==、>、>=、<、<=	比较大小
AND，OR，NOT	多重条件
BETWEEN…AND…	确定范围
IN	确定集合
LIKE	字符匹配

1. 比较大小

例 7.5 显示“学生”表中所有男生的学号、姓名和性别。

```
SELECT 学号，姓名，性别;
FROM 学生 WHERE 性别="男"
```

例 7.6 显示“成绩”表中成绩大于等于 90 分的学生的学号和成绩。

```
SELECT 学号，成绩;
FROM 成绩;
WHERE 成绩>=90
```

2. 多重条件

当 WHERE 子句需要指定一个以上的查询条件时，需要使用逻辑运算符 AND、OR、NOT 将其连接成复合的逻辑表达式。

例 7.7 查询“学生”表中籍贯是“长春”的女生的学号、姓名和出生日期。

```
SELECT 学号,姓名,出生日期;
FROM 学生;
WHERE 籍贯="长春"AND 性别="女"
```

例 7.8 查询“学生”表中籍贯是“长春”和“上海”的同学的全部信息。

```
SELECT *;
FROM 学生;
WHERE 籍贯="长春" OR 籍贯="上海"
```

3. 确定范围

例 7.9 查询“学生”表中高考成绩在 400～500 之间的学生的姓名。

```
SELECT 姓名;
FROM 学生;
WHERE 高考成绩 BETWEEN 400 AND 500
```

等价于：

```
SELECT 姓名;
FROM 学生;
WHERE 高考成绩>= 400 AND 高考成绩<=500
```

例 7.10 查询“学生”表中高考成绩不在 400～500 之间的学生的姓名。

```
SELECT 姓名;
FROM 学生;
WHERE 高考成绩 NOT BETWEEN 400 AND 500
```

4. 确定集合

利用 IN 操作可以查询属性值属于指定集合的元组。

例 7.11 查询“学生”表中籍贯是“长春”和“上海”的同学的全部信息。

```
SELECT  *;
FROM  学生;
WHERE  籍贯 IN ("长春","上海")
```

此语句可以用 OR 实现。NOT IN 可以查询指定集合之外的元组，这里 IN 相当于集合运算符∈。

5. 部分匹配查询

以上例子均属于完全匹配，当不知道完全精确的值时，用户还可以使用 LIKE 或 NOT LIKE 进行部分匹配查询。

【格式】

```
<字段名>  LIKE  <字符串常量>
```

【说明】字段名必须是字符型。字符串常量可以包含如下两个特殊符号：

%：表示任意长度的字符串。

_：表示任意一个字符。

例 7.12　查询“学生”表中所有姓“刘”的学生的学号和姓名。

```
SELECT  学号，姓名;
FROM  学生;
WHERE  姓名 LIKE "刘%"
```

7.2.4　统计查询

在很多应用中，并不只需要将表中的记录原样取出就行了，还需要在原有数据的基础上，通过计算输出统计结果，SQL 提供了很多库函数，增强了检索功能，其常用函数如表 7-3 所示。

表 7-3　常用函数

函数名称	功　能	函数名称	功　能
AVG()	按列计算平均值	MAX()	求一列中的最大值
SUM()	按列计算值的总和	MIN()	求一列中的最小值
COUNT()	按列统计记录个数		

例 7.13　查询“成绩”表中学号为“201001”的学生的学号、总分和平均分。

```
SELECT  学号,SUM(成绩)  AS 总分 ,AVG(成绩)  AS  平均分;
FROM  成绩;
WHERE 学号="201001"
```

例 7.14　查询“成绩”表中课程号为“001”的课程号、最高分和最低分。

```
SELECT  课程号,MAX(成绩)  AS 最高分 ,MIN(成绩)  AS 最低分;
FROM  成绩;
WHERE 课程号="001"
```

例 7.15 统计"成绩"表中有多少门课程。

```
SELECT  COUNT(DISTINCT  课程号)  AS 课程数;
FROM  成绩
```

例 7.16 统计"学生"表中学生的人数。

```
SELECT  COUNT(*)  AS 学生人数;
FROM  学生
```

注意：COUNT(*)用来统计元组的个数，不消除重复行。

7.2.5 分组查询

GROUP BY 可以将查询结果按某属性进行分组。

例 7.17 查询"成绩"表中每个学生的学号、总分和平均分。

```
SELECT  学号,SUM(成绩)  AS  总分 ,AVG(成绩)  AS  平均分;
FROM  成绩;
GROUP  BY 学号
```

例 7.18 查询"成绩"表中每门课程的课程号、最高分和最低分。

```
SELECT  课程号,MAX(成绩)  AS 最高分 ,MIN(成绩)  AS 最低分;
FROM  成绩;
GROUP  BY 课程号
```

若在分组后还要按照一定的条件进行筛选，则需要使用 HAVING 子句。

例 7.19 查询"成绩"表中选修两门以上课程的学生的学号和选课门数。

```
SELECT  学号,COUNT(*)  AS  选课门数;
FROM  成绩;
GROUP  BY 学号;
HAVING  COUNT(*)>=2
```

注意：当在一个 SQL 查询中同时使用 WHERE、GROUP BY 和 HAVING 子句时，其语句执行顺序是 WHERE、GROUP BY 和 HAVING。WHERE 和 HAVING 的根本区别在于作用对象不同：

（1）WHERE 作用于基本表或视图，从中选择满足条件的元组。

（2）HAVING 作用于组，选择满足条件的组，必须和 GROUP BY 连用。

例 7.20 查询"成绩"表中选修了课程"001"或"002"的平均成绩在 80 分以上的学生的学号和平均成绩。

```
SELECT  学号,AVG(成绩)  AS  平均成绩;
FROM  成绩;
WHERE  课程号  IN("001" , "002");
GROUP  BY   学号;
HAVING  AVG(成绩)>80
```

7.2.6　查询的排序

当需要对查询结果排序时，可用 ORDER BY 子句对查询结果按一个或多个属性进行升序（ASC）或降序（DESC）排列。ORDER BY 必须出现在其他子句之后。

例 7.21　对“学生”表按高考成绩降序重新排列。

```
SELECT  *  FROM  学生;
ORDER  BY  高考成绩  DESC
```

例 7.22　查询“成绩”表中选修了课程“001”的学生学号和成绩，查询结果按学号升序排列，学号相同再按成绩降序排列。

```
SELECT  学号,成绩;
FROM  成绩;
WHERE  课程号="001";
ORDER  BY  学号 , 成绩  DESC
```

TOP 数值表达式[PERCENT]：表示显示记录的前几个或前百分之几。

例 7.23　查询“学生”表中高考成绩最高的三位同学的姓名和高考成绩。

```
SELECT  TOP  3  姓名 ,高考成绩;
FROM  学生;
ORDER  BY  高考成绩  DESC
```

注意：显示部分记录的命令 TOP 要和 ORDER BY 同时使用才有效。

例 7.24　查询高考成绩最低的 30%的同学的姓名和高考成绩。

```
SELECT  TOP  30  PERCENT  姓名, 高考成绩;
FROM  学生;
ORDER  BY  高考成绩
```

7.2.7　利用空值查询

SQL 支持空值，当然也可以利用空值进行查询。

例 7.25　查询“成绩”表中成绩尚未确定的学生的学号。

```
SELECT  学号  FROM  成绩  WHERE  成绩  IS  NULL
```

注意：查询空值时要使用“IS　NULL”，而“=NULL”是无效的，因为空值不是一个确定值，所以不能用“=”这样的运算符进行比较。

7.2.8　连接查询

一个数据库中的多个表之间一般都存在着某些联系，若一个查询语句中同时涉及两个或两个以上的表，则这种查询称为连接查询（也称为多表查询）。在多表之间查询必须建立表与表之间的连接。

建立表的连接的方法有两种。

方法 1：用 FROM 指明表名，WHERE 子句指明连接条件。

```
SELECT  FROM 表名1,表名2,表名3  WHERE  表名1.公共字段=表名2. 公共字段  AND  表名2.公共字段=表名3. 公共字段
```

方法 2：利用 JOIN 进行连接。

```
SELECT  FROM 表名1 JOIN  表名2  JOIN  表名3  ON  表名2.公共字段=表名3. 公共字段  ON 表名1.公共字段=表名2. 公共字段
```

注意：JOIN 和 ON 连接表的顺序相反。

连接查询要注意多表之间的连接，其余子句和以上所讲的查询语句相同。

例 7.26 查询“刘英”同学的学号、性别、选修的课程名和成绩。

```
SELECT  学生.学号,性别,课程名,成绩;
FROM  学生, 成绩, 课程;
WHERE  学生.学号=成绩.学号  AND 成绩.课程号=课程.课程号  AND 姓名="刘英"
```

另一种表达：

```
SELECT  学生.学号,性别,课程名,成绩;
FROM  学生 JOIN 成绩  JOIN 课程;
ON  成绩.课程号=课程.课程号  ON  学生.学号=成绩.学号;
WHERE 姓名="刘英"
```

注意：当 FROM 之后的多个关系中含有相同的属性名时，必须用关系前缀直接指明属性所属的关系，如学生.学号，“.” 前面是关系名，后面是属性名。

7.2.9 嵌套查询

在 WHERE 子句中包含一个形如 SELECT-FROM-WHERE 的查询块，此查询块称为嵌套查询或子查询，包含子查询的语句称为父查询或外部查询。嵌套查询在执行时由里向外处理，先执行子查询再执行父查询，父查询要利用子查询的结果。

1. 返回一个值的子查询

当子查询的返回值只有一个时，可以使用比较运算符（=、>、<、>=、<=、!=）将父查询和子查询连接起来。

例 7.27 查询与“刘英”籍贯相同的学生的姓名和性别。

```
SELECT  姓名,性别;
FROM  学生;
WHERE  籍贯=(SELECT 籍贯 FROM  学生  WHERE  姓名="刘英")
```

子查询向父查询返回了刘英的籍贯，作为父查询的条件，再执行父查询。

2. 返回一组值的子查询

如果子查询的返回值不止一个，而是一个集合时，则不能直接使用比较运算符，可以在比较运算符和子查询之间插入 ANY、SOME 或 ALL。其中等值关系可以用 IN 操

作符。

具体含义见以下各例。

（1）ANY、SOME表示子查询中有一行使结果为真，结果就为真。ANY和SOME是同义词。

例7.28　查询选修了课程号为“001”的学生的姓名。

```
SELECT  姓名;
FROM  学生;
WHERE 学号=ANY;
(SELECT  学号  FROM  成绩 WHERE 课程号="001")
```

也可以写成：

```
SELECT  姓名;
FROM  学生;
WHERE 学号  IN;
(SELECT  学号  FROM  成绩 WHERE 课程号="001")
```

例7.29　查询比男生高考成绩的最低分高的女生的姓名和高考成绩。

```
SELECT  姓名,高考成绩;
FROM  学生;
WHERE 高考成绩>ANY;
(SELECT  高考成绩  FROM  学生 WHERE  性别="男");
 AND 性别="女"
```

也可以写成：

```
SELECT  姓名,高考成绩;
FROM  学生;
WHERE 高考成绩>;
(SELECT  MIN(高考成绩)  FROM  学生 WHERE  性别="男")
AND 性别="女"
```

（2）ALL含义为子查询中全部为真，结果才为真。

例7.30　查询高于男生高考成绩最高分的女生的姓名和高考成绩。

```
SELECT  姓名,高考成绩;
FROM  学生;
WHERE 高考成绩>ALL;
(SELECT  高考成绩  FROM  学生 WHERE  性别="男");
AND 性别="女"
```

也可以写成：

```
SELECT  姓名,高考成绩;
FROM  学生;
WHERE 高考成绩>;
```

```
(SELECT  MAX(高考成绩)  FROM  学生 WHERE  性别="男");
AND 性别="女"
```

（3）使用 EXISTS。

EXISTS 用于判断子查询结果是否存在。带有 EXISTS 的子查询不返回任何实际数据，它只得到逻辑值"真"或"假"。当子查询的查询结果集合为非空时，外层的 WHERE 子句返回真值，否则返回假值。NOT EXISTS 则相反。

例 7.31 查询选修了课程号"001"的学生的姓名。

```
SELECT  姓名;
FROM  学生;
WHERE  EXISTS;
(SELECT  *  FROM 成绩 WHERE  学生.学号=成绩.学号 AND 课程号="001")
```

7.2.10 查询结果输出

前面讲述的查询结果都是输出在浏览窗口（系统默认），只能看，不能保存也不能修改，查询结果还可以输出到表、文件等中。

```
INTO  TABLE  [DBF] 表名：把查询结果输出到表中。
INTO  CURSOR  <表名>：把查询结果输出到临时表中，只存储在内存中，关机后自动丢失。
INTO  ARRAY  <数组名>：把查询结果输出到数组中。
TO FILE <文件名>：把查询结果输出到文本文件中。
```

例 7.32 查询"学生"表中所有姓"刘"的学生的学号和姓名，并把查询结果送入表 STUDENT.DBF 中。

```
SELECT  学号,姓名;
FROM  学生;
WHERE  姓名  LIKE "刘%"  INTO  TABLE  STUDENT
```

7.2.11 集合并运算

SQL 支持集合的并（UNION）运算，即可以将两个 SELECT 语句的查询结果通过并运算合并成一个查询结果。为了进行并运算，要求进行运算的两个查询结果具有相同的字段个数，并对应字段的值要出自同一个值域。

例 7.33 查询"学生"表中籍贯是"上海"和"长春"的学生信息。

```
SELECT  *  FROM  学生  WHERE  籍贯="上海";
UNION;
SELECT *  FROM  学生  WHERE  籍贯="长春";
```

7.3 SQL 的数据更新功能

SQL 语言的数据操纵也称为数据更新，主要包括 INSERT（插入）、DELETE（删除）和 UPDATE（修改）三种语句。

7.3.1　插入记录

【格式 1】

```
INSERT  INTO  <表名>  [<(字段名表)>]  VALUES  <(表达式表)>
```

【格式 2】

```
INSERT  INTO  <表名>  FROM  ARRAY  <数组名>
```

【功能】在指定的表文件末尾追加一条记录。格式 1 用<表达式表>中的各表达式值赋值给<字段名表>中相应的各字段。格式 2 用数组的值赋值给表文件中各字段。

【说明】当为表中所有字段赋值时，<字段名表>可以省略不写。

例 7.34　向“学生”表中插入一条学生记录。

```
INSERT  INTO  学生 (学号,姓名,性别,出生日期,党员);
VALUES ("999999","李建国","男",{^1985-02-26},.T.)
```

例 7.35　向“成绩”表中插入一条记录：学号为“999999”，课程号“001”，成绩为 90。

```
INSERT  INTO 成绩(学号,课程号,成绩);
VALUES("999999","001",90)
```

或：

```
INSERT  INTO  成绩  VALUES ("999999","001",90)
```

注意：字段名和数据值必须用逗号分开，各类型数据的写法不同。

7.3.2　修改数据记录

【格式】

```
UPDATE  <表文件名>  SET  <字段名 1>=<表达式>  [,<字段名 2>=<表达式>…]  [WHERE
<条件>]
```

【功能】修改指定表文件中满足 WHERE 条件子句的数据。其中，SET 子句用于指定要修改字段和修改的值，WHERE 用于指定更新的行，如果省略 WHERE 子句，则表示修改表中的所有记录。

例 7.36　将“学生”表中所有学生的高考成绩都加 5 分。

```
UPDATE 学生  SET  高考成绩=高考成绩+5
```

例 7.37　将“学生”表中出生日期在 1991 年以前的学生的高考成绩都加 5 分。

```
UPDATE 学生 SET 高考成绩=高考成绩+5;
WHERE 出生日期<{^1991-01-01}
```

7.3.3 删除记录

【格式】

```
DELETE  FROM  <表名>  WHERE  <表达式>
```

【功能】从指定的表中删除满足 WHERE 子句条件的所有记录。如果在 DELETE 语句中没有 WHERE 子句，则该表中的所有记录都将被删除。

【说明】这里的删除是逻辑删除，即在删除的记录前加上删除标记。

例 7.38 删除“学生”表中女生的记录。

```
DELETE  FROM  学生  WHERE  性别="女"
```

7.4 SQL 的数据定义功能

数据定义语言用于执行数据定义的操作，如创建或删除表、索引和视图之类的对象，由 CREATE、DROP、ALTER 命令组成，完成对象的建立（CREATE）、删除（DROP）和修改（ALTER）。

7.4.1 表的定义

【格式】

```
CREATE  TABLE  <表名>（<字段名 1><数据类型>[(<宽度>[,<小数位数>])][NULL  |  NOT
NULL] [,<字段名 2>…]
[ PRIMARY KEY][ UNIQUE][ CHECK[ERROR]][ DEFAULT])
```

【功能】定义（也称创建）一个表。打开的数据库状态下，建立的是数据库表，否则是自由表。

【说明】

① PRIMARY KEY：建立主索引。

② NULL：可以为空；NOT NULL：不可以为空。

③ UNIQUE：建立候选索引。

④ CHECK<逻辑表达式>：为字段值指定约束条件。

⑤ ERROR<文本信息>：指定不满足约束条件时显示的出错提示信息。

⑥ DEFAULT<表达式>：指定字段的默认值。

例 7.39 创建一张数据库表“教师情况.DBF”。

```
CREATE  TABLE  教师情况;
(教师号 C(8)  PRIMARY KEY, 姓名  C(6)  UNIQUE ,性别  C(2)  CHECK  性别="男"OR
性别="女" ERROR "性别只能是男或女"DEFAULT "女", 出生日期  D ,工资  N(6,1)  NULL
CHECK  工资>=0 ,婚否 L  DEFAULT  .F.  )
```

注意：字段之间要用逗号隔开，字段内部的定义要用空格隔开。

7.4.2 表结构的修改

【格式】

```
ALTER  TABLE  <表名>  [ADD  字段 ][ALTER  字段]
[SET  CHECK  [ERROR]][SET  DEFAULT][DROP  CHECK][DROP  DEFAULT]
[DROP  字段][RENAME  旧字段名  TO  新字段名]
```

（1）增加新字段 ADD，在新加字段的同时也可以加字段有效性规则。

```
ALTER  TABLE  <表名>  ADD  <字段名 1> 类型（长度）
```

例 7.40 为“学生”表增加“身份证”字段：字符型，宽度为 20。

```
ALTER  TABLE  学生  ADD  身份证  C(20)
```

（2）修改已有字段的宽度和类型 ALTER。

```
ALTER  TABLE  <表名>  ALTER <字段名 1> 类型（长度）
```

例 7.41 把“学号”字段的宽度由 8 改为 12。

```
ALTER  TABLE  学生  ALTER  学号 C(12)
```

例 7.42 把“学号”字段由字符型改为数值型。

```
ALTER  TABLE  学生  ALTER  学号 N(12)
```

（3）为已有的字段设置字段有效性，删除有效性规则。

```
ALTER  TABLE  <表名>  ALTER  <字段名>  SET  CHECK  [ERROR]
ALTER  TABLE  <表名>  ALTER  <字段名>  SET  DEFAULT
ALTER  TABLE  <表名>  ALTER  <字段名>  DROP  CHECK
ALTER  TABLE  <表名>  ALTER  <字段名>  DROP  DEFAULT
```

例 7.43 设置“成绩”字段的有效性必须大于等于 0，小于等于 100。

```
ALTER TABLE 成绩 ALTER 成绩 SET  CHECK 成绩>=0 AND 成绩<=100;
ERROR  "成绩必须大于等于 0 且小于等于 100"
```

例 7.44 删除“成绩”字段的有效性规则。

```
ALTER  TABLE  成绩 ALTER 成绩  DROP  CHECK
```

（4）删除字段。

```
ALTER  TABLE  <表名>  DROP  <字段名>  [DROP  <字段名 2>…]
```

例 7.45 删除“成绩”字段。

```
ALTER  TABLE  成绩  DROP  成绩
```

（5）为字段重新命名。

```
ALTER TABLE <表名> RENAME <旧字段名> TO <新字段名>
```

例 7.46 将“学号”字段改名为“学生学号”。

```
ALTER TABLE 学生 RENAME 学号 TO 学生学号
```

注意：字段名前也可以加 COLUMN 表示列。

例 7.47 删除“成绩”字段。

```
ALTER TABLE 成绩 DROP COLUMN 成绩
```

7.4.3 表的删除

【格式】

```
DROP TALBE <表名>
```

【功能】删除指定表（包括在此表上建立的索引）。

【说明】如果只是想删除一个表中的所有记录，则应使用 DELETE 语句。

例 7.48 删除“教师情况”表。

```
DROP TABLE 教师情况
```

7.4.4 索引的创建和删除

1. 创建索引

在创建表时就可以创建索引，也可以为已有的表添加索引。

【格式】

```
ALTER TABLE <表名> ADD <PRIMARY KEY | UNIQUE> <索引表达式> TAG <索引名>
```

【功能】为已知表建立主索引或候选索引。

例 7.49 为“学生”表建立一个候选索引，索引名和索引表达式均为学号。

```
ALTER TABLE 学生 ADD UNIQUE 学号 TAG 学号
```

2. 删除索引

【格式】

```
ALTER TABLE <表名> DROP <PRIMARY KEY | UNIQUE> [TAG <索引名>]
```

【功能】删除索引。

例 7.50 删除“学生”表中的学号索引。

```
ALTER TABLE 学生 DROP UNIQUE TAG 学号
```

7.4.5　视图的创建和删除

1. 定义视图

【格式】

```
CREATE VIEW <视图名> AS <SELECT 语句>
```

【功能】建立一个视图。

例 7.51　建立一个视图 view1。

```
OPEN DATABASE 学生管理;
CREATE VIEW view1 AS;
SELECT 学生.学号,姓名, 成绩.课程号, 课程名, 成绩;
FROM 学生 JOIN 成绩 JOIN 课程;
ON 成绩.课程号 = 课程.课程号;
ON 学生.学号 = 成绩.学号;
WHERE 成绩>90;
ORDER BY 学生.学号
```

2. 删除视图

【格式】

```
DROP VIEW <视图名>
```

【功能】删除一个视图。

例 7.52　删除一个视图"view1"。

```
DROP VIEW view1
```

本章小结

本章介绍了关系数据库标准语言 SQL，包括 SQL 数据查询功能、SQL 数据更新功能、SQL 数据定义功能。

综合练习

一、选择

1．SQL 是哪几个英文单词的缩写（　　）。

A．Standard Query Language　　B．Structured Query Language

C．Select Query Language　　D．以上都不是

2．在 Visual FoxPro 中，使用 SQL 命令将 STUDENT 中的 AGE 字段的值增加 1，应该使用的命令是（　　）。

A．REPLACE AGE WITH AGE+1

B．UPDATE STUDENT AGE WITH AGE+1

C．UPDATE SET AGE WITH AGE+1

D．UPDATE STUDENT SET AGE=AGE+1

3．有如下 SQL SELECT 语句，

```
SELECT * FROM stock WHERE 单价 BETWEEN 12.76 AND 15.20
```

与该语句等价的是（　　）。

A．SELECT * FROM stock WHERE 单价<=15.20.AND.单价>=12.76

B．SELECT * FROM stock WHERE 单价<15.20.AND.单价>12.76

C．SELECT * FROM stock WHERE 单价>=15.20.AND.单价<=12.76

D．SELECT * FROM stock WHERE 单价>15.20.AND.单价<12.76

4．在当前盘当前目录下删除表 stock 的命令是（　　）。

A．DROP stock　　B．DELETE TABLE stock

C．DROP TABLE stock　　D．DELETE stock

5．将 stock 表的股票名称字段的宽度由 8 改为 10，应使用 SQL 语句（　　）。

A．ALTER TABLE stock 股票名称 WITH c(10)

B．ALTER TABLE stock 股票名称 c(10)

C．ALTER TABLE stock ALTER 股票名称 c(10)

D．ALTER stock ALTER 股票名称 c(10)

6．下列有关 HAVING 子句描述错误的是（　　）。

A．HAVING 子句必须与 GROUP BY 子句同时使用，不能单独使用

B．使用 HAVING 子句的同时不能使用 WHERE 子句

C．使用 HAVING 子句的同时可以使用 WHERE 子句

D．使用 HAVING 子句的作用是限定分组的条件

7～9 题使用如下三个表：

学生.DBF：学号 C(8)，姓名 C(12)，性别 C(2)，出生日期 D，院系 C(8)

课程.DBF：课程编号 C(4)，课程名称 C(10)，开课院系 C(8)

学生成绩.DBF：学号 C(8)，课程编号 C(4)，成绩 I

7．查询每门课程的最高分，要求得到的信息包括课程名称和分数。正确的命令是（　　）。

A．SELECT 课程名称，SUM（成绩）AS 分数 FROM 课程，学生成绩；
WHERE 课程.课程编号 = 学生成绩.课程编号；
GROUP BY 课程名称

B．SELECT 课程名称，MAX（成绩）分数 FROM 课程，学生成绩；
WHERE 课程.课程编号 = 学生成绩.课程编号；
GROUP BY 课程名称

C．SELECT 课程名称，SUM（成绩）分数 FROM 课程，学生成绩；
WHERE 课程.课程编号 = 学生成绩.课程编号；
GROUP BY 课程.课程编号

D. SELECT 课程名称，MAX（成绩）AS 分数 FROM 课程，学生成绩;
WHERE 课程.课程编号=学生成绩.课程编号;
GROUP BY 课程编号

8. 统计只有两名以下（含两名）学生选修的课程情况，统计结果中的信息包括课程名称、开课院系和选修人数，并按选课人数排序。正确的命令是（　　）。

A. SELECT 课程名称，开课院系，COUNT（课程编号）AS 选修人数;
FROM 学生成绩，课程 WHERE 课程.课程编号=学生成绩.课程编号;
GROUP BY 学生成绩.课程编号 HAVING COUNT(*)<=2;
ORDER BY COUNT（课程编号）

B. SELECT 课程名称，开课院系，COUNT（学号）选修人数;
FROM 学生成绩，课程 WHERE 课程.课程编号=学生成绩.课程编号;
GROUP BY 学生成绩.学号 HAVING COUNT(*)<=2;
ORDER BY COUNT（学号）

C. SELECT 课程名称，开课院系，COUNT(学号) AS 选修人数;
FROM 学生成绩，课程 WHERE 课程.课程编号=学生成绩.课程编号;
GROUP BY 课程名称 HAVING COUNT(学号)<=2;
ORDER BY 选修人数

D. SELECT 课程名称，开课院系，COUNT（学号）AS 选修人数;
FROM 学生成绩，课程 HAVING COUNT（课程编号）<=2;
GROUP BY 课程名称 ORDER BY 选修人数

9. 用命令建立视图，功能是查询所有目前年龄是22岁的学生的信息：学号、姓名和年龄，正确的命令是（　　）。

A. CREATE VIEW AGE_LIST AS;
SELECT 学号，姓名，YEAR(DATE())-YEAR（出生日期）年龄 FROM 学生
SELECT 学号，姓名，年龄 FROM AGE_LIST WHERE 年龄=22

B. CREATE VIEW AGE_LIST AS;
SELECT 学号，姓名，YEAR（出生日期）FROM 学生
SELECT 学号，姓名，年龄 FROM AGE_LIST WHERE YEAR（出生日期）=22

C. CREATE VIEW AGE_LIST AS;
SELECT 学号，姓名，YEAR(DATE())-YEAR（出生日期）年龄 FROM 学生
SELECT 学号，姓名，年龄 FROM 学生 WHERE YEAR（出生日期）=22

D. CREATE VIEW AGE_LIST AS STUDENT;
SELECT 学号，姓名，YEAR(DATE())-YEAR（出生日期）年龄 FROM 学生
SELECT 学号，姓名，年龄 FROM STUDENT WHERE 年龄=22

10. 设有s（学号，姓名，性别）和sc（学号，课程号，成绩）两个表，如下SQL语句用于检索选修的每门课程的成绩都高于或等于85分的学生的学号、姓名和性别，正确的是（　　）。

A. SELECT 学号，姓名，性别 FROM s WHERE EXISTS (SELECT* FROM SC
WHERE SC.学号=s.学号 AND 成绩<=85)

B．SELECT 学号，姓名，性别 FROM S WHERE NOT EXISTS　(SELECT * FROM SC WHERE SC.学号=s.学号 AND 成绩<=85)

C．SELECT 学号，姓名，性别 FROM S WHERE　EXISTS　(SELECT * FROM SC WHERE SC.学号=S.学号　AND　成绩>85)

D．SELECT 学号，姓名，性别 FROM S WHERE NOT EXISTS　(SELECT * FROM SC WHERE SC.学号=S.学号 AND 成绩<85)

二、填空

1．在 SQL 的 SELECT 查询中使用（　　）子句来消除查询结果中的重复记录。

2．在 Visual FoxPro 中，使用 SQL 的 SELECT 语句将查询结果存储在一个临时表中，应该使用（　　）子句。

3～5 题使用如下的教师表和学院表。

教师表

职工号	姓名	职称	年龄	工资	系号
11020001	肖天海	副教授	35	2000.00	01
11020002	王岩盐	教授	40	3000.00	02
11020003	刘星魂	讲师	25	1500.00	01
11020004	张月新	讲师	30	1500.00	03
11020005	李明玉	教授	34	2000.00	01
11020006	孙民山	教授	47	2100.00	02
11020007	钱无名	教授	49	2200.00	03

学院表

系号	系名
01	英语
02	会计
03	工商管理

3．使用 SQL 语句将一条新的记录插入到学院表中。

```
INSERT (    )学院(系号,系名)(    )("04","计算机")
```

4．使用 SQL 语句求“工商管理”系的所有职工的工资总和。

```
SELECT(    )(工资)FROM 教师;
WHERE 系号 IN(SELECT 系号 FROM (    ) WHERE 系名 = "工商管理")
```

5．使用 SQL 语句完成如下操作（将所有教授的工资都提高 5%）。

```
(    )教师 SET 工资=工资*1.05 (    )职称="教授"
```

6．在 SQL 的 CAEATA TABLE 语句中，为属性说明取值范围（约束）的是（　　）短语。

7．SQL 插入记录的命令是 INSERT，删除记录的命令是（　　），修改记录的命令是（　　）。

8．从职工数据库表中计算工资合计的 SQL 语句是：

```
SELECT（　　）　FROM　职工
```

9．将学生表 STUDENT 中的学生年龄（字段名是 AGE）增加 1 岁，应该使用的 SQL 命令是：

```
UPDATE　STUDENT　（　　）
```

10．在 Visual FoxPro 中，使用 SQL 语言的 ALTER　TABLE 命令给学生表 STUDENT 增加一个 Email 字段，长度为 30，命令是（关键字必须拼写完整）：

```
ALTER TABLE STUDENT （　　）　Email C(30)
```

第8章 Visual FoxPro结构化程序设计

前面各章主要介绍的是通过选择菜单或在命令窗口中逐条输入命令来执行 VFP 中的各项操作，这种人机交互的工作方式简单易行，可以随时看到结果，适于完成一些简单的、不需要重复执行的操作。也可以采用程序的方式来完成更为复杂的任务。本章将介绍程序设计及其相关的一些内容，包括程序与程序文件、程序的基本结构、过程及其调用以及程序调试等内容。

8.1 程序

8.1.1 程序的概念

程序是一组能够完成特定任务的命令序列，这些命令按照一定的结构有机地组合在一起，并以文件的形式存储在磁盘上，故又称为程序文件或命令文件，其扩展名为.PRG。

8.1.2 程序文件的建立

1. 命令方式

【格式】

```
MODIFY  COMMAND  [<程序文件名>]
```

【功能】打开一个编辑器窗口，用于建立程序文件。

例 8.1 用命令方式建立能显示学生表中男学生的记录的程序文件 P1.PRG。

操作步骤如下：

（1）在命令窗口输入下列命令，进入“程序文件”编辑窗口。

```
MODIFY  COMMAND  P1
```

（2）在“程序文件”编辑窗口输入命令，如图 8-1 所示。

图 8-1　建立命令文件 P1.PRG 的窗口

（3）输入完成后，在“文件”菜单中选择“保存”

命令或按 Ctrl+W 键，保存文件。

2. 菜单方式

选择“文件”→“新建”命令，在屏幕显示的“新建”对话框中选择“程序”文件类型，单击“新建文件”按钮进入程序编辑窗口。

3. 项目管理器方式

若要使程序包含在一个项目文件中，则可在项目管理器中建立该程序文件，具体操作是：

（1）打开项目文件，启动项目管理器。

（2）选择“代码”选项卡中的“程序”项，单击“新建”按钮，进入代码编辑窗口，如图 8-2 所示。

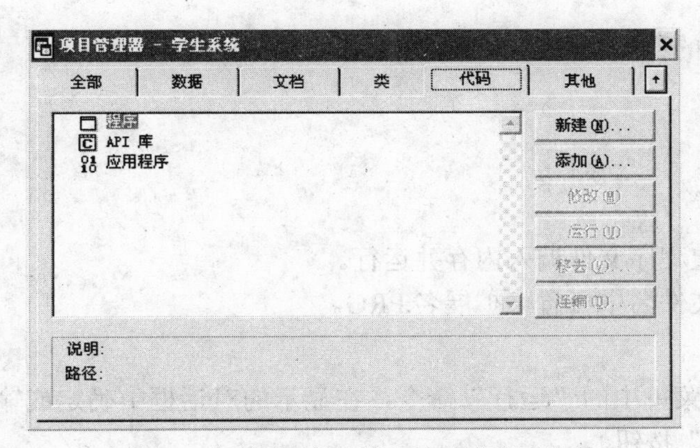

图 8-2 在“项目管理器”中建立程序文件

8.1.3 程序文件的修改

对已建立的程序文件可以重新进入代码编辑窗口修改其内容。

1. 命令方式

【格式】

```
MODIFY COMMAND [<程序文件名>]
```

【功能】打开一个已知的程序文件。

2. 菜单方式

选择“文件”→“打开”命令，在屏幕显示的“打开”对话框选择程序的文件名后，单击“确定”按钮。

3. 项目管理器方式

进入项目管理器后，打开“代码”选项卡，展开“程序”项，选择要修改的程序文件后，单击“修改”按钮，该程序便显示在编辑窗口中。修改完成后，选择“文件”→“保存”→“另存为”命令，保存文件。

例 8.2 用菜单方式修改程序文件 P1.PRG，使之显示学生表中女学生的记录，并另存为文件 P2.PRG。

操作步骤如下：

（1）选择“文件”菜单中的“打开”命令，选择程序 P1.PRG，进入“程序文件”编辑窗口。

（2）在“程序文件”编辑窗口修改程序，如图 8-3 所示。

图 8-3　修改命令文件 P1.PRG 的窗口

（3）输入完成后，在“文件”菜单中选择“另存为”命令，在“对话框”的“保存文档为”文本框输入 P2.PRG，保存文件。

8.1.4　程序文件的执行

对于已建立好的程序文件，可以用不同的方法执行。

1. 命令方式

【格式】

```
DO  <程序文件名>
```

【功能】将指定程序文件调入内存并运行。

【说明】程序文件名中可省略扩展名.PRG。

2. 菜单方式

选择“程序”菜单中的“运行”命令，在显示的对话框中确定或输入要执行的程序文件名，单击“运行”按钮。

例 8.3　用菜单方式运行程序文件 P2.PRG。

操作步骤如下：

选择“程序”菜单中的“运行”命令，在显示的对话框中确定或输入要执行的程序文件名：P2.PRG，然后单击对话框中的“运行”按钮，得到如图 8-4 所示的运行结果。

学生

学号	姓名	性别	出生日期	党员	民族	籍贯	高考成绩	简历	照片
201005	于丽莉	女	10/11/90	F	汉族	沈阳	499.0	Memo	Gen
201006	刘英	女	02/06/91	T	汉族	长春	390.0	Memo	Gen
201002	王晓丽	女	12/03/92	F	朝鲜族	上海	462.5	memo	gen
201010	于娜	女	11/05/91	T	汉族	长春	398.5	memo	gen

图 8-4　运行结果

3. 项目管理器方式

进入项目管理器后，打开“代码”选项卡，展开“程序”项，选择要修改的程序文件后，单击“运行”按钮。

8.2　程序设计常用命令

在程序文件中常常要用到一些交互式输入、输出命令，注释命令，程序结束专用命令及系统状态的设置命令。

8.2.1　交互式输入/输出命令

输入命令用于在程序的执行过程中给程序赋值。输出命令用于显示程序中的输出内容和结果。在程序文件中，交互式输入/输出命令有以下几种形式。

1. 交互式输入命令

（1）INPUT 输入命令

【格式】

```
INPUT  [<提示信息>]  TO  <内存变量>
```

【功能】暂停程序的运行，等待用户输入表达式并将其值赋给指定的内存变量。

【说明】<提示信息>用于提示用户进行操作的信息，命令中<内存变量>的类型取决于输入数据的类型，但不能为 M 型。如果输入的是表达式，本命令先计算出表达式的值，再将结果赋给<内存变量>；如果输入的是字符常量、逻辑常量和日期常量时应带定界符，即字符常量加定界符，逻辑常量左右加圆点，日期常量要用 CTOD()函数进行转换或严格日期表示形式。

（2）ACCEPT 输入命令

【格式】

```
ACCEPT  [<提示信息>]  TO  <内存变量>
```

【功能】暂停程序的运行，等待用户从键盘上输入一串字符，存入指定的内存变量中。

【说明】<提示信息>用于提示用户进行操作的信息。从键盘接受的字符串，不加定界符。

（3）WAIT 输入命令

```
WAIT  [<提示信息>]  [TO  <内存变量>]  [WINDOW[AT<行>, <列>]] [NOWAIT]
[CLEAR/NOCLEAR] [TIMEOUT<数值表达式>]
```

【功能】暂停程序的运行，等待用户从键盘上输入单个字符，直到用户按任意键或单击鼠标时继续程序的执行。

【说明】

① 如果[<提示信息>]为空串，那么不会显示任何提示信息。如果没有指定[<提示信息>]，则显示默认的提示信息“按任意键继续……”。

② <内存变量>用来保存用户输入的字符，其类型为字符型。若用户按的是 Enter 键或单击了鼠标，那么<内存变量>中保存的将是空串。若不选 TO <内存变量>短语，则输入的单字符不保留。

③ 一般情况下，提示信息被显示在 Visual FoxPro 主窗口或当前用户自定义窗口中。如果指定了 WINDOW 子句，则会出现一个 WAIT 提示窗口，用以显示提示信息。提示信息一般定位于主窗口的右上角，也可用 AT 短语指定其在主窗口的位置。

④ 若同时选用 NOWAIT 短语和 WINDOW 子句，则系统将不等待用户按键，直接往下执行。

⑤ 若选用 NOCLEAR 短语，则不关闭提示窗口，直到用户执行下一条 WAIT WINDOW

命令或 WAIT CLEAR 命令为止。

⑥ TIMEOUT 子句用来设定等待时间（秒数）。一旦超时就不再等待用户按键，自动往下执行。

2. 文本输出命令

【格式】

```
TEXT
<文本信息>
ENDTEXT
```

【功能】将 TEXT 和 ENDTEXT 之间的文本信息照原样输出。

【说明】TEXT 与 ENDTEXT 在程序中必须配对。

8.2.2 基本命令

在程序中，有一些专门用于程序开始和结束时的命令以及对程序进行说明的命令，常用的有以下几个命令。

1. 清屏命令

【格式】

```
CLEAR
```

【功能】清除屏幕上的内容。

2. 返回命令

【格式】

```
RETURN
```

【功能】结束当前程序的运行。

【说明】如果当前程序无上级程序，该命令用于结束程序的运行，返回到命令窗口。如果当前程序是一个子程序，该命令用于结束程序的运行，返回到调用该程序的上级程序中。

3. 终止程序执行命令

【格式】

```
CANCEL
```

【功能】终止程序执行并关闭所有打开的文件，返回到系统的命令窗口。

4. 退出系统命令

【格式】

```
QUIT
```

【功能】终止程序运行，退出 Visual FoxPro 系统。

5. 注释命令

【格式】

```
NOTE<注释内容>
```

```
* <注释内容>
&&<注释内容>
```

【功能】用于在程序中加入说明，以注明程序的名称、功能或其他备忘标记。

【说明】注释命令为非执行语句。其中前两个命令格式作为独立的一行语句，第三条命令放在某一条语句的右边。

6. 环境设置命令

为了保证程序的正常运行，需要为其设置一定的运行环境。Visual FoxPro 系统提供的 SET 命令组就是用来设置程序运行环境的。这些命令相当于一个状态转换开关，当命令置为 ON 时，开启指定的某种状态；而置为 OFF 时，则关闭该种状态。常用的系统环境设置命令有以下几个。

（1）关闭对话命令

【格式】

```
SET  TALK  ON|OFF
```

【功能】控制非输出性的执行结果是否在屏幕上显示或打印出来。

【说明】系统默认值为 ON。

（2）设置跟踪命令

【格式】

```
SET  ECHO  ON|OFF
```

【功能】控制程序文件执行过程中的每条命令是否显示或打印出来。

【说明】系统默认值为 OFF。

（3）设置打印命令

【格式】

```
SET PRINTER ON|OFF
```

【功能】控制程序执行的结果到打印机或显示在屏幕上。

【说明】在命令格式中，选择 ON 表示将输出结果送到打印机，选择 OFF 则表示将输出结果显示在屏幕上，系统默认值为 OFF。

（4）设置定向输出命令

【格式】

```
SET DEVICE TO SCREEN  |TO PRINTER  |TO FILE<文件名>
```

【功能】控制输出结果到屏幕、打印机或指定的文件中。

【说明】在命令格式中，选择 SCREEN 表示将输出结果显示在屏幕上，选择 PRINTER 表示将输出结果送到打印机，选择 FILE<文件名>则表示将输出结果送到指定文件。

（5）设置精确比较命令

【格式】

```
SET EXACT  ON|OFF
```

【功能】指出在进行字符比较时是否需要精确比较。

【说明】在命令格式中，选择 ON 表示需要精确比较，选择 OFF 表示不需要精确比较，系统默认值为 OFF。

（6）设置保护状态命令

【格式】

```
SET SAFETY ON|OFF
```

【功能】系统在用户提出对文件重写或删除的要求时给出警告提示。

【说明】需要提示选择 ON，否则选择 OFF，系统默认为 ON。

（7）设置删除记录标志命令

【格式】

```
SET DELETED ON|OFF
```

【功能】屏蔽或处理有删除标记的记录。

【说明】在命令格式中，选择 ON 表示命令将不对有删除标记的记录进行操作，系统默认值为 OFF。

（8）设置屏幕状态命令

【格式】

```
SET CONSOLE ON|OFF
```

【功能】发送或暂停输出内容到屏幕上。

【说明】系统默认值为 ON。

（9）设置缺省目录命令

【格式】

```
SET DEFAULT TO <默认目录>
```

【功能】用于设置系统默认的磁盘文件目录。

8.3 程序的基本结构

在 Visual FoxPro 中，结构化程序设计主要由系统提供的结构化语句构成，程序的基本结构有三种：顺序结构、选择结构和循环结构。每一种基本结构都可以包含一个或多个语句。

8.3.1 顺序结构

顺序结构是指程序按照语句排列的先后顺序逐条地执行。它是程序中最简单、最常用的基本结构。在 Visual FoxPro 中，大多数命令都可以作为顺序结构中的语句来实现编程。

例 8.4 查找并显示学生表中某个学生的学号、性别、出生日期、民族。

```
SET TALK OFF
USE 学生
INPUT "请输入要查找的学生的姓名：" TO  NA
LOCATE  FOR  姓名=NA
DISPLAY  学号，性别，出生日期，民族
USE
SET  TALK  ON
RETURN
```

8.3.2 选择结构

选择结构也称分支结构，是指在执行程序时，按照一定的条件选择不同的语句，用来解决选择、转移的问题。选择结构的基本形式有三种，分别由 IF 语句和 DO CASE 语句实现。

1. 单选择结构

【格式】

```
IF  <条件表达式>
    <语句序列>
ENDIF
```

【功能】当条件表达式的值为真时，执行<语句序列>，否则执行 ENDIF 后面的语句。

【说明】<条件表达式>是关系表达式或逻辑表达式，IF 和 ENDIF 必须成对使用。<语句序列>可以由一条语句或多条语句构成。

例 8.5 查找并显示学生表中某个学生的学号、性别、出生日期、民族。如果该学生存在，执行输出操作；如果不存在，就不执行输出操作。

```
SET TALK OFF
USE 学生
INPUT "请输入要查找的学生的姓名：" TO  NA
LOCATE  FOR  姓名=NA
IF FOUND()
   DISPLAY  学号，性别，出生日期，民族
ENDIF
USE
SET  TALK  ON
RETURN
```

2. 双选择结构

【格式】

```
IF <条件表达式>
    <语句序列 1>
ELSE
    <语句序列 2>
ENDIF
```

【功能】执行该命令时，首先判断<条件表达式>的值，若为真，则执行<语句序列 1>，然

后执行 ENDIF 后的语句；若为假，则执行<语句序列 2>，然后执行 ENDIF 后的语句。

【说明】IF…ELSE…ENDIF 语句必须成对使用。<语句序列 1>和<语句序列 2>中可以嵌套 IF 语句。

例 8.6 查找并显示学生表中某个学生的学号、性别、出生日期、民族。如果该学生存在，执行输出操作；如果不存在，则显示一条提示信息“没有该同学！”。

```
SET TALK OFF
USE 学生
INPUT "请输入要查找的学生的姓名：" TO  NA
LOCATE  FOR  姓名=NA
IF FOUND()
   DISPLAY  学号，性别，出生日期，民族
ELSE
   ?"没有该同学！"
ENDIF
USE
SET  TALK  ON
RETURN
```

3. 多选择结构

【格式】

```
DO  CASE
     CASE <条件表达式 1>
             <语句序列 1>
CASE <条件表达式 2>
             <语句序列 2>
                ...
CASE <条件表达式 N>,
       <语句序列 N>
[OTHERWISE
       <语句序列 N+1>]
ENDCASE
```

【功能】系统从多个条件中依次测试<条件表达式>的值，若为真，则执行相应<条件表达式>后的<语句序列>；若所有的<条件表达式>的值均为假，则执行 OTHERWISE 后面的<语句序列>。

【说明】

① DO CASE 和第一个 CASE 子句之间不能插入任何语句。

② 不管有几个 CASE 条件成立，只有最先成立的那个 CASE 条件的对应语句序列被执行。

③ 如果所有 CASE 条件都不成立，且没有 OTHERWISE 子句，则直接跳出本结构。

④ DO CASE 和 ENDCASE 必须成对出现，DO CASE 是本结构的入口，ENDCASE 是本结构的出口。

例 8.7 输入某学生的成绩，并判断其成绩等级：100～90 分为优秀，89～80 分为良好，79～70 分为中等，69～60 分为差，60 分以下为不及格。

```
SET TALK OFF
INPUT "请输入成绩：" TO X
DO CASE
     CASE x>=90
          ? "成绩优秀"
     CASE x>=80
          ? "成绩良好"
     CASE x>=70
          ? "成绩中等"
     CASE x>=60
          ? "成绩差"
     CASE x>=0
          ? "成绩不及格"
     OTHERWISE
          ? "成绩不应该小于 0，数据有错"
ENDCASE
SET TALK ON
RETURN
```

8.3.3　循环结构

循环结构也称为重复结构，是指程序在执行的过程中，其中的某段代码被重复执行若干次。被重复执行的代码段通常称为循环体。Visual FoxPro 支持的循环结构的语句包括 DO WHILE-ENDDO、FOR-ENDFOR 和 SCAN-ENDSCAN 语句。

1. DO WHILE-ENDDO 语句

【格式】

```
DO WHILE <条件表达式>
       <语句序列 1>
       [LOOP]
       <语句序列 2>
       [EXIT]
       <语句序列 3>
ENDDO
```

【功能】执行该语句时，先判断 DO WHILE 处的循环条件是否成立，如果成立，则执行 DO WHILE 与 ENDDO 之间的语句序列（循环体）。当执行到 ENDDO 时，返回到 DO WHILE，再次判断循环条件是否为真，以确定是否再次执行循环体。若条件为假，则结束该循环语句，执行 ENDDO 后面的语句。

【说明】

① DO WHILE 和 ENDDO 子句要配对使用。

② DO WHILE<条件表达式>是循环语句的入口；ENDDO 是循环语句的出口；中间<语句序列>是重复执行的循环体。

③ LOOP 和 EXIT 只能在循环语句中使用，其中 LOOP 是转到循环的入口语句；EXIT 是强行退出循环的语句。

④ 循环结构允许嵌套，这种嵌套不仅限于循环结构自身的嵌套，而且还可以是和选择结构的相互嵌套。

例 8.8 统计学生表中男生和女生的人数。

```
SET  TALK OFF
CLEAR
OPEN  DATABASE 学生管理
USE 学生
STORE  0 TO NA, NV
GO TOP
DO WHILE  .NOT. EOF()
     IF 性别= "男"
        NA = NA+1
     ELSE
        NV=NV+1
     ENFDIF
     SKIP
ENDDO
? "男生人数"+STR(NA)
? "女生人数"+STR(NV)
CLOSE ALL
SET  TALK ON
RETURN
```

例 8.9 计算 S=1+2+3+…+100。

该程序要使用循环结构，解题的思路归纳为两点：

（1）引进变量 S 和 I。S 用来保存累加的结果，初值为 0；I 既作为被累加的数据，也作为控制循环条件是否成立的变量，初值为 1。

（2）重复执行命令 $S=S+I$ 和 $I=I+1$，直至 I 的值超过 100。每一次执行，S 的值增加 I，I 的值增加 1。

```
S=0
I=1
DO WHILE I<=100
   S=S+I
   I=I+1
ENDDO
? "S=", S
```

2. FOR-ENDFOR 语句

根据用户设置的循环变量的初值、终值和步长，决定循环体内语句执行次数。该语句通常用于实现循环次数已知情况下的循环结构。

【格式】

```
FOR <循环变量>=<循环初值> TO <循环终值> [STEP<步长>]
            <语句序列 1>
            [LOOP]
            <语句序列 2>
            [EXIT]
```

```
        <语句序列 3>
ENDFOR | NEXT
```

【功能】执行该语句时，首先将初值赋给循环变量，然后判断循环条件是否成立（若步长为正值，则循环条件为<循环变量> <= <终值>；若步长为负值，则循环条件为<循环变量> >= <终值>）。若循环条件成立，则执行循环体，然后循环变量增加一个步长值，并再次判断循环条件是否成立，以确定是否再执行循环体。若循环条件不成立，则结束该循环语句，执行 ENDFOR 后面的语句。

【说明】

① 步长值省略时，系统默认步长值为 1。步长值不能为 0，否则会造成死循环。

② 在循环体内不要随便改变循环变量的值，否则会引起循环次数发生改变。

③ [LOOP]和[EXIT]命令的功能和用法与 DO WHILE 循环中该命令的用法相同。

例 8.10 找出 100～999 之间的所有“水仙花数”。所谓“水仙花数”是指一个三位数，其各位数字的立方和等于该数本身（如 $153=1^3+5^3+3^3$）。

解此题的关键是要知道如何分离出一个三位数中的各位数字。这里给出两种方法，其中 I 代表三位数，a、b 和 c 分别代表该三位数在百位、十位和个位上的三个数字。

方法 1：

a = INT(I/100)　　　　如 INT（153/100）等于 1。

b = INT ((I-100*a)/10)　　　　如 INT（（153-100*a）/10）等于 5。

c = I-INT(I/10)*10　　　　如 153-INT（153/10）*10 等于 3。

方法 2：

S=STR(I,3)先将一个三位数转换成字符串。Str(234,3) →'234'

a=VAL(LEFT(S,1))　从字符串中取最左边的一个数字字符，然后将其转换为数值。

b=VAL(SUBS(S,2,1))　从字符串中取中间的一个数字字符，然后将其转换为数值。

c=VAL(RIGHT(S,1))　从字符串中取最右边的一个数字字符，然后将其转换为数值。

下列程序采用的是第一种方法：

```
CLEAR
FOR I=100 TO 999
    a=INT(I/100)
    b=INT((I-100*a)/10)
    c=I-INT(I/10)*10
    IF I=a^3+b^3+c^3
       ?I
    ENDIF
ENDFOR
RETURN
```

3. SCAN-ENDSCAN 语句

该循环语句一般用于处理表中记录。它根据用户设置的当前记录指针，对一组记录进行循环操作。

【格式】

```
SCAN  [<范围>]  [FOR<条件表达式 1>] | [WHILE<条件表达式 2>]
```

```
    <语句序列>
ENDSCAN
```

【功能】执行该语句时，记录指针自动、依次地在当前表的指定范围内满足条件的记录上移动，对每一条记录执行循环体内的语句。

【说明】

① <范围>的默认值是 ALL。

② LOOP 和 EXIT 命令同样可以出现在该循环语句的循环体内。

例 8.11 用 SCAN 统计学生表中男女学生的人数。

```
SET  TALK OFF
CLEAR
OPEN  DATABASE 学生管理
USE 学生
STORE  0 TO NA, NV
SCAN
     IF 性别="男"
        NA = NA+1
     ELSE
        NV=NV+1
     ENFDIF
     SKIP
ENDSCAN
? "男生人数" +STR(NA)
? "女生人数" +STR(NV)
CLOSE  ALL
SET  TALK ON
RETURN
```

将例 8.11 与例 8.8 比较可以看出，当对数据表进行循环操作时，用 SCAN 语句比用 DO WHILE 语句更简单、方便，它不需要再用其他命令来控制记录指针的移动，或判断整个表是否扫描完毕。

4. 多重循环

多重循环是指在一个循环语句内又包含另一个循环语句，多重循环也称为循环嵌套。下面以条件循环为例来进行说明。

【格式】

```
DO  WHILE  <条件表达式 1>
   <语句序列 11>
   DO  WHILE <条件表达式 2>
      <语句序列 21>
   ENDDO
   <语句序列 12>
ENDDO
```

【功能】在多重循环中，首先从外循环进入内循环，执行内循环的语句。当内循环的条件为假时，返回外循环；当外循环的条件为真时，又进入内循环；否则，退出循环。

【说明】

① 循环嵌套层次不限，但内循环的所有语句都必须完全嵌套在外层循环之中。否则，就会出现循环的交叉，造成逻辑上的混乱。

② 循环结构和选择结构允许混合嵌套使用，但不允许交叉。其入口语句和相应的出口语句必须成对出现。

例 8.12　使用多重循环打印一个九九乘法口诀表。

```
1*1=1
2*1=2   2*2=4
3*1=3  3*2=6  3*3=9
…
9*1=9   9*2=18      …      9*9=81
```

程序如下。

```
SET TALK OFF
CLEAR
FOR  I=1  TO  9
   FOR  J=1 TO I
       S=I*J
       ?? "  "+STR(I,1)+"* "+ STR(J,1) +"= "+ STR(S,2) +"  "
   ENDFOR
   ?
ENDFOR
SET  TALK ON
RETURN
```

8.4　模块化程序设计

在结构化程序设计中，通常将一个比较复杂的系统划分若干个模块，每个模块完成一个基本功能。模块是一个相对独立的程序段，它可以被其他模块调用，也可以去调用其他模块。通常，把被调用的模块称为过程或子程序，把调用其他模块而没有被调用的模块称为主程序。

程序的模块化使得程序易于阅读、易于修改，也易于扩充。

8.4.1　过程与过程文件

1. 过程的建立

【格式】

```
PROCEDURE | FUNCTION  <过程名 1>
<语句序列 1>
[RETURN[<表达式>]  | TO MASTER]
[ENDPROC | ENDFUNC]
```

【功能】建立过程。

【说明】PROCEDURE | FUNCTION 表示一个过程的开始，并命名过程名。ENDPROC | ENDFUNC 表示一个过程的结束；RETURN 语句的功能是将程序控制转回到调用程序，并返回表达式的值。选择可选项[TO MASTER]，则无论前面有多少级调用，都直接返回到第一级主程序。过程一般放在程序文件代码的后面。

2. 过程调用

【格式】

```
DO  <过程名>
```

或

```
<过程名>()
```

【功能】执行调用命令时，将指定的过程调入内存并执行，当执行完过程后，返回到调用命令下的第一条可执行语句。

例 8.13　在主程序 MAIN1.PRG 中调用两个过程 SUB1 和 SUB2。过程写在主程序的下面。

```
CLEAR
WAIT "现在调用过程 1"
DO  SUB1
WAIT "现在调用过程 2"
DO  SUB2


PROC SUB1
?100
ENDPROC

PROC SUB2
?200
ENDPROC
```

3. 过程文件

过程也可以保存在称为过程文件的单独文件里。一个过程文件由多个过程组成，过程文件的扩展名仍然是.PRG。

（1）过程文件的建立

【格式】

```
MODIFY  COMMAND <过程文件名>
```

【功能】建立过程文件。

过程文件的基本书写格式：

```
PROCEDURE | FUNCTION <过程名 1>
        <语句序列 1>
[RETURN[<表达式>]]
[ENDPROC | ENDFUNC]
```

```
PROCEDURE | FUNCTION <过程名 2>
       <语句序列 2>
[RETURN[<表达式>]]
[ENDPROC | ENDFUNC]
…
PROCEDURE  | FUNCTION <过程名 N>
       <语句序列 N>
[RETURN[<表达式>]]
[ENDPROC | ENDFUNC]
```

（2）过程文件的打开

【格式】

```
SET PROCEDURE  TO <过程文件名 1> [,<过程文件名 2>…][ADDITIVE]
```

【功能】打开一个或多个过程文件。选择[ADDITIVE]时，在打开新的过程文件时，不关闭已打开的过程文件。过程文件中所包含的过程全部调入内存。

【说明】若要修改过程文件的内容，则一定要先打开该过程文件。

（3）过程文件的关闭

【格式】

```
CLOSE  PROCEDURE
```

或：

```
SET  PROCEDURE  TO
```

【功能】关闭已打开的过程文件。

例 8.14　在主程序 MAIN1.PRG 中调用过程文件 PROSUB.PRG 中的两个过程 SUB1 和 SUB2。

```
* 主程序 "MAIN1.PRG"
CLEAR
SET  PROC  TO  PROCSUB
WAIT "现在调用过程 1"
DO  SUB1
WAIT "现在调用过程 2"
DO  SUB2
CLOSE PROC

* 过程文件 "PROSUB.PRG"
PROC SUB1
?100
ENDPROC

PROC SUB2
?200
ENDPROC
```

8.4.2 过程的带参调用

在调用过程时，有时需要将数据传递给调用过程，有时又需要从调用过程将数据返回。实现数据的相互传递。Visual FoxPro 为此提供了过程的带参调用方法，这种方法是：在调用过程的命令和被调用过程的相关语句中，分别设置数量相同、数据类型一致且排列顺序相互对应的参数表。调用过程的命令将一系列参数的值传递给被调用过程中的对应参数，被调用过程运行结束时，再将参数的值返回到调用它的上一级过程或主程序中。这种调用是通过带参过程调用命令和接受参数命令实现的。

1. 带参调用

【格式】

```
DO <过程名> WITH <参数表>
```

或：

```
<子程序名> (<参数表>)
```

【功能】调用一般过程或过程文件中的过程，并为被调用过程提供参数。

【说明】该命令只用在调用过程的程序中。此处的<参数表>又称为实参表，其中的参数可以是常量、已赋值的变量或数值表达式，参数之间用逗号分开。

2. 接受参数

【格式 1】

```
PARAMETERS <参数表>
```

【格式 2】

```
LPARAMETERS <参数表>
```

【功能】接受调用过程的命令传递过来的参数。

【说明】

① 该命令必须位于被调用过程的第一条可执行语句处。此处<参数表>又称为形参表，其中的参数一般为内存变量。参数之间用逗号隔开。

② 系统会自动把实参传递给对应的形参。形参的数目不能少于实参的数目，否则系统会产生运行错误。如果形参的数目多于实参的数目，那么多余的形参取初值逻辑假.F.。

③ 采用格式 1 调用模块程序时，如果实参是常量或一般表达式，那么系统会计算出实参值，并把它们赋值给相应的形参变量。这种情形称为按值传递。如果实参是变量，那么传递的不是变量的值，而是变量的地址。这时形参和实参实际上是同一变量（尽管它们的名字可能不同），在模块程序中，形参变量值的改变同样是对实参变量值的改变，这种情形称为按引用传递。

④ 采用格式 2 调用模块程序时，默认为按值方式传递参数。如果实参为变量，那么可用 SET UDFPARMS 命令重新设置参数传递方式。该命令格式如下：

```
SET UDFPARMS TO VALUE|REFERENCE
```

TO VALUE：按值传递。形参变量值的改变不会影响实参变量的取值。

TO REFERENCE：按引用传递。形参变量值改变时，实参变量值也随之改变。

例 8.15 按值传递和按引用传递的示例。

```
CLEAR
STORE 100 TO X1,X2
SET UDFPARMS TO VALUE                    &&设置按值传递
DO P4 WITH X1,(X2)                       &&X1 按引用传递,(X2)按值传递
? "第一次: ",X1,X2
STORE 100 TO X1,X2
P4(X1,(X2))                              &&X1,(X2)都按值传递
? "第二次:",X1,X2
SET UDFPARMS TO REFERENCE                &&设置按引用传递
DO P4 WITH X1,(X2)                       &&X1 按引用传递,(X2)按值传递
? "第三次:",X1,X2
STORE 100 TO X1,X2
P4(X1,(X2))                              &&X1 按引用传递,(X2)按值传递
? "第四次:",X1,X2
*过程 P4
PROCEDURE P4
PARAMETERS AA,BB
STORE AA+1 TO AA
STORE BB+1 TO BB
ENDPROC
```

程序运行的结果为：

```
第一次:        101        100
第二次:        100        100
第三次:        101        100
第四次:        101        100
```

（X2）用一对圆括号将一个变量括起来使其变成一般形式的表达式，所以不管是什么情况，它都是按值传递。从运行结果还可以看出，用格式 1 调用模块程序时的参数传递方式并不受 UDFPARMS 值设置的影响。

还可以在调用程序和被调用程序之间传递数组。当实参是传递数组元素时，总是采用按值传递方式传递元素值。当实参是数组名时，若传递方式是按值传递，则传递数组的第一个元素值给形参变量；若传递方式是按引用传递，则传递的将是整个数组。

例 8.16 传递整个数组的示例。

```
DIMENSION S(10)
FOR I=1 TO 10
   S(I)=I
ENDFOR
DO P5 WITH S
```

```
?S(1), S(2), S(3), S(4), S(5)
?S(6), S(7), S(8), S(9), S(10)
RETURN
*过程 P5
PROCEDURE P5
PARAMETERS X                              &&接收整个数组
FOR I=1 TO 5                              &&将整个数组的值颠倒次序存放
    T=X(I)
    X(I)=X(11-I)
    X(11-I)=T
ENDFOR
RETURN
```

程序的运行结果为：

```
10       9       8       7       6
5        4       3       2       1
```

8.4.3 变量的作用域

1. 变量的作用域

在程序设计中，特别是模块程序中，往往会用到许多内存变量，这些内存变量有的在整个程序运行过程中起作用，而有的只在某些程序模块中起作用，内存变量的这些作用范围称为内存变量的作用域。内存变量的作用域根据作用范围可分为公共变量、私有变量和局部变量。

（1）公共变量

公共变量是指在程序的任何嵌套中及在程序执行期间始终有效的变量。程序执行完毕，它们不会在内存自动释放。公共变量的定义如下。

【格式】

```
PUBLIC <内存变量表>
```

【功能】将内存变量表中的变量说明为公共变量。

【说明】<内存变量表>中的变量可以是简单变量，也可以是下标变量。公共变量定义后才能被赋值，已定义的局部型内存变量不可再定义为全局型内存变量。公共变量未赋值前的初值为.F.。

例如，

```
PUBLIC  x, y, s(10)
```

建立了三个公共内存变量：简单变量 x 和 y 以及一个 10 个元素的数组 s，它们的初值都是.F.。

公共变量一旦建立就一直有效，即使程序运行结束返回到命令窗口，它也不会消失。只有当执行 CLEAR MEMORY、RELEASE、QUIT 等命令后，公共变量才被释放。

（2）局部变量

局部变量只能在建立它的模块中使用，不能在上层或下层模块中使用。当建立它的模块程序运行结束时，局部变量就自动释放。局部变量用 LOCAL 命令建立。

【格式】

```
LOCAL <内存变量表>
```

【功能】将内存变量名表中的变量说明为局部变量。

【说明】该命令建立指定的局部内存变量，并为它们赋初值逻辑假.F.。由于 LOCAL 与 LOCATE 前四个字母相同，所以这条命令的命令动词不能缩写。局部变量要先建立后使用。

（3）私有变量

在程序中直接使用（没有通过 PUBLIC 和 LOCAL 命令事先声明）而由系统自动隐含建立的变量都是私有变量。私有变量的作用域是建立它的模块及其下属的各层模块。一旦建立它的模块程序运行结束，这些私有变量将自动清除。

开发应用程序时，主程序与子程序不一定是由同一个人设计的，编写子程序的人不可能对主程序中用到的变量了解得非常清楚。这样就可能出现以下情形：子程序中用到的变量实际上在主程序中已经建立，子程序的运行无意间改变了主程序中变量的取值。为了解决这个问题，可以在子程序中使用 PRIVATE 命令隐藏主程序中可能存在的变量，使得这些变量在子程序中暂时无效。PRIVATE 命令的语法格式为：

```
PRIVATE <内存变量表>
PRIVATE ALL[LIKE<通配符>|EXCEPT<通配符>]
```

该命令并不建立内存变量，它的作用是：隐藏指定的在上层模块中可能已经存在的内存变量，使得这些变量在当前模块程序中暂时无效。这样，这些变量名就可以用来命名在当前模块或其下属模块中需要的私有变量或局部变量，并且不会改变上层模块中同名变量的取值。一旦当前模块程序运行结束返回上层模块时，那些被隐藏的内存变量就自动恢复有效性，并保持原有的取值。

例 8.17　公共变量、私有变量、局部变量及其作用域的示例。

先建立以下程序文件：

```
*主程序 main2.PRG
PUBLIC X1                      &&建立公有变量 X1, 初值为.F.
LOCAL X2                       &&建立局部变量 X2, 初值为.F.
STORE .F.TO X3                 &&建立私有变量 X3, 初值为.F.
DO P6
?"主程序中…"
?"X1=",X1
?"X2=",X2
?"X3=",X3
RETURN
*过程 P6
PROCEDURE P6
?"子程序中…"                   &&公有变量和私有变量在子程序中可以使用
?"X1=",X1
?"X3=",X3
RETURN
```

然后在命令窗口输入下列命令：

```
RELEASE ALL                              &&清除所有用户定义的内存变量
DO main2
?"返回命令窗口时…"                        &&程序运行结束时公共变量仍然有效
?"X1=",X1
```

程序与命令执行的结果如下：

```
子程序中…
X1=.F.
X3=F
主程序中…
X1=.F.
X2=.F.
X3=.F.
返回命令窗口时…
X1=.F.
```

例 8.18 变量隐藏的示例。

```
SET TALK OFF
VAL1=10
VAL2=15
DO P7
?VAL1,VAL2                               &&显示 10     100
*过程 p7
PROCEDURE P7
PRIVATE VAL1
VAL1=50
VAL2=100
?VAL1,VAL2                               &&显示 50    100
RETURN
```

实际上，LOCAL 命令在建立局部变量的同时，也具有隐藏在上层模块中建立的同名变量的作用。但与 PRIVATE 命令不同，LOCAL 命令只在它所在的模块内隐藏同名变量，一旦到了下层模块，这些同名变量就会重新出现。

例 8.19 LOCAL 和 PRIVATE 命令的比较示例。

```
PUBLIC X,Y
X=10
Y=100
DO P8
?X,Y                                     &&显示 10,bbb
*过程 P8
PROCEDURE P8
PRIVATE X                                &&隐藏上层模块中的变量 X
X=50                                     &&建立私有变量 X，并赋值 50
LOCAL Y                                  &&隐藏同名变量，建立局部变量 Y
```

```
DO P9
?X,Y                              &&显示 aaa ,.F.
return
*过程 P9
PROCEDURE P9
X="aaa"                           &&X 是在 p8 中建立的私有变量
Y="bbb"                           &&Y 是主程序中的公有变量
RETURN
```

8.5　程序调试

程序调试是指在发现程序有错误的情况下，确定出错的位置并纠正错误，其中关键是要确定出错的位置。有些错误（如语法错误）是能够发现的，当系统编译、执行到这类错误代码时，不仅能给出错误信息，还能指出出错的位置；而有些错误（如计算或处理逻辑上的错误）系统是无法确定的，只能由用户自己来查错。Visual FoxPro 提供的功能强大的调试工具——调试器，可以帮助我们进行这项工作。这一节主要介绍调试器的使用。

8.5.1　调试器环境

调用调试器的方法一般有两种：

① 选择“工具”菜单中的“调试器”命令。

② 在命令窗口输入 DEBUG 命令。

系统打开“调试器”窗口，进入调试器环境。在“调试器”窗口中可选择地打开五个子窗口：跟踪、监视、局部、调用堆栈和调试输出。要打开子窗口，可选择“调试器”窗口“窗口”菜单中的相应命令；要关闭子窗口，只需要单击窗口右上方的“关闭”按钮即可。

下面是各子窗口的作用和使用特点。

（1）跟踪窗口

用于显示正在调试执行的程序文件。要打开一个需要调试的程序，可从“调试器”窗口的“文件”菜单中选择“打开”命令，然后在打开的对话框中选择所需的程序文件。被选中的程序文件将显示在跟踪窗口里，以便调试和观察。

跟踪窗口左端的灰色区域会显示某些符号，常见的符号及其意义如下所示：

→：指向调试中正在执行的代码行。

•：断点。可以在某些代码行处设置断点，当程序执行到该代码行时，中断程序执行。

可以控制跟踪窗口中的代码是否显示行号，方法是：在 Visual FoxPro 系统“选项”对话框的“调试”选项卡中选择“跟踪”单选按钮，然后选择“显示行号”复选框。

（2）监视窗口

用于监视指定表达式在程序调试执行过程中的取值变化情况。要设置一个监视表达式，可单击窗口中的“监视”文本框，然后输入表达式的内容，按 Enter 键后，表达式便添入文本框下方的列表框中。当程序调试执行时，列表框内将显示所有监视表达式的名称、当前值及类型。

双击列表框中的某个监视表达式就可对它进行编辑；右击列表框中的某个监视表达式，然后在弹出的快捷菜单选择“删除监视”可删除一个监视表达式。在监视窗口中可以设置表达式类型的断点。

（3）局部窗口

用于显示模块程序（程序、过程和方法程序）中的内存变量（简单变量、数组、对象），的名称、当前取值和类型。

可以从“位置”下拉列表框中选择指定一个模块程序，下方的列表框内将显示在该模块程序内有效（可视）的内存变量的当前情况。

单击局部窗口，然后在弹出的快捷菜单中选择“公共”、“局部”、“常用”或“对象”等命令，可以控制在列表框内显示的变量种类。

（4）调用堆栈窗口

用于显示当前处于执行状态的程序、过程和方法程序。若正在执行的程序是一个子程序，则主程序和子程序的名称都会显示在该窗口中。

模块程序名称的左侧往往会显示一些符号，常见的符号及其意义如下所示：

① 调用顺序序号：序号小的模块程序处于上层，是调用程序；序号大的模块程序处于下层，是被调用程序；序号最大的模块程序也就是当前正在执行的模块程序。

② 当前行指示器（→）：指向当前正在执行的行所在的模块程序。

从快捷菜单中选择“原位置”和“当前过程”命令可以控制上述两个符号是否显示。

（5）调试输出窗口

可以在模块程序中安置一些 DEBUGOUT 命令：

```
DEBUGOUT <表达式>
```

当模块程序调试执行到此命令时，可计算出表达式的值，并将计算结果送入调试输出窗口。

若要把调试输出窗口的内容保存到一个文本文件里，则可以选择“调试器”窗口“文件”菜单中的“另存输出”命令，或选择快捷菜单中“另存为”命令。要清除该窗口中的内容，可选择快捷菜单中的“清除”命令。

8.5.2 设置断点

可以设置以下四种类型的断点：

类型 1：在定位处中断：可以指定一代码行，当程序调试执行到该代码时中断程序运行。

类型 2：如果表达式值为真则在定位处中断：指定一代码行以及一个表达式，当程序调试执行到该行代码时，如果表达式的值为真，就中断程序运行。

类型 3：当表达式值为真时中断：可以指定一个表达式，在程序调试执行过程中，当该表达式值变成逻辑真时中断程序运行。

类型 4：当表达式值改变时中断：指定一个表达式，在程序调试执行过程中，当该表达式值改变时中断程序运行。

不同类型断点的设置方法大致相同，但也有一些区别。下面分别介绍。

1. 设置类型 1 断点

在跟踪窗口中找到要设置断点的那行代码，然后双击该行代码左端的灰色区域，或先将光标定位于该行代码中，然后按 F9 键。设置断点后，该代码行左端的灰色区域会显示一个实心点。用同样的方法可以取消已经设置的断点。也可以在“断点”对话框中设置该类断点，其方法与设置类型 2 断点的方法类似。

2. 设置类型 2 断点

操作步骤如下：

（1）在“调试器”窗口中选择“工具”菜单上的“断点”命令，打开“断点”对话框，如图 8-5 所示。

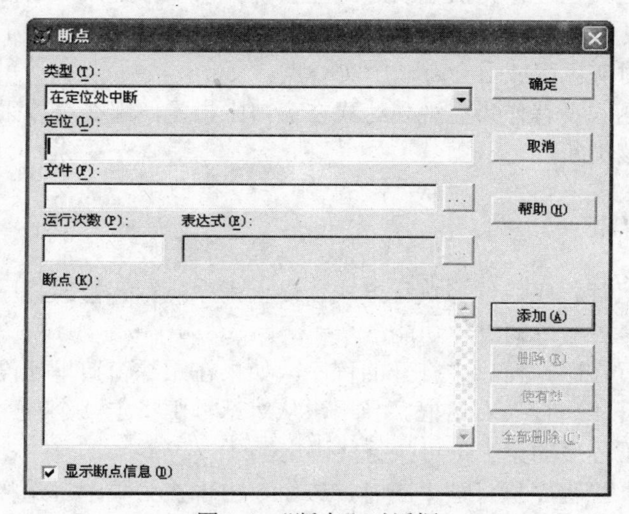

图 8-5 “断点”对话框

（2）从“类型”下拉列表中选择相应的断点类型。

（3）在“定位”框中输入适当的断点位置。

（4）在“文件”框中指定模块程序所在的文件。文件可以是程序文件、过程文件、表单文件等。

（5）在“表达式”框中输入相应的表达式。

（6）单击“添加”按钮，将该断点添加到“断点”列表框里。

（7）单击“确定”按钮。

与类型 1 断点相同，类型 2 断点在跟踪窗口的指定位置上也会有一个实心点。要取消类型 2 断点，可以采用与取消类型 1 断点相同的方法，也可以先在“断点”对话框的“断点”列表框中选择断点，然后单击“删除”按钮。后者适合于所有类型断点的删除。

在设置该类断点时，如果觉得“定位”框和“文件”框的内容不大好指定，那么也可以采用下面的方法进行：

① 在所需位置上设置一个类型 1 断点。

② 在“断点”对话框的“断点”列表框内选择该断点。

③ 重新设置类型并指定表达式。

④ 单击“添加”按钮，添加新的断点。

⑤ 选择原先设置的类型 1 断点，单击“删除”按钮。

3. 设置类型 3 断点

操作步骤如下：

（1）在“调试器”窗口中选择“工具”菜单上的“断点”命令，打开“断点”对话框。

（2）从“类型”下拉列表中选择相应的断点类型。

（3）在“表达式”框中输入相应的表达式。

（4）单击“添加”按钮，将该断点添加到“断点”列表框中。

4. 设置类型 4 断点

如果所需的表达式已经作为监视表达式在监视窗口中指定，那么可以在监视窗口的列表框中找到该表达式，然后双击表达式左端的灰色区域。这样就设置了一个基于该表达式的类型 4 断点，这时灰色区域上会有一个实心点。

如果所需的表达式没有作为监视表达式在窗口中指定，那么可以采用与设置类型 3 断点相似的方法设置该类断点。

8.5.3 调试菜单

调试菜单包含执行程序、选择执行方式、终止程序执行、修改程序以及调整程序执行速度等命令。下面是各命令的具体功能：

（1）运行：执行在跟踪窗口中打开的程序。如果在跟踪窗口里还没有打开程序，那么选择该命令将会打开“运行”对话框。当用户从对话框中指定一个程序后，调试器随即执行此程序，并中断于程序的第一条可执行代码上。

（2）继续执行：当程序执行被中断时，该命令出现在菜单中。选择该命令可使程序在中断处继续往下执行。

（3）取消：终止程序的调试执行，并关闭程序。

（4）定位修改：终止程序的调试执行，然后在文本编辑窗口打开调试程序。

（5）跳出：以连续方式而非单步方式继续执行被调用模块程序中的代码，然后在调用程序的调用语句的下一行处中断。

（6）单步：单步执行下一行代码。如果下一行代码用了过程或者方法程序，那么该过程或者方法程序在后台执行。

（7）单步跟踪：单步执行下一行代码。

（8）运行到光标处：从当前位置执行代码直至光标处中断。光标的位置可以在开始时设置，也可以在程序中断时设置。

（9）调速：打开“调整运行速度”对话框，在该对话框可设置两代码行执行之间的延迟秒数。

（10）设置下一条语句：程序中断时选择该命令，可使光标所在行成为恢复执行后要执行的语句。

例 8.20 调试例 8.10 中的程序。在用调试器打开程序之前，先添加两行代码：

（1）在命令 CLEAR 之后添加“DEBUGOUT '下面是 100～999 之间的所有水仙花数'”。

（2）在命令“？I”之前添加 DEBUGOUT I。

在跟踪窗口中打开程序之后，设置以下两个断点：

（1）在命令“？I”处设置类型 1 断点。

（2）在表达式 I=a^3+b^3+c^3 上设置类型 4 断点。

要求在程序调试执行过程中能够监视表达式 I=a^3+b^3+c^3 值的变化以及在调试输出窗口中输出的内容。

（1）打开调试器窗口：选择“工具”菜单中的“调试器”命令。

（2）打开跟踪、监视和调试输出窗口：从调试器窗口的“窗口”菜单中选择相应的命令。

（3）打开要调试的程序：从调试器窗口的“文件”菜单中选择“打开”命令，然后在打开的“添加”对话框中指定程序文件并单击“确定”按钮。

（4）设置第一个断点：在跟踪窗口中找到代码行“？I”，然后在其左侧的灰色区域内双击。

（5）设置监视表达式：在监视窗口的“监视”框内输入 I=a^3+b^3+c^3，并按 Enter 键。

（6）设置第二个断点：在监视窗口的列表框内找到表达式 I=a^3+b^3+c^3，然后在其左侧的灰色区域内双击鼠标。

（7）从“调试”菜单中选择“运行”命令。在每次碰到断点中断时，都可选择“继续执行”命令恢复执行。

本章小结

本章介绍了结构化程序设计及其相关的一些内容，包括程序的概念，程序文件的建立、修改和运行，程序设计中常用的输入、输出等命令，程序的三种基本结构（顺序结构、选择结构、循环结构），过程的建立与使用，变量作用域及利用调试器调试程序。

综合练习

一、选择

1．在 Visual FoxPro 中，用于建立或修改程序文件的命令是（　　）。

A．MODIFY <文件名>　　B．MODIFY COMMAND <文件名>

C．MODIFY PROCEDURE <文件名>　　D．B 和 C 都对

2．将内存变量定义为全局变量的 Visual FoxPro 命令是（　　）。

A．LOCAL　　B．PRIVATE　　C．PUBLIC　　D．GLOBAL

3．在 Visual FoxPro 中，下列关于过程调用的叙述正确的是（　　）。

A．当实参的数量少于形参的数量时，多余的形参初值取逻辑假

B．当实参的数量多于形参的数量时，多余的实参被忽略

C．实参与形参的数量必须相等

D．A 和 B 都正确

4．在 Visual FoxPro 中，如果希望一个内存变量只限于在本过程中使用，那么说明这种内存变量的命令是（　　）。

A．PRIVATE

B．PUBLIC

C．LOCAL

D．在程序中直接使用的内存变量（不通过 A、B、C 说明）

5．在 DO WHILE…ENDDO 循环结构中，LOOP 命令的作用是（　　）。

A．退出过程，返回程序开始处

B．转移到 DO WHILE 语句行，开始下一个判断和循环

C．终止循环，将控制转移到本循环结构 ENDDO 后面的第一条语句继续执行

D．终止程序执行

6．下列程序段的输出结果是（　　）。

```
CLEAR
STORE  10 TO A
STORE  20 TO B
SET UDFPARMS TO REFRENCE
DO SWAP WITH A,(B)
?A,B
PROCEDURE  SWAP
PARAMETERS X1,X2
TEMP=X1
X1=X2
2=TEMP
ENDPROC
```

A．10 20　　　B．20 20　　　C．20 10　　　D．10 10

7．使用调试器调试程序时，用于显示正在调试的程序文件的窗口是（　　）。

A．局部窗口　　　B．跟踪窗口　　　C．调用堆栈窗口　　　D．监视窗口

二、填空

1．有如下程序：

```
INPUT TO  A
IF   A=0
     S=0
ENDIF
S=1
?S
```

假定从键盘输入的 A 的值一定是数值型，那么上面程序的执行结果是（　　）。

2．在 Visual FoxPro 中参数传递的方式有两种，一种是按值传递，另一种是按引用传递，将参数设置为按引用传递的语句是：SET UDFPARMS（　　）。

3．下列程序的输出结果是（　　）。

```
I=1
DO WHILE I<10
```

```
    I=I+2
  ENDDO
  ?I
```

4．阅读下列程序，并写出执行“A.PRG”的显示结果。

```
*A.PRG
M=1
N=2
DO B
?M,N
RETURN
PROC  B
PRIV  M
M=3
N=4
RETURN
```

在命令窗口中执行“DO A”命令后，屏幕上显示的结果是（　　）。

三、编程

1．编写程序，要求任意输入 4 个数，找出其中的最大值和最小值。

2．用循环方式依次显示学生表中所有女生的学号、姓名、出生日期。要求：分别用 DO WHILE 和 SCAN 循环语句完成。

第9章 Visual FoxPro面向对象程序设计

VFP不仅支持传统的面向过程的编程技术，而且还支持面向对象的编程技术。在进行面向过程设计时，用户必须考虑程序代码的全部流程。面向对象程序设计则主要以对象为核心，以事件作为驱动，可最大限度地提高程序设计的效率。

9.1 面向对象程序设计概述

9.1.1 结构化程序设计与面向对象程序设计

结构化程序设计是20世纪60年代提出的，这种方法要求程序设计者按照一定的结构形式来设计和编写程序，使程序易阅读、易理解、易修改和易维护。这个结构形式主要包括两方面的内容。

（1）在程序设计中，采用自顶向下、逐步细化的原则。

按照这个原则，整个程序设计过程应分成若干层次，逐步加以解决，每一步都是在前一步的基础上，对前一步设计的细化。

（2）在程序设计中，控制结构仅有三种基本的结构：顺序结构、选择结构和循环结构。

所谓程序的控制结构是指用于规定程序流程的方法和手段。它是一种逻辑结构，用于描述程序执行的顺序。

结构化程序设计在软件开发过程中，仍然存在许多问题，所以一种全新的软件开发技术应运而生，这就是面向对象的程序设计。

面向对象的程序设计在20世纪80年代初就提出了。用面向对象的方法解决问题，不再将问题分解为过程，而是将问题分解为对象。对象是现实世界中可以独立存在、被区分的实体，世界是由众多对象组成的。对象有自己的数据（属性）和操作（方法），对象将自己的属性和方法封装成一个整体，供程序设计者使用。对象之间的相互作用通过消息传送来实现。这种“对象+消息”的面向对象的程序设计模式将取代“数据结构+算法”的面向过程的程序设计模式。

但要注意的是，面向对象的程序设计并不是要抛弃结构化程序设计方法，而是站在比结构化程序设计更高、更抽象的层次上去解决问题。当它被分解为低级代码模块时，仍需要结构化编程的方法和技巧，只是它分解一个大问题为小问题时采取的思路与结构化方法是不同的。结构化的分解突出过程，强调的是如何做（HOW TO DO），代码的功能如何完成；面向对象的分解突出现实世界和抽象的对象，强调的是做什么（WHAT TO DO），它将大量的工作由相应的对象来完成，程序员在应用程序中只需说明要求对象完成的任务。

9.1.2 面向对象程序设计的优点

面向对象的程序设计具有如下优点：

① 符合人们习惯的思维方法，便于分解大型的复杂多变的问题。

② 易于软件的维护和功能的增减。

③ 可重用性好。

④ 与可视化技术相结合，改善了工作界面。

目前常用的面向对象的程序设计语言有 Borland C++、Visual C++、Visual FoxPro、Visual Basic、Java 等。它们虽然风格各异，但都有共同的概念和编程模式。

9.2 对象和类

9.2.1 对象

1. 对象的概念

客观世界里的任何实体都可看做对象（Object）。对象包括可见的事物（如人、汽车、电话等）和非可见的事物（如感情、思想等）。例如，一个人是一个对象，一台计算机是一个对象。再将一台计算机拆开来看，便有显示器、机箱、硬盘、主板、处理器、鼠标等，每一个部件又是一个对象，即计算机对象是由多个“子”对象组成的，此时计算机可看做一个容器对象。

2. 对象的基本特征

一个对象建立后，其操作就是通过与该对象有关的属性、方法和事件来描述的。

（1）属性

属性是一组用于描述对象的物理特征的值，例如，一个汽车对象由颜色、尺寸、品牌、厂家等基本属性描述。在 Visual FoxPro 中，表单作为一个对象有高度、宽度、标题等属性，这使得用户可以通过控制对象的这些属性值来操作这些对象。

（2）事件

事件是由对象识别的一个动作，用户可以编写相应代码对此动作进行响应。事件可以由一个用户动作产生，如单击鼠标或按键盘键位，也可以由程序代码或者系统产生，例如，计时器在一定的时间激发某个事件就是由系统产生。大多数情况下，事件是通过用户的交互操作产生的。

在 Visual FoxPro 中，可以激发事件的用户动作包括单击鼠标（Click）、双击鼠标（DblClick）、按键（KeyPress）、移动鼠标（MouseMove）等。

（3）方法

方法是对象在事件触发时的行为和动作，是与对象相关联的过程，例如，为 Click 事件编写的方法代码将在 Click 事件出现时执行。方法也可以独立于事件而单独存在，此类方法必须在代码中被显示和调用。

注意：用户可以根据需要自行建立属性和方法，但不可以自行定义事件。

9.2.2 类

1. 类的概念

类（Class）是具有共同属性、共同操作性质的对象的集合。

在客观世界中，有许多具有相同属性和行为特征的事物，例如，桥梁是抽象的概念，重庆长江大桥、西湖断桥就是具体的。把抽象的“桥”看成类，而具体的一座桥，如重庆长江大桥看成是对象。

对象和类的概念很相近，但又有所不同。类是对象的抽象描述，对象则是类的实例。类是抽象的，对象是具体的。

类可以划分为基类和子类，也称根类和派生类。子类以其基类为起点，并可继承基类的特征。如水果是基类，苹果是子类，而红富士、黄元帅等苹果品种又是苹果类的子类，在这里，水果也称为是苹果的父类，苹果也可称为是红富士、黄元帅等的父类。具体的一个红富士苹果就是一个对象。

2. 类的特性

类定义了对象所有的属性、事件和方法，从而决定了对象的属性和它的行为。此外，类还具有继承性、封装性和多态性等特性。

（1）继承性

子类不但具有父类的全部属性和方法，而且允许用户根据需要对已有的属性和方法进行修改，或添加新的属性和方法，这种特性称为类的继承性。有了类的继承，用户在编写程序时，可以把具有普遍意义的类通过继承引用到程序中，并只需添加或修改较少的属性、方法，从而减少了代码的编写工作，提高了软件的可重用性。

（2）封装性

类的封装性是指类的内部信息对用户是隐蔽的。例如，一台电视机的使用者只需了解其外部按钮（用户接口）的功能与用法，而无须知道电视机的内部构造与工作原理。在类的引用过程中，用户只能看到封装界面上的信息（属性、事件、方法），而其内部信息（数据结构、操作实现、对象间的相互作用等）则是隐蔽的，对对象数据的操作只能通过该对象自身的方法进行。

（3）多态性

对象具有多态性，如同一台电脑，同样的硬件可以扩展不同样式的微机。而设计类时，也可以因为需求不同而产生不同的样式。

多态性是面向程序设计的术语。类的多态性是指一些相关联的类包括同名的方法，但方法的内容不同。具体调用哪种方法应该在运行时根据对象的类确定。例如，一个函数，它的参数可以是字符型的，也可以是数值型的，当某个过程将其中一个对象作为参数传递时，它不必知道该参数是何种类型的对象，只需要调用该函数即可。只有在运行时才能根据所给的参数去寻找对应执行的方法。这为代码的编写提供了极大的方便。

9.3　Visual FoxPro 中的类与对象

9.3.1　类的概述

在 Visual FoxPro 系统中，类就像一个模板，对象都是由它生成的。类定义了对象所具有的属性、事件和方法，从而决定了对象的外表和它的行为，对象可以看成是类的实例。

Visual FoxPro 为用户提供了 29 个基类，用户既可以从中创建对象，也可以由基类派生出子类，因此，为了更好地使用类，必须了解基类的类型、属性、事件、方法等内容。

1. 基类

基类是 Visual FoxPro 预先定义好的类。基类又可以分为容器类和控件类。

（1）容器类：容器类可以容纳别的对象，并允许访问所包含的对象，如表单，自身是一个对象，又可以把按钮、编辑框、文本框等放在表单中。

（2）控件类：不能容纳其他对象，如一个按钮。

29 个基类的具体内容如表 9-1 所示。

表 9-1　Visual FoxPro 的基类

基　类	类　型	可包含对象	名　称
CheckBox	控件	不包含	复选框
Column	容器	标题对象等一部分对象	网格控件上的列
ComboBox	控件	不包含	组合框
Command Button	控件	不包含	命令按钮
CommandGroup	容器	命令按钮	命令按钮组
Container	容器	任何控件	容器类
Control	容器	任何控件	控件类
Custom	容器	任何控件、页框、自定义对象	自定义类
EditBox	控件	不包含	编辑框
Form	容器	页框、任何控件、容器和自定义对象	表单
FormSet	容器	表单、工具栏	表单集
Grid	容器	栅格、列	网格
Header	控件	不包含	标题行
Image	控件	不包含	图像
Label	控件	不包含	标签
Line	控件	不包含	线条

续表

基　类	类　型	可包含对象	名　称
ListBox	控件	不包含	列表框
OLEboundControl	控件	不包含	OLE 绑定控件
OLEContainerControl	控件	不包含	OLE 容器控件
OptionButtonGroup	容器	选项按钮	选项组
OptionButton	控件	不包含	选项按钮
Page	容器	任何控件和容器	页
PageFrame	容器	页面	页框
Separator	控件	不包含	空白空间
Shape	控件	不包含	形状
Spinner	控件	不包含	微调控制器
TextBox	控件	不包含	文本框
Timer	控件	不包含	定时器
ToolBar	容器	任何控件、容器和自定义对象	工具栏

2. 子类

以某个类（父类）为起点创建的新类称为子类，例如从基类派生新类时，基类为父类，派生的新类为子类。

既可以从基类创建子类，也可以从子类再派生子类，并且允许从用户自定义类派生子类。子类将继承父类的全部特征。

3. 用户自定义类

用户从基类派生出子类，并修改或添加子类属性、方法，这样的子类称为用户自定义类。

在面向对象程序设计中，创建并设计合适的子类，修改、增加其属性，编写、修改事件代码和方法代码，是程序设计的重要内容，也是提高代码通用性、减少代码的重要手段。

4. 类库

类库可用来存储以可视化方法设计的类，其扩展名为.VCX，一个类库可包含多个子类，且这些子类可以是由不同的基类派生的。

9.3.2 类的设计

Visual FoxPro 提供了如表 9-1 所示的基类，从这些基类可以直接创建对象或派生子类。在程序设计中，通常把新创建的类存放在类库文件（.VCX）里，若要引用类，则只要打开对应的类库文件即可查找到所保存的类定义。

Visual FoxPro 允许用户直接编码创建类，也可使用类设计器新建类。

1. 使用类设计器创建类

在类设计器中，新类的属性、事件和方法主要通过属性窗口来进行设计、定义和修改。

新建的子类可继承父类所有的属性、方法，子类又可以对父类的属性和方法进行修改、扩充，使之具有与父类不同的特殊性。

有三种方法可以进入“新建类”对话框：

（1）项目管理器中新建类；

（2）从文件菜单中新建类；

（3）直接在命令窗口输入 CREATE　CLASS <类名>　[OF<类库名>] 命令。

例 9.1　创建一个带有确认功能的“退出”命令按钮自定义类。

操作步骤如下：

（1）选定“文件”菜单中的“新建”选项，在弹出的“新建”对话框中选定“类”单选项，然后单击“新建文件”按钮，出现“新建类”对话框，如图 9-1 所示。

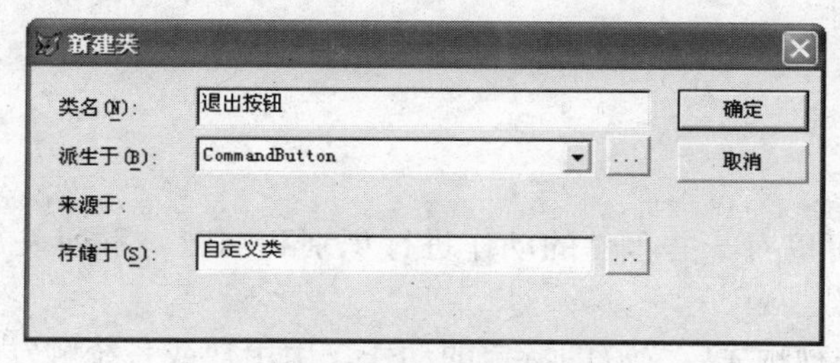

图 9-1　“新建类”对话框

（2）在“新建类”对话框中需要指定新建类的类名（本例为：退出按钮）：在“派生于”文本框中指定派生子类的基类（本例为 CommandButton）；在“存储于”文本框中指定新类库名或已有类的名字（本例为自定义类）；这时将在当前目录下创建一个文件：“自定义类.VCX”，然后单击“确定”按钮，进入“类设计器”窗口，如图 9-2 所示。

（3）在类设计器中，首先在属性设置框为新建类设置属性（Caption：退出），然后为新建类设置鼠标单击事件 Click 命令代码（也称为方法程序），设置过程如图 9-3 所示。

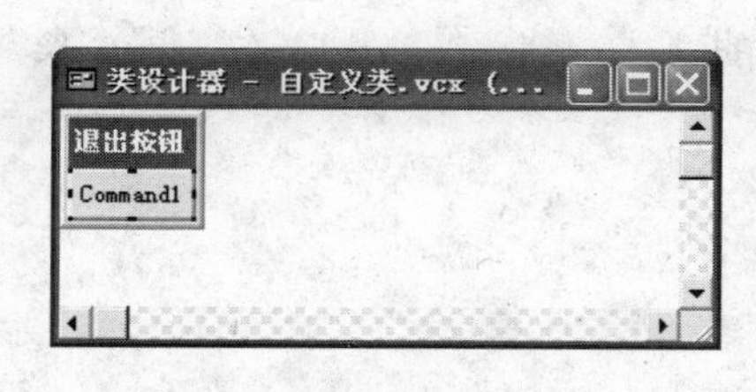

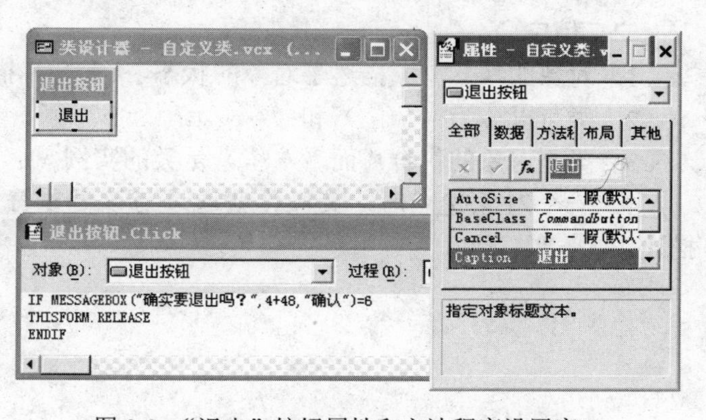

图 9-2　“类设计器”窗口　　　　图 9-3　“退出”按钮属性和方法程序设置窗口

注意：自定义类退出按钮的 Click 事件包含的方法程序的作用是：弹出一个信息框，信息框包含“是”和“否”按钮，图标为“!”，单击“是”按钮返回值 6，释放表单。

（4）确定自定义类出现在工具栏上时的图标。方法是：选择系统菜单的“类”选项，选择“类信息”，弹出“类信息”对话框，在“工具栏图标”编辑框右侧单击按钮搜寻图标文件，选择 C：\Program Files\Microsoft office\Office\2052\oofl.ico，单击“确定”按钮。

（5）保存修改，退出类设计器。至此，一个简单的控件自定义类退出按钮就创建好了，并以“自定义类．VCX”存放于磁盘上。

本章小结

面向对象程序设计是对结构化程序设计的一种改进，采用面向对象的程序设计方法，可以显著提高编程质量和编程效率，同时使程序的可维护性和可重用性都大大增强。本章主要介绍了面向对象程序设计的基本概念和思想、VFP 中的基类和子类。

综合练习

一、选择

1．每个对象都可以对一些事件的动作进行识别和响应。下列关于事件的描述中，错误的是（　）。

A．事件是一种预先定义好的特定的动作，由用户或系统触发

B．VFP 基类的事件集合是由系统预先定义好的

C．VFP 基类的事件集合是由用户创建的

D．可以触发事件的用户动作有单击鼠标、移动鼠标等

2．在面向对象程序设计中，程序运行的最基本实体是（　）。

A．对象　　B．类　　C．方法　　D．函数

3．类具有（　）、多态性、封装性等特点。

A．交互性　　B．包容性　　C．继承性　　D．集成性

二、填空

1．对象的（　）描述了对象的状态，（　）描述了对象的行为。

2．类可以分为（　）和（　）。

3．类是对象的集合，而（　）是类的实例。

4．一个对象建立后，其操作就通过与该对象有关的（　）、（　）、（　）来描述。

第10章 表单设计

表单是应用程序中最常见的交互式操作界面，各种对话框和窗口都是表单不同的外观表现形式。通过设计表单和向表单里添加控件，能制作出各种友好、美观、实用的界面，用于实现人机之间的信息交互。

10.1 创建表单

在 Visual FoxPro 中，可以利用表单向导和表单设计器来创建表单文件，表单文件的扩展名为.SCX（表单文件）和.SCT（表单备注文件）。

10.1.1 表单向导创建表单

Visual FoxPro 提供了两种表单向导来创建表单：

- “表单向导”可以创建基于一个表的表单。
- “一对多表单向导”可以创建基于两个表（按一对多关系连接）的表单。

1. 表单向导

调用表单向导有三种方法：

（1）在 Visual FoxPro 的项目管理器的“文档”选项卡中选中“表单”，单击“新建”按钮，在弹出的“新建表单”对话框中选择“表单向导”选项。

（2）选择“文件”菜单下“新建”子菜单，在打开的“新建”对话框中选中“表单”单选按钮，单击“向导”按钮。

（3）选择“工具”菜单下“向导”子菜单下的“表单”三级子菜单。

采用上述三种方法中的任意一种，都可打开“向导选取”对话框，如图 10-1 所示。选择“表单向导”，单击“确定”按钮，即可进入表单向导。下面通过例题来说明表单向导的使用。

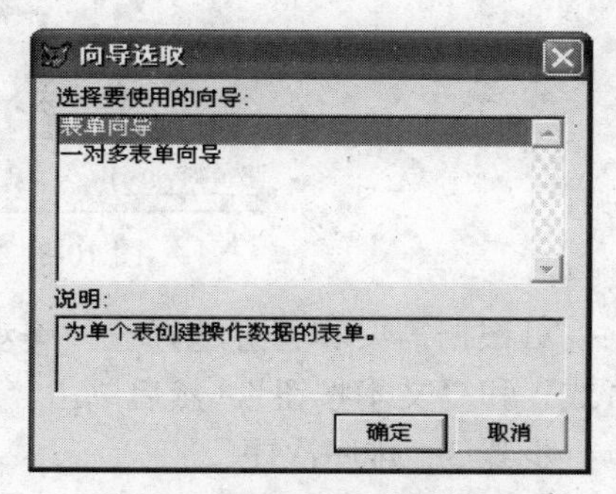

图 10-1 “向导选取”对话框

例 10.1 用表单向导建立“学生信息浏览”表单。

操作步骤如下：

步骤 1：字段选取

表单向导的第一步是要求用户选取包含在表单中的字段，如图 10-2 所示。

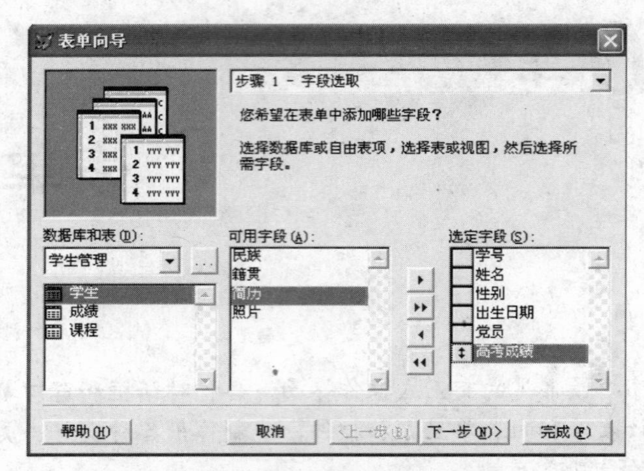

图 10-2 “步骤 1-字段选取”对话框

在“数据库和表”列表框中选择“学生管理”数据库，其下方的列表里列出了库中包含的数据表，选择“学生”表，则在“可用字段”列表框中列出了该表的全部字段供用户选择，将指定字段选到“选定字段”列表框中，然后单击“下一步”按钮，进入“步骤 2-选择表单样式”对话框。

步骤 2：选择表单样式

在这一步里要完成表单显示风格和按钮类型的选择。Visual FoxPro 提供了标准式、凹陷式、阴影式、边框式、浮雕式、新奇式、石墙式、亚麻式和色彩式等九种表单样式，以及文本按钮、图片按钮、无按钮和定制等四种按钮类型供用户选择，如图 10-3 所示。

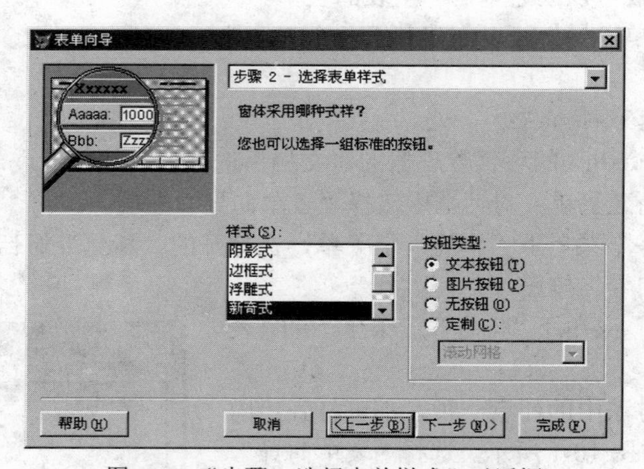

图 10-3 “步骤 2-选择表单样式”对话框

可根据需要和喜好选择一种美观格式，它们并不影响表单本身的功能。在此选择“新奇式”和“文本按钮”，然后单击“下一步”按钮，进入“步骤 3-排序次序”对话框。

步骤 3：排序次序

“步骤 3-排序次序”对话框用来选择表单中记录的排序字段以及按该字段排序的排序方

式，如图 10-4 所示。

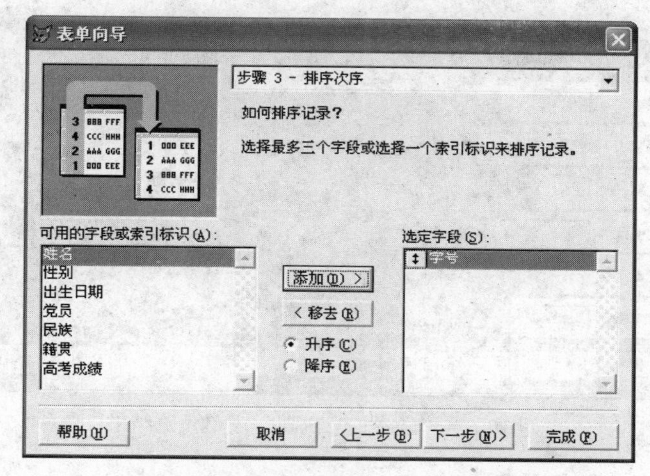

图 10-4 “步骤 3-排序次序”对话框

在此选择按学号升序排序。然后单击“下一步”，进入“步骤 4-完成”对话框。

步骤 4：完成

该对话框是向导的最后一个对话框。在此对话框中主要完成指定显示在表单顶部的标题和确定表单向导的结束方式。该步骤有三种选择：保存表单并退出向导、保存并运行表单以及保存并调用表单设计器修改表单。此外，在该对话框中还可以指定表单的其他设置，如是否使用字段映像、是否用数据库字段显示类，以及是否为容不下的字段加入页，如图 10-5 所示。

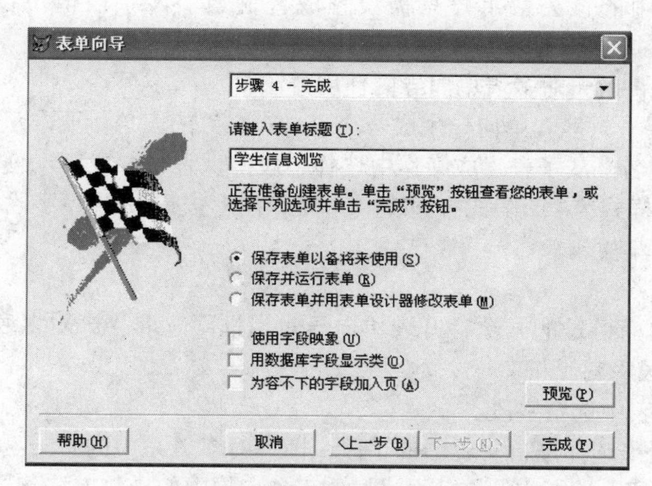

图 10-5 “步骤 4-完成”对话框

在对话框中输入表单标题“学生信息浏览”，选择“保存表单以备将来使用”选项，然后单击“预览”按钮，得到如图 10-6 所示的表单。

如果对表单的设计感到满意，那么在返回向导后单击“完成”按钮，存储所设计的表单，结束向导操作。

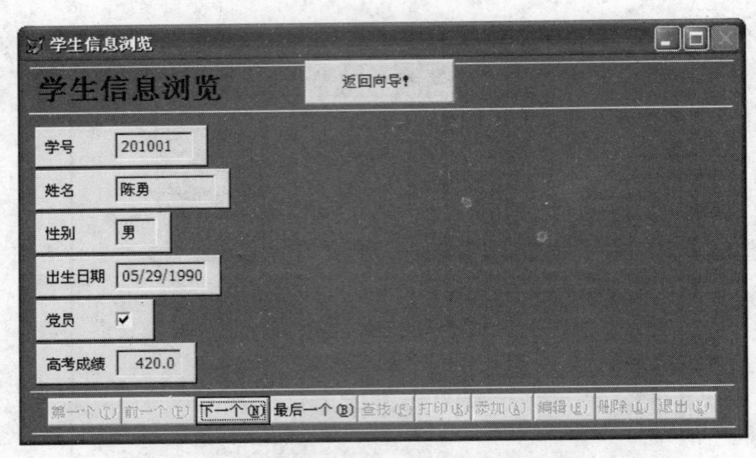

图 10-6 “学生信息浏览”表单预览结果

2. 用向导建立一对多表单

在具体设计之前，先说明一下“一对多”表单的具体含义。这类表单涉及两个表中的字段，一个称为“父表”，另一个称为“子表”。父表中的一条记录对应着子表中多个与其相关联的记录，在表单上的显示形式多半是父表的一条记录显示在上部，与其对应的子表记录以表格的形式显示在下半部，二者之间应有如下关系：

（1）两个表至少要有一个公共字段。

（2）“父表”中的公共字段必须设置成主索引，字段值不允许有重复，即所谓的“一”。

（3）“子表”中的该公共字段只需设置成普通索引，字段值可以有重复，即所谓的“多”。

下面用例题来讲解一对多表单向导的使用方法。

例 10.2 使用一对多表单向导生成一个“一对多”的表单。要求从父表“学生”中选择字段：学号，姓名，从子表“成绩”中选择字段：课程号，成绩，使用“学号”建立两个表之间的关系，样式为“凹陷式”，按钮类型为“图形按钮”，排序字段为“学号”（升序），设置表单标题为“学生”。

操作步骤如下：

首先，用在前面讲过的方法打开表单向导对话框，选取“一对多表单向导”，则出现“从父表中选定字段”对话框。

步骤 1：从父表中选定字段

该步骤主要用来选择来自父表中的字段，即一对多关系中的“一”方，只能从单个的表或视图中选取字段。选择方法与前面讲过的表单向导中的操作方法一样，如图 10-7 所示。选择“学生”表中的两个字段“学号”和“姓名”，然后单击“下一步”按钮，进入“步骤 2-从子表中选定字段”对话框。

步骤 2：从子表中选定字段

在本步骤选择来自子表中的字段，即一对多关系中的“多”方，只能从单个的表或视图中选取字段，如图 10-8 所示。

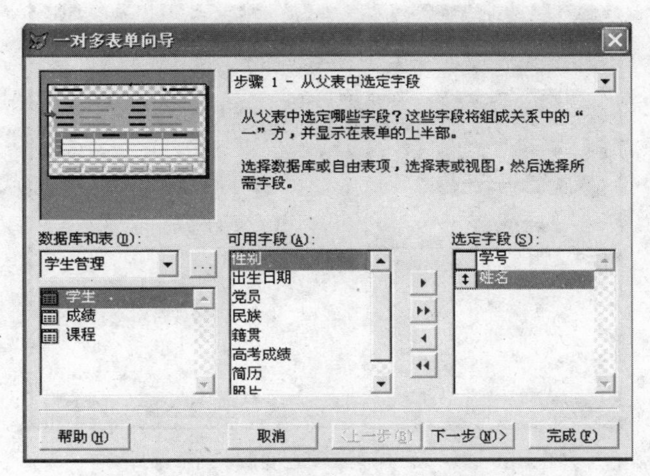

图 10-7　“步骤 1-从父表中选定字段”对话框

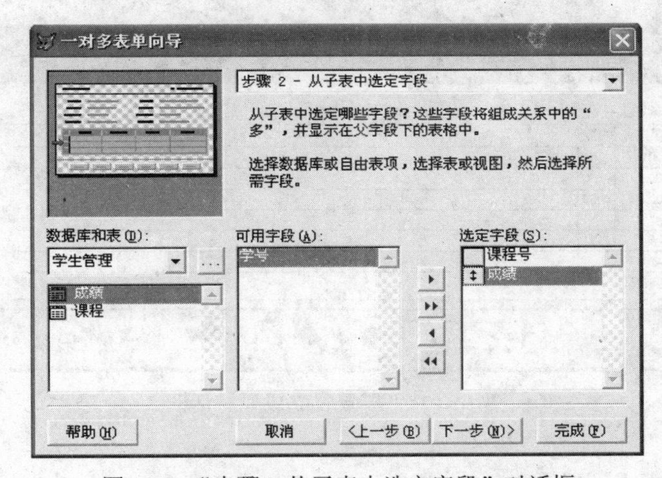

图 10-8　“步骤 2-从子表中选定字段”对话框

从“成绩”表中选择“课程号”、“成绩”字段，然后单击“下一步”按钮，进入“步骤 3-建立表之间关系”对话框。

步骤 3：建立表之间的关系

在这一步确定联系两个表的关键字。本例在下拉列表框中分别选择“学号”，如图 10-9 所示，然后单击“下一步”按钮，进入“选择表单样式”对话框。

步骤 4：选择表单样式

本步骤与前面讲的表单向导里的操作完全相同，在此选择“凹陷式”和“图形按钮”，单击“下一步”按钮进入“步骤 5-排序”对话框。

步骤 5：排序次序

在此选择表单中记录的排序字段“学号”以及按该字段排序的排序方式“升序”，单击“下一步”按钮即可。

步骤 6：完成

在这一步中，选择保存并运行表单，运行效果如图 10-10 所示。

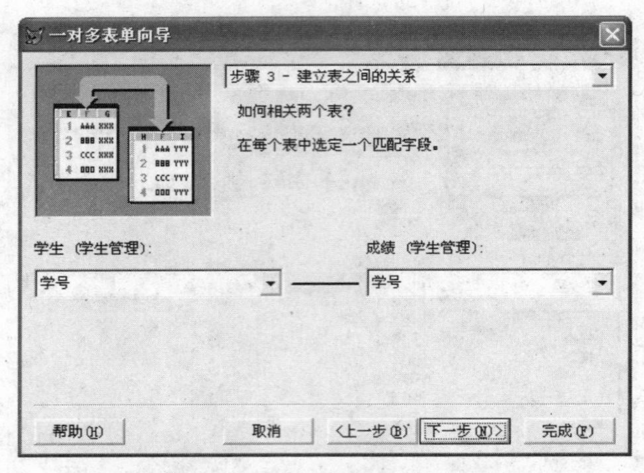

图 10-9 “步骤 3-建立表之间的关系”对话框

图 10-10 “步骤 6-完成”对话框

10.1.2 表单设计器创建表单

利用向导创建的表单都是一些简单和规范的表单，缺乏特点，而且不便于修改。表单设计器提供了更强大的表单设计功能，用户可以根据需要选择各种控件，灵活地制作出个性化的表单。

表单设计器的启动有三种方法：

（1）在项目管理器中选择“文档”选项卡中的“表单”，再单击“新建”按钮，在弹出的“新建表单”对话框中单击“新建表单”按钮。

（2）打开“文件”菜单，选择“新建”命令，然后在对话框中选择“表单”，并单击“新建文件”按钮。

（3）在命令窗口中输入并执行 CREATE FORM<表单文件名>，可以打开表单设计器来新建表单。

使用上面的任何一种方法都可以打开“表单设计器”窗口，如图 10-11 所示。用户可以在表单设计器提供的可视化环境中对其属性、方法和事件进行设置。

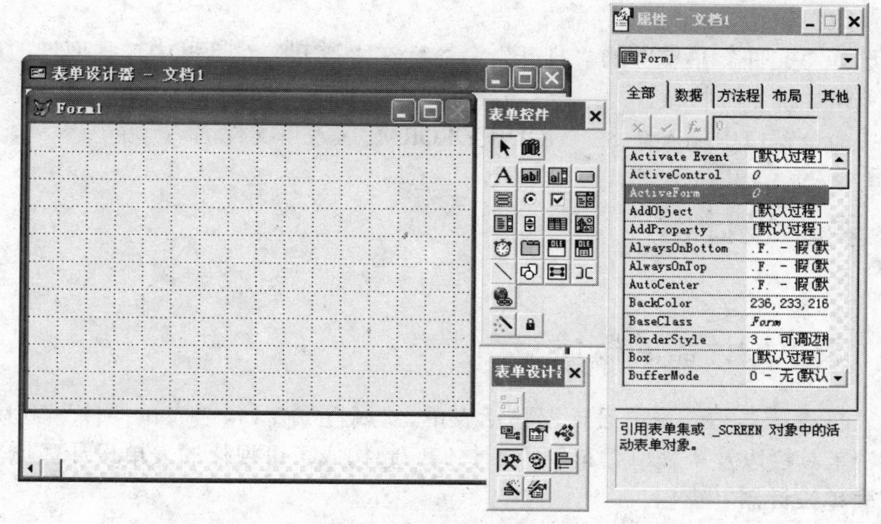

图 10-11 “表单设计器”窗口

10.1.3 表单的保存与运行

1. 表单的保存

设计完成的表单需要保存，选择“文件”菜单的“保存”命令就可以保存表单了，如果在未保存前试图运行表单或关闭表单设计器，那么系统将提示是否保存已做过的修改，如图 10-12 所示。

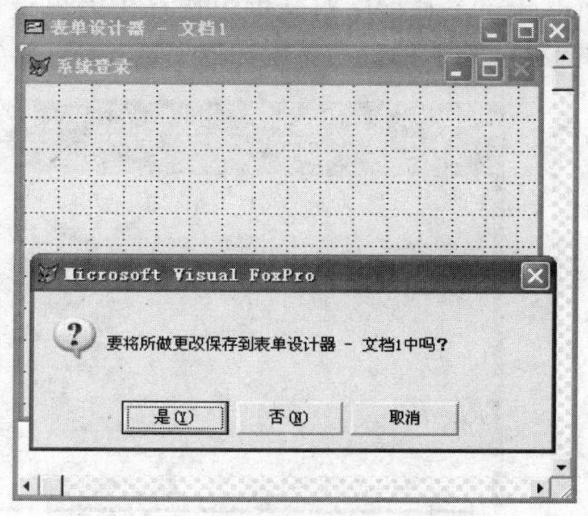

图 10-12 保存表单

2. 表单的运行

利用表单向导或表单设计器建立的表单文件，必须在运行表单文件后才能生成相应的表单对象。可以通过以下方法运行表单文件：

（1）在项目管理器中选择要运行的表单，然后单击“运行”按钮。

（2）在表单设计器环境下选择“表单”菜单中的“执行表单”或单击工具栏中的“运行”按钮。

（3）选择“程序”菜单中的“运行”命令，打开“运行”对话框，在对话框中指定要运行的表单，单击“运行”按钮。

（4）在命令窗口中输入命令：DO FORM [<表单文件名>]。

3. 表单的修改

无论通过任何途径创建表单文件，都可以利用表单设计器对表单重新进行修改。可以用以下方法打开表单设计器：

（1）在项目管理器中选择“文档”选项卡，展开“表单”项，选定要修改的表单，然后单击“修改”按钮。

（2）选择“文件”菜单中的“打开”命令，在“打开”对话框中选择要修改的表单文件，然后单击“确定”按钮。

（3）在命令窗口中输入命令：MODIFY FORM　<表单文件名>。

10.2　表单设计器

10.2.1　表单设计器的概述

启动表单设计器后，表单设计器包括表单、“属性”窗口、“表单控件”工具栏、“表单设计器”工具栏以及“表单”菜单等，它们一起构成了可视化的表单设计环境。

1．“表单设计器”窗口

在该窗口中包含正在编辑的表单，表单窗口只能在“表单设计器”窗口如图 10-13 所示内移动和调整大小。

2．“表单设计器”工具栏

一般情况下，在表单设计器打开时，在屏幕上就可以看到“表单设计器”工具栏，如果屏幕上没有出现，可以在标准工具栏上的任意位置右击，从弹出的快捷菜单中选择“表单设计器”，即会得到“表单设计器”工具栏；或者从“显示”菜单中选择“工具栏”，在弹出的“工具栏”对话框中选择“表单设计器”，然后单击“确定”按钮，也可得到如图 10-14 所示的“表单设计器”工具栏。

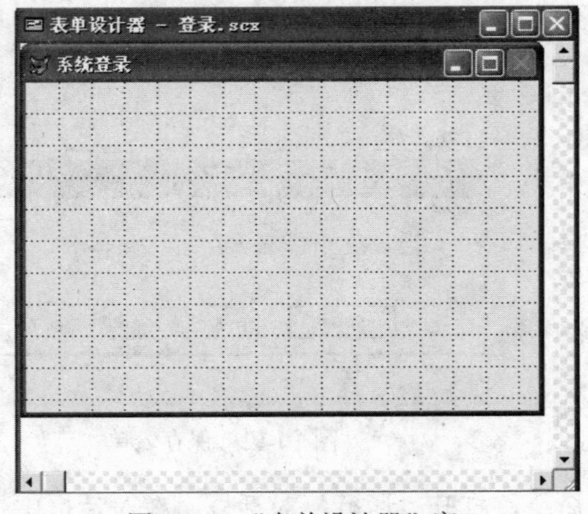

图 10-13 “表单设计器”窗口

图 10-14 “表单设计器”工具栏

现将这些工具的功能按其顺序从左至右的顺序说明如下：

（1）设置 Tab 键次序：在表单设计过程中单击此按钮，可以显示当按动 Tab 键时，光标在表单中各个控件上移动的顺序。用键盘上的 Shift 键加鼠标左键可以重新设置光标在控件上移动的顺序。

（2）数据环境：在表单设计过程中单击此按钮，显示“数据环境设计器”窗口，可以结合用户界面设计一个表单运行的数据环境。

（3）属性窗口：在表单设计过程中单击此按钮，可以启动或关闭属性窗口，以便在属性窗口中查看或修改各个控件的属性。

（4）代码窗口：在表单设计过程中单击此按钮，可以启动或关闭代码窗口，以便在其中编辑各个对象的事件或方法程序代码。

（5）表单控件工具栏：在表单设计过程中单击此按钮，可以启动或关闭表单控件工具栏，以便利用其中各种控件进行表单的设计。

（6）调色板工具栏：在表单设计过程中单击此按钮，可以启动或关闭调色板工具栏，利用它可以进行表单上各个对象的前景和背景颜色的设置。

（7）布局工具栏：在表单设计过程中单击此按钮，可以启动或关闭布局工具栏，利用它可以对表单上各个控件的位置和大小进行设置。

（8）表单生成器：运行“表单生成器”，可以提供一种简单、交互的方式把字段作为控件添加到表单上，并可以定义表单的样式和布局，以便生成一个简单的表单，供用户再修改。

（9）自动格式：在表单设计过程中单击此按钮，可以启动或关闭自动格式生成器，以便对各个控件的格式进行设置。

3. “表单控件”工具栏

该工具栏用来在表单上创建各种控件，其样式如图 10-15 所示。使用时，先单击某一控件按钮，然后将鼠标移到表单上要创建控件的位置上，拖出一个所需大小的区域来，即可生成控件，如果尺寸不合适，还可以用鼠标进行调整。

图 10-15 “表单控件”工具栏

现将这些工具按钮按从左至右的顺序说明其使用功能如下：

（1）选定对象：单击它后可以在表单上选定对象，并进行移动和改变对象大小等操作。

（2）查看类：从中可以选择显示一个已注册的类库。

（3）标签：创建一个标签控件，用于保存和显示文本。

（4）文本框：创建一个文本控件，用户可在其中输入和更改文本内容。

（5）编辑框：创建一个编辑框，用于编辑多行文本。

（6）命令按钮：创建一个命令按钮，用于执行既定功能。

（7）命令按钮组：创建产生一个命令按钮组控件，用于执行相关功能。

（8）选项按钮组：创建一个选项按钮组控件，用于显示多个选择项，供用户选择。

（9）复选框：创建一个复选框控件，用于确定多个项目的开关状态或作多项选择。

（10）组合框：创建一个组合框控件，以便在较小的空间内显示多项内容。

（11）列表框：创建一个列表框控件，用户可以从中选择单个或多个项目。

（12）微调器：创建一个微调器控件，用于接受给定范围内的数值。

（13）表格：创建一个表格控件，用于显示多条记录。

（14）图像：创建一个图像控件，用于显示指定图像。

（15）计时器：创建一个计时器控件，可以在指定的时间间隔内重复运行指定程序。

（16）页框：创建一个页框控件，用于显示多个页面以扩展表单显示面积。

（17）OLE 控件：向应用程序中添加 OLE 对象。

（18）OLE 绑定控件：用于向应用程序中添加一个绑定在通用字段上的 OLE 对象。

（19）线条：用于在表单上画各种类型的线条。

（20）形状：用于在表单上画各种类型的形状。

（21）容器：创建一个容器控件，它可包含其他控件。

（22）分隔符：在工具栏的控件间加上空格。

（23）生成器锁定：可以自动显示生成器，为任何添加到表单上的控件打开一个生成器。

（24）按钮锁定：在该方式下可以添加多个同种类型的控件，而不需要多次按此控件的按钮。

（25）超级链接：创建超级链接控件。

4. “属性”窗口

在属性窗口可以对表单上各个对象进行属性设置或更改，其样式如图 10-16 所示。

属性窗口从上到下依次包括如下内容。

（1）对象下拉列表框

单击右侧的向下按钮，可以看到当前表单（或表单集）及其所包含的全部对象的列表。用户可以从列表中选择要修改属性的对象。

（2）选项卡

按分类方式显示所选对象的属性、事件和方法。

（3）属性设置框

在该框中可以更改属性列表中选定的属性的值。单击“接受”按钮（√号）确认对此属性的更改；单击“取消”按钮（×号）则取消本次更改，恢复原属性值。单击“函数”按钮（f_x）可以打开表达式生成器。属性值可以是一个常量，也可以是表达式返回的值。

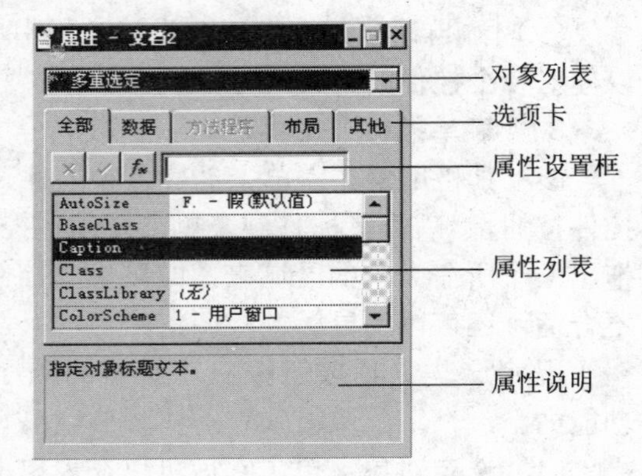

图 10-16 “属性”窗口

（4）属性列表

它显示控件所有属性及其当前值。只读的属性、事件和方法以斜体显示。对于以表达式作为设置的属性，它的前面具有等号（=）。要想将已经改变的属性重新设置为默认值，可以在“属性”窗口中右击该属性，然后在弹出的快捷菜单中选择“重置为默认值”命令。

在上述各项之外右击，将弹出快捷菜单，通过它可以改变属性窗口的显示形式。

5. 表单菜单

菜单里包含了创建和修改表单的命令。当需要为表单添加新的属性和方法时，可以选择“表单”中的“新建属性”或“新建方法”命令。

10.2.2 表单的数据环境

VFP 的每一个表单都有一个数据环境，在表单设计、运行中需要使用数据环境，把与表单有关的表或视图放在表单的数据环境中，这样可以很容易地把表单、控件与表或视图中的字段关联在一起，形成一个完整的构造体系。

1. 数据环境设计器

数据环境是表单设计的数据来源，表单设计器中的数据环境设计器用于表单的数据环境设置，如图 10-17 所示。数据环境中的表或视图会随着表单的打开或运行而打开，并随着表单的关闭或释放而关闭。

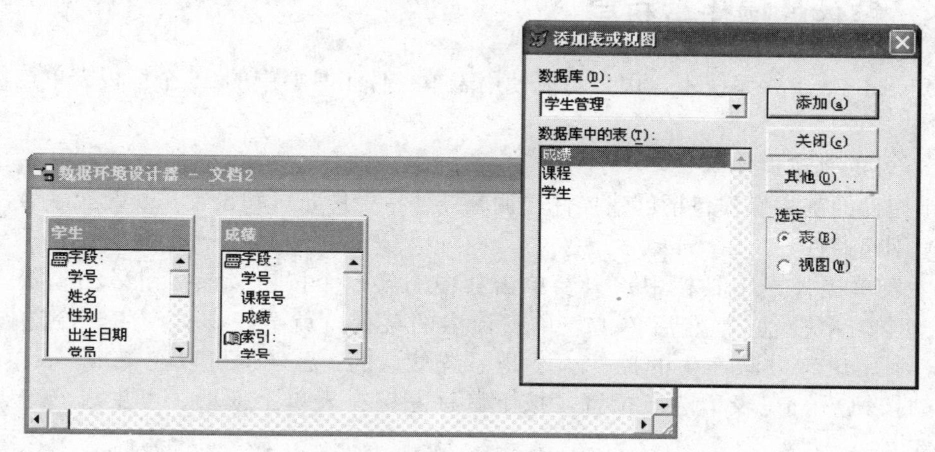

图 10-17　数据环境

打开数据环境设计器的方法有：

（1）执行“显示”菜单中的“数据环境”命令。

（2）执行表单快捷菜单中的“数据环境”命令。

2. 数据环境与数据

数据环境是一个对象，它包含与表单相互作用的表或视图以及这些表之间的关系。在数据环境设计器中，可以进行以下操作：

（1）添加表或视图。从“数据环境”菜单或快捷菜单中选择“添加”，此时系统将显示“添加表或视图”对话框（如果此时数据环境是空的，那么在打开“数据环境设计器”的同时，将自动打开“添加表或视图”对话框）。在对话框中选择相关的表或视图，就可向“数据环境设计器”添加表或视图，这时在“数据环境设计器”中可以看到属于表或视图的字段和索引。另外，也可以将表或视图从打开的项目管理器中拖放到“数据环境设计器”。

（2）从“数据环境设计器”中拖动表和字段。用户可以直接将字段、表或视图从“数据环境设计器”中拖动到表单中，拖动成功时会创建相应的控件。

（3）从“数据环境设计器”中移去表或视图。对不需要的表或视图，可在“数据环境设计器”中选定后，从“数据环境”菜单或快捷菜单中选择“移去该表或视图及相应的关系随之移去”。

（4）在数据环境中设置关系。如果添加进“数据环境设计器”中的表在数据库中设置了永久关系，那么这些关系将自动加到数据环境中。如果表中没有设置永久关系，则可在“数据环境设计器”中设置这些关系。

为了在两个表之间建立联系，可以先在父表中单击连接字段，并将其拖到子表中，这时系统便会自动建立一个连接关系。

（5）在数据环境中编辑关系。在“数据环境设计器”中设置一个关系后，在表之间将有一条连线指出这个关系。如果要编辑关系的属性，那么可以从“属性”窗口的“名称”列表框选择要编辑的关系。

10.2.3 控件的操作与布局

在 Visual FoxPro 系统中，用户可以使用表单控件工具栏中的 25 个可视表单控件来构造表单。

1. 控件的基本操作

表单控件的基本操作包括创建控件、调整控件、控件布局和设置 Tab 键次序等。

（1）创建控件

在“表单控件”工具栏中，只要单击其中的某一个按钮（该按钮呈凹陷状，代表选取了一个表单控件），然后单击表单窗口内的某处，就会在该处产生一个选定的表单控件，利用这种方法产生的控件大小是系统默认的；另外也可以在单击“表单控件”工具栏的按钮后，在表单选定位置，按下鼠标左键在表单上拖动，可生成一个大小合适的控件。

（2）调整控件

调整控件包括在表单上选定控件，调整控件的大小、位置、删除和复制/剪贴控件等。

选定控件——在表单窗口中的所有操作都是针对当前对象的，在对控件进行操作前，应先选定控件。

选定单个控件——单击控件，控件四周会出现 8 个正方形句柄，表示控件已被选定。

选定多个控件——按下 Shift 键，逐个单击要选定的控件，或按下鼠标左键拖曳，使屏幕上出现一个虚线框，松开鼠标左键后，圈在其中的控件就被选定。

取消选定——单击已选控件的外部某处。

调整控件大小——选定控件后，拖曳其四周出现的句柄，可改变控件的大小。

调整控件位置——选定控件后，按下鼠标左键，拖曳控件到合适的位置。

删除控件——选定控件后，按 Del 键或选定编辑菜单中的清除命令。

复制/剪贴控件——选定控件后，利用“编辑”菜单或“快捷”菜单中的“剪切”、“复制”和“粘贴”命令。

（3）控件布局

利用“布局”工具栏中的按钮，可以方便地调整表单窗口中选中控件的相对大小或位置，其上的这些按钮只有在表单上的多个控件被同时选中的情况下才处于可用状态，“布局”工具栏如图 10-18 所示。

布局

图 10-18 “布局”工具栏

这些按钮的功能如下：

① 左边对齐：按被选定的多个控件中最左边的

对齐（纵排）。

② 右边对齐：按被选定的多个控件中最右边的对齐（纵排）。

③ 顶边对齐：按被选定的多个控件中最上边的对齐（横排）。

④ 底边对齐：按被选定的多个控件中最下边的对齐（横排）。

⑤ 垂直居中对齐：按被选定的多个控件的垂直分布中轴线对齐（纵排）。

⑥ 水平居中对齐：按被选定的多个控件的水平分布中轴线对齐（横排）。

⑦ 相同宽度：把被选定的各个控件的宽度都调整到与其中最宽的控件相同。

⑧ 相同高度：把被选定的各个控件的高度都调整到与其中最高的控件相同。

⑨ 相同大小：把被选定的各个控件的尺寸都调整到与其中尺寸最大的控件相同。

⑩ 垂直居中：把一个或多个控件按表单垂直线的中点对齐。

⑪ 水平居中：把一个或多个控件按表单水平线的中点对齐。

⑫ 置前：把选定的控件放置到与其相互交叠的所有控件之上。

⑬ 置后：把选定的控件放置到与其相互交叠的所有控件之下。

（4）设置 Tab 键次序

当表单运行时，用户可以按 Tab 键选择表单中的控件，使焦点在控件间移动。控件的 Tab 次序决定了选择控件的次序。

设置 Tab 键次序的步骤如下：

① 选择“显示”菜单中的“Tab 键次序”命令或单击“表单设计器”工具栏上的“设置 Tab 键次序”按钮，进入 Tab 键次序设置状态。此时，控件的左上方出现深色小方块，称为 Tab 键次序盒，显示该控件的 Tab 键次序号码，如图 10-19 所示。

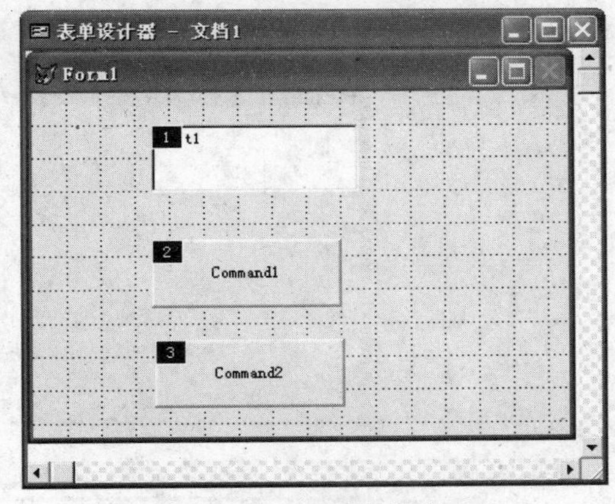

图 10-19 Tab 键初始次序

② 双击某个控件的 Tab 键次序盒，该控件将成为 Tab 键次序中的第一个控件。

③ 按希望的顺序依次单击其他控件的 Tab 键次序盒。

④ 单击表单空白处确认设置并退出设置状态；按 Esc 键，放弃设置并退出设置状态。

10.3 对象的使用

10.3.1 对象的引用格式

VFP 的基类主要有两大类型：容器类和控件类，相应地，可分别生成容器对象和控件对象。由于对象之间相互包含层次关系，因此当引用一个对象时，必须知道它相对于容器的层次。用户可以利用属性窗口中的对象列表来查看对象层次。引用对象时经常要用到表 10-1 所示的关键字。

表 10-1 引用对象的关键字及含义

关 键 字	含 义
Parent	对象的上一层包容对象
This	本对象
Thisform	包含该对象的表单
Thisformset	包含该对象的表单集

10.3.2 对象的属性、方法和事件

1. 对象属性的设置

在 VFP 中，可以在设计时刻，也可以在运行时刻进行属性设置。设置时既可以利用“属性”窗口，也可以在程序代码中使用命令语句，设置对象属性主要使用赋值语句。

（1）属性窗口设置属性

这种方法无需用户编写任何代码，而且某些设置可以立即在设计界面中反映出来，如图 10-20 所示。

图 10-20 属性窗口设置属性

注意：属性的值若是常量则直接给出值，若是表达式则要在值的前面写等号（=）。

（2）命令设置属性

用命令语句设置属性，效果在运行时才能显示出来。格式如下。

【格式 1】

```
父对象.对象.属性=属性值
```

例如：

```
Thisform1. Caption="学生基本情况"
Thisform.Label1.Caption="学生信息浏览"
Thisform.Command1.Caption="退出"
```

由于一个对象往往具有许多属性，因此若需对多个属性进行设置，则每个属性设置时都要写出路径（对象层次），为了解决这个问题，Visual FoxPro 提供了一种结构，即 WITH…ENDWITH 结构，利用它能对同一对象同时设置多个属性值。

【格式 2】

```
WITH  父对象.对象
    .属性 1=属性值
    .属性 2=属性值
    …
ENDWITH
```

例如，对表单中的 LABEL1 标签进行多属性设置：

```
With  Thisform.Label1
    .Caption="Hello,word"
    .Fontsize=24
    .Forecolor=RGB(0,0,255)
ENDWITH
```

2. 对象方法的调用

对象创建之后，就可以从应用程序的任何位置调用该对象中的方法，调用对象中的方法的格式如下。

【格式】

```
父对象.对象.方法
```

例如：

```
Thsiform.Command1.Setfocus          &&为命令按钮 Command1 设置焦点
Thisform.Release                    &&释放当前表单
```

3. 对象事件的调用

事件也可以像方法一样被调用，格式如下。

【格式】

```
父对象.对象.事件
```

例如：

```
Thisform.Command1.Click             &&调用命令按钮 1 的单击事件
```

10.3.3　编辑方法或事件代码

在表单设计器环境下，要编辑方法或事件的代码，先要打开代码编辑窗口，如图 10-21 所示。打开代码编辑窗口的方法是双击表单或表单中的某个控件。

代码窗口的左上方是对象列表，可以从中选择要编写代码的对象。右上方是过程列表，可以从中选择要编写代码的事件或方法。

图 10-21　代码编辑窗口

要想将已经编辑过的方法或事件重新设置为默认值，可以在“属性”窗口中右击该方法或事件，然后在弹出的快捷菜单中选择“重置为默认值”命令。

10.4　表单控件

10.4.1　表单的属性

1. 表单的常用属性

表单的属性大约有 100 个，表 10-2 中列出了常用的一些属性。

表 10-2　表单常用属性

属　性	说　明	属　性	说　明
AutoCenter	是否在 Visual FoxPro 主窗口内自动居中	Height	指定屏幕上一个对象的高度
BackColor	指定对象内部的背景色	Width	指定屏幕上一个对象的宽度
BorderSty1e	指定边框样式	Left	对象左边相对于父对象的位置
Caption	指定对象的标题	Top	对象上边相对于父对象的位置
MaxButton	指定表单是否有最大化按钮	WindowState	指定运行时是最大化或最小化
MinButton	指定表单是否有最小化按钮	Windowtype	指定表单是模式表单还是非模式表单
Movable	确定表单是否能够移动		

2. 创建新属性

向表单添加新属性的步骤如下：

（1）选择“表单”菜单中的“新建属性”命令，打开“新建属性”对话框，如图 10-22 所示。

（2）在“名称”框中输入属性名称。新建的属性同样会在“属性”窗口的列表框中显示出来。

（3）有选择地在“说明”框中输入新建属

图 10-22 “新建属性”对话框

性的说明信息，这些信息将显示在“属性”窗口的底部。

10.4.2　表单的方法

1. 表单的常用方法

表单的常用方法如表 10-3 所示。

表 10-3　表单的常用方法

方　法	说　明	方　法	说　明
Release	表单释放	Refresh	表单刷新
Show	显示表单	Hide	隐藏表单

2. 创建新方法

向表单添加新方法的步骤如下：

（1）选择“表单”菜单中的“新建方法程序”命令，打开“新建方法程序”对话框，如图 10-23 所示。

（2）在“名称”框中输入方法名。

（3）有选择地在“说明”框中输入新建方法的说明信息。

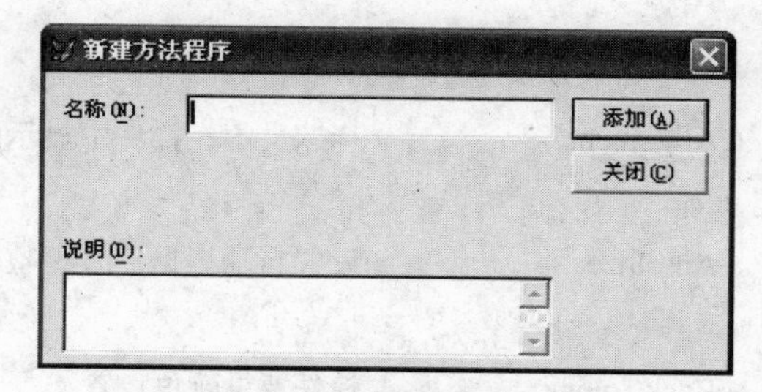

图 10-23　“新建方法程序”对话框

新建的方法同样会在“属性”窗口列表框中显示出来，可以双击它打开代码编辑窗口，然后可输入或修改方法的代码。

10.4.3　表单的事件

1. 表单的常用事件

表单的常用事件如表 10-4 所示。

表 10-4　表单的常用事件

事　件	事件的激发	事　件	事件的激发
Init	当对象创建时	GotFocus	对象接收到焦点
Load	在创建对象之前	LostFocus	对象失去焦点
Unload	释放对象时	KeyPress	当用户按下或释放一个键
Destroy	当对象从内存中释放时	MouseDown	当用户按下鼠标键
Click	用户单击对象	MouseMove	当用户移动鼠标到对象
DblClick	用户双击对象	MouseUp	当用户释放鼠标
RightClick	用户右击对象	Error	当发生错误时

注意：属性集和方法集是可以扩展的，事件集是固定的，用户不能定义新的事件。

10.5 表单常用控件

10.5.1 标签控件

标签控件（Label）是用来在表单上显示文本信息的控件，常用做提示和说明。标签有自己的一套属性、事件和方法。标签控件的属性如表 10-5 所示。

表 10-5 标签控件的属性

属 性 名	属 性 用 途	属 性 名	属 性 用 途
Caption	控件的标题	BackStyle	控件背景类型
Name	控件的名称	BorderStyle	控件边线类型
Alignment	标题文本在控件中显示的对齐方式	Fontsize	指定显示文本的字号
AutoSize	设置自动根据字号调整控件大小	FontBold	指定文本是否加粗
BackColor	控件背景颜色设置	FontName	指定用于显示文本的字体
ForeColor	控件文本的颜色设置	WordWrap	控件 Caption 属性内容是字符型，可以进行多列转折

例 10.3 设计如图 10-24 所示的“学生管理系统”初始界面的表单。

操作步骤如下：

（1）在 Visual FoxPro 系统的主菜单下选择“文件”菜单中的“新建”命令，打开“新建”对话框。

（2）在“新建”窗口选择“表单”，再单击“新建文件”按钮，进入“表单设计器”窗口。

（3）在表单中使用“表单控件”工具栏中的标签按钮，分别创建两个标签控件。

（4）在“属性”窗口中分别为表单和控件设置属性值，如图 10-24 和表 10-6 所示。

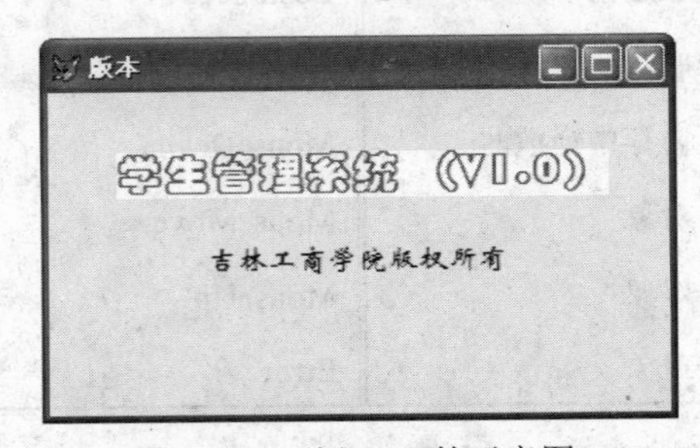

图 10-24 例 10.3 的示意图

表 10-6　表单和标签控件主要属性设置及说明

对象名	属性名	属性值	说明
Forml	Caption	版本	设置表单标题
Forml	Height	177	设置表单高
Forml	Width	330	设置表单宽
Forml	AutoCenter	.T.	表单在主窗口内自动居中
Forml	Maxbutton	.F.	去掉表单的最大化按钮
Forml	Minbutton	.F.	去掉表单的最小化按钮
Labell	Caption	学生管理系统	第一个标签的内容
Labell	FontName	华文彩云	第一个标签的字体名
Labell	FontSize	18	第一个标签的字体大小
Labell	FontBold	.T.	第一个标签的文字加粗
Labell	ForeColor	255,0,0	第一个标签文字的颜色（红）
Labell	BackColor	255,255,255	第一个标签文字的背景色（白）
Label1	BackStyle	1—不透明	第一个标签的背景不透明
Labell	AutoSize	.T.	自动调整标签与字的大小一致
Label2	Caption	吉林工商学院版权所有	第二个标签的内容
Label2	FontName	华文新魏	第二个标签的字体名
Label2	FontSize	11	第二个标签的字体大小

例 10.4　表单中有三个标签，如图 10-25 所示。当单击任何一个标签时，都使其他两个标签的标题文本互换。

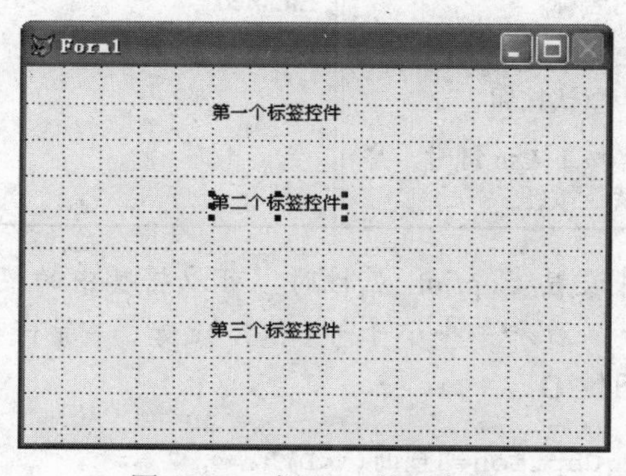

图 10-25　例 10.4 的示意图

操作步骤如下：

（1）创建表单，然后在表单中添加三个标签控件。

（2）分别为三个标签控件设置 Caption 属性。

（3）分别为三个标签控件设置 Click 事件代码。

标签 Label1 的 Click 事件代码：

```
t=thisform.Label2.Caption
thisform.Label2.Caption=thisform.Label3.Caption
thisform.Label3.Caption=t
```

标签 Label2 的 Click 事件代码：

```
t=thisform.Label1.Caption
thisform.Label1.Caption=thisform.Label3.Caption
thisform.Label3.Caption=t
```

标签 Label3 的 Click 事件代码：

```
t=thisform.Label1.Caption
thisform.Label1.Caption=thisform.Label2.Caption
thisform.Label2.Caption=t
```

10.5.2 命令按钮控件

命令按钮控件（Command）在应用程序中起控制作用，用于完成某一特定的操作。在设计系统程序时，程序设计者经常在表单中添加具有不同功能的命令按钮，供用户选择各种不同的操作。将要完成不同操作的代码存入不同的命令按钮的 Click 事件中，在表单运行时，用户单击某一命令按钮，将触发该命令按钮的 Click 事件代码以完成指定的操作。命令按钮控件的属性如表 10-7 所示。

表 10-7 命令按钮控件的属性

属性名	属性用途	属性名	属性用途
Caption	控件标题文本设置	ToolTipText	设置命令按钮提示文本
Name	控件的名称	Enabled	控件是否可用
Default	设置当按下 Enter 键时，是否为默认按钮	Picture	设置显示在命令按钮上的图形文件
Cancel	设置当按下 Esc 键时，是否为默认按钮		

说明：用户在为控件设置 Caption 属性时，可以将其中的某个字符作为访问键，方法是在该字符前插入一个反斜杠和一个小于号（\<），比如，下面代码为命令按钮设置 Caption 属性时，指定了一个访问键 D。

```
Thisform.Command1.Caption="查询(\<D)"
```

命令按钮的属性只是对命令按钮进行布局设置的一些参数，但命令按钮在表单中最主要的作用还是执行一些相应的操作，命令按钮常用的事件如表 10-8 所示。

表 10-8　命令按钮常用的事件

事　　件	说　　明
Click	当用户在按钮上按下并释放主鼠标键时产生此事件
MiddleClick	当用户在按钮上按下并释放鼠标的中间键时产生此事件
MouseDown	当用户在按钮上按下主鼠标键时产生此事件
MouseUp	当用户在按钮上释放主鼠标键时产生此事件
RightClick	当用户在按钮上按下并释放辅鼠标键时产生此事件

例 10.5　设计一个文件名为“男女信息”的表单，表单界面如图 10-26 所示，要求该表单上有“女学生信息”（command1）、“男学生信息”（command2）和“退出”（command3）三个命令按钮。各命令按钮功能如下：

女学生信息：使用 SQL 的 SELE 命令查询学生表中“女”学生的全部信息。

男学生信息：使用 SQL 的 SELE 命令查询学生表中“男”学生的全部信息。

退出：关闭表单。

操作步骤如下：

（1）创建表单，添加如图 10-26 所示的控件，并设置相应属性。

（2）Command1（女生信息）的 Click 的事件代码：

```
select  *  from  学生  where  性别='女'
```

（3）Command2（男生信息）的 Click 的事件代码：

```
select  *  from  学生  where  性别='男'
```

（4）Command3（退出）的 Click 的事件代码：

```
Thisform.release
```

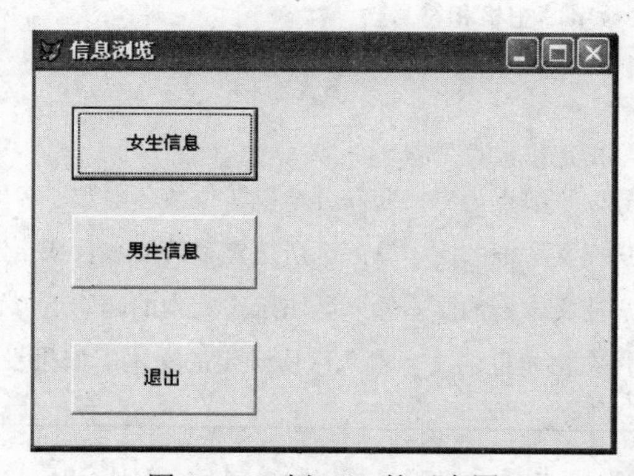

图 10-26　例 10.5 的示意图

10.5.3　文本框控件

文本框控件（Text）是一个供用户输入或编辑数据的基本控件。所有标准的 Visual

FoxPro 编辑功能（如剪切、复制和粘贴）在“文本框”中都可以使用。文本框一般包含一行数据。文本框可以编辑任何类型数据，如字符型、数值型、逻辑型、日期型或日期时间型。文本框的常用属性如表 10-9 所示。

表 10-9 文本框的常用属性

属 性	说 明
Value	返回文本框的当前内容
ControlSource	指定与对象建立联系的数据源。可以是字段变量或内存变量
PasswordChar	在文本框中输入口令时，将显示为“*”或其他任何字符
Readonly	只读
Format	Format 属性决定在文本框中值的显示方式： !将字符转换为大写，只对字符类型数据有效 $显示货币符号，该 ControlSource 属性必须指定为一个数据源 ^使用科学计数法显示数值数据。该 ControlSource 属性必须指定为一个数据源 A 只允许输入字母（也不能包含空格和标点符号） D 使用由 SET DATE 命令设置的日期格式 K 当该控件得到焦点时选择所有文本 L 在文本框中显示前导 0，而不是空格 R 显示由 InputMask 属性指定的格式 T 删除前、后的空格 YS 以短格式显示日期值。该短格式是由 Windows 的控制面板设定的 YL 以长格式显示日期值。该长格式是由 Windows 的控制面板设定的
InputMask	指定每个字符输入时必须遵守的规则，决定在文本框中可以输入的值： 9 用户只能输入数值和“.” Y 用户只能输入字符 Y 或 N x 可输入任意字符和数字、符号，如“—”、“+” #可输入数字、空格和符号 $显示由 SETCURRENCY 命令设置的货币表示格式 *左对齐 . 用句号指定小数点位置 ，用逗号以小数点为界，向左分，以 3 位数分隔数字
SelLength	返回用户在文本框的文本输入区所选定字符的数目或指定要选定的字符数目
SelStart	返回用户在文本框的文本输入区所选定文本的起始点位置或指出插入点的位置
Seltext	返回用户在文本框的文本输入区所选定的文本，如果没有选定任何文本则返回零长度字符串（“”）

注意：文本框中显示的文本是受 Value 属性控制的。Value 属性可以用三种方式进行设置：设计时在“属性”窗口设置，运行时通过代码设置，运行时由用户输入。通过 Value 属性能得到文本框的当前内容。

例 10.6 利用文本框输入圆的半径，然后单击“计算”按钮，得到圆的周长，如图 10-27 所示。

操作步骤如下：

（1）创建表单，添加两个标签控件：Labell 和 Label2，两个文本框控件：Textl 和 Text2，两个命令按钮：Command1 和 Command2。并设置相应属性，如表 10-10 所示。

（2）命令按钮 Command1 的 Click 事件代码：

```
r=Thisform.Textl.Value
Thisform.Text2.Value=2*3.14*r
```

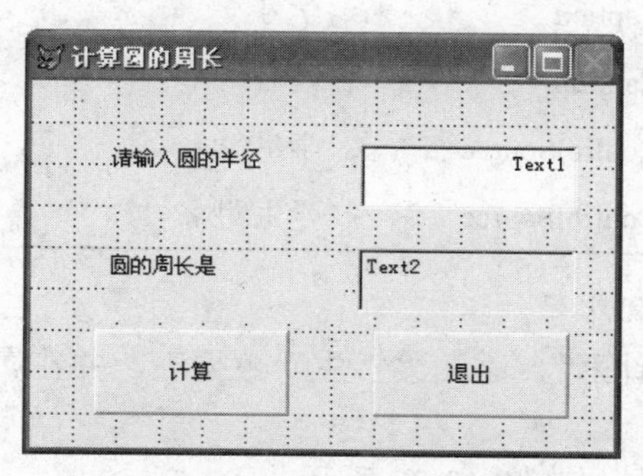

图 10-27　例 10.6 的示意图

表 10-10　属 性 设 置

对象名	属性名	属性值	对象名	属性名	属性值
Labell	Caption	请输入圆的半径	Text2	Readonly	.T.
Label2		圆的周长是	Command1	Caption	计算
Text1	Value	0.00	Command2	Caption	退出

例 10.7　设计如图 10-28 所示的只有学生学号和姓名的表单，表单的文件名为“学生信息”，表单的标题为“学生基本情况”。

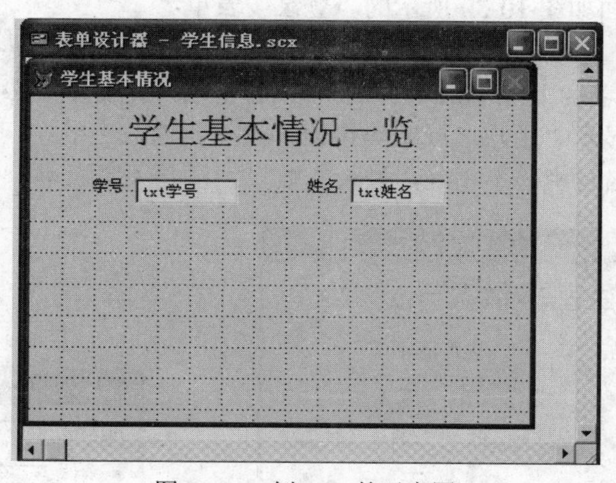

图 10-28　例 10.7 的示意图

建立此表单有两种方法。

（1）方法 1

操作步骤如下：

① 在表单中创建三个“标签”控件和两个“文本框”控件，并选择好位置和大小，属性设置及说明如表 10-11 所示。

表 10-11 控件主要属性设置及说明

对 象 名	属 性 名	属 性 值	说 明
Label1	Caption	学生基本情况一览	第一个标签的内容
Label2	Caption	学号	第二个标签的内容
Label3	Caption	姓名	第三个标签的内容
Textl	ControlSource	学生.学号	第一个文本框数据源
Text2	ControlSource	学生.姓名	第二个文本框数据源

② 设置好标签的字体和字号。

③ 打开“数据环境设计器”，添加“学生”数据表，并在属性框中设置好文本框的数据源。

④ 保存表单并运行，结果如图 10-29 所示。

（2）方法 2

操作步骤如下：

① 在表单中创建一个“标签”控件。

② 设置好标签的字体和字号。

③ 打开“数据环境设计器”，添加“学生”数据表，然后将“学生”表中“学号”和“姓名”字段分别拖曳到表单中的适当位置，“学号”和“姓名”的标签及两个文本框将自动生成，而且数据源已配制。调整好控件的大小及字体、字号后，设计就完成了。

例 10.8 设计界面如图 10-30 所示的“登录”表单。

要求：当用户输入用户名和密码并单击“确认”按钮后，检验其输入的用户名和密码是否匹配，（假定用户名为 bbs，密码为 1234）。若正确，则显示“热烈欢迎”字样并关闭表单；若不正确，则显示“用户名或密码错误，请重新输入”字样，如果连续三次输入不正确，则显示“用户名与密码不正确，登录失败”字样并关闭表单。

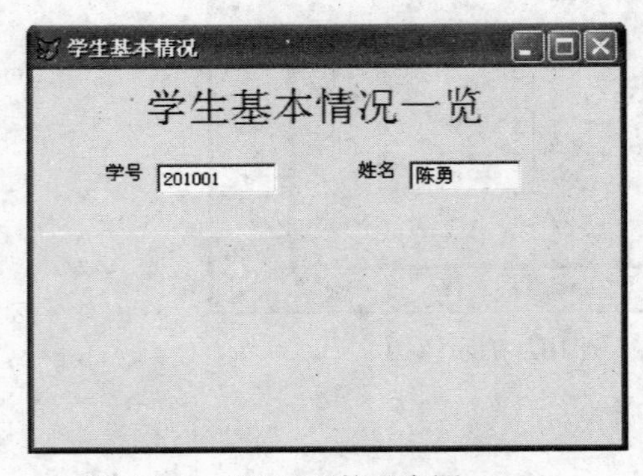

图 10-29 例 10.7 的示意图

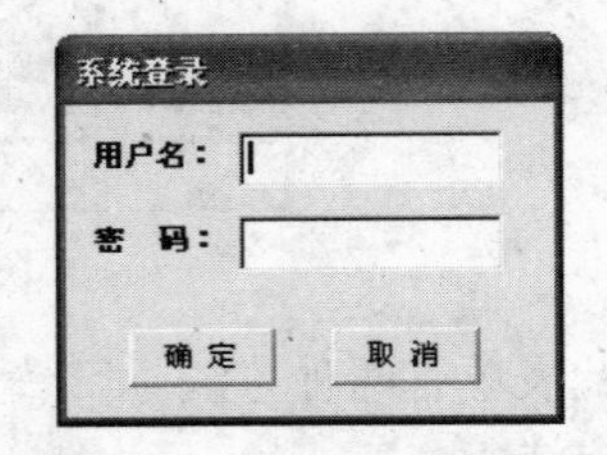

图 10-30 例 10.8 的示意图

操作步骤如下：

（1）在表单中创建两个“标签”控件和两个“文本框”控件及两个“命令按钮”控件，并选择好位置和大小。

（2）设置好控件的字体和字号。表单控件的主要属性及说明如表 10-12 所示。

表 10-12　“登录”表单和控件的主要属性设置及说明

对象名	属性名	属性值	说明
Forml	Caption	系统登录	设置表单标题
Labell	Caption	用户名：	第一个标签的内容
Label2	Caption	密码：	第二个标签的内容
Conunandl	Caption	确定	第一个命令按钮的标题
Command2	Caption	取消	第二个命令按钮的标题
Textl	PasswordChar	*	指定输入口令的掩盖符

（3）为表单新建属性 num，在“属性窗口”中设置属性 num 的初始值为 0。

（4）命令按钮 Command1 的 Click 事件代码：

```
IF Thisform.Text1.Value="bbs" AND Thisform.Text2.Value="1234"
 WAIT  "热烈欢迎使用!"  WINDOW  TIMEOUT 1
 Thisform.Release
ELSE
 Thisform.num=Thisform.num+1
 IF Thisform.num=3
  WAIT  "用户名与密码不正确，登录失败!"  WINDOW  TIMEOUT 1
  Thisform.Release
 ELSE
  WAIT  "用户名或密码错误，请重新输入!"  WINDOW  TIMEOUT 1
 ENDIF
ENDIF
```

10.5.4　编辑框控件

与文本框形似，编辑框控件（Edit）也可输入和输出、编辑数据，但它有自己的特点。

（1）编辑框实际上是一个完整的字处理器，利用它能够选择、剪切、粘贴以及复制，可以实现自动换行，并能使用方向键、PageUp 和 PageDown 键以及滚动条来浏览文本。

（2）编辑框只接受字符类型的数据，包括字符型内存变量、数组元素、字段以及备注型字段的内容，它最多能接受 2147483647 个字符。编辑框常用属性及说明如表 10-13 所示。

表 10-13　编辑框常用属性及说明

属　性	说　明
Value	编辑框当前状态的值
ControlSource	指定与对象建立联系的数据源。可以是数据环境中的一个字段变量或自定义变量
ScrollBars	是否具有垂直滚动条
SelLength	返回用户在编辑框的文本输入区所选定字符的数目或指定要选定的字符数目
SelStart	返回用户在编辑框的文本输入区所选定文本的起始点位置或指出插入点的位置
SelText	返回用户在编辑框的文本输入区所选定的文本，如果没有选定任何文本则返回零长度字符串（" "）

例 10.9　在“学生信息”表单（例 10.7）里添加一个标签和一个编辑框。标签的标题为学生简历，编辑框则显示该学生在“学生”表里的简历，如图 10-31 所示。

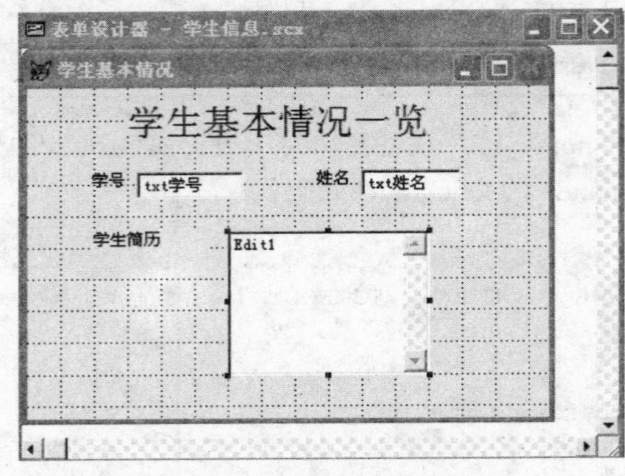

图 10-31　例 10.9 的示意图

操作步骤如下：

（1）打开“学生信息”表单，在表单上添加一个编辑框，并设置编辑框的 ControlSource 属性为“学生.简历”。

（2）保存表单并运行。

10.5.5　复选框控件

一个复选框控件（Check）用于标记一个两值状态，真（.T.）或假（.F.），当处于“真”状态时，复选框内显示一个对勾（√）；否则，复选框内为空白。复选框的常用属性及说明如表 10-14 所示。

表 10-14　复选框的常用属性及说明

属　性	说　明
Caption	指定选择项功能或值的文本
ControlSource	指定用作选择项的数据源。通常是表中的逻辑型字段
Value	返回选择项状态值。选中时为.T.（或 1），未选中时为.F.（或 0），无效状态为.NULL.（或 2）

例 10.10　在“学生信息”表单（例 10.9）里添加一个复选框，用于显示学生的党员信息，如图 10-32 所示。

操作步骤如下：

（1）打开表单，在表单上添加一个编辑框，并设置复选框的 Caption 属性为“党员”，ControlSource 属性为“学生.党员”。

（2）保存表单并运行。

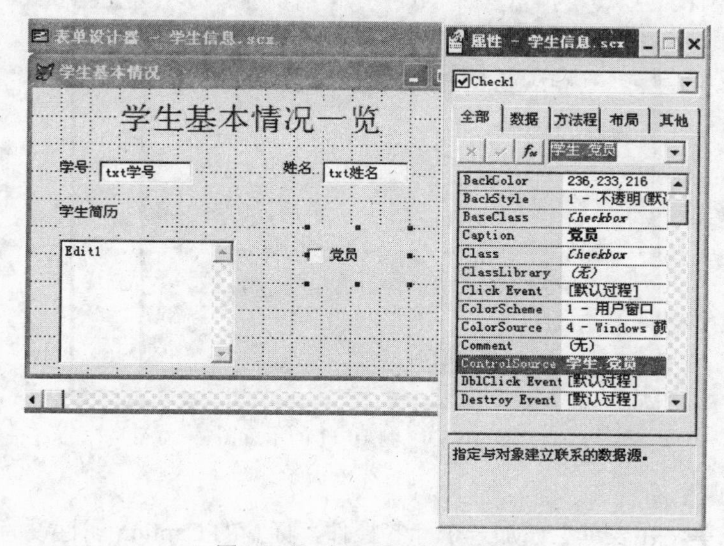

图 10-32　例 10.10 的示意图

10.5.6　选项按钮组控件

选项按钮组控件（OptionGroup）又称为单选按钮、容器类控件，一个选项组中往往包含若干个选项按钮，但用户只能从中选择一个按钮。当用户单击某个选项按钮时，该按钮即处于被选中状态，而选项组中的其他选项按钮，不管原来是什么状态，都变为未选中状态，被选中的选项按钮中会显示一个圆点。被选中的选项按钮即为要输入的数据。在任何时刻每组单选按钮中最多只能有一个选中的单选按钮。选项按钮组的常用属性及说明如表 10-15 所示。

表 10-15　选项按钮组的常用属性及说明

属　　性	说　　明
ButtonCount	单选按钮的数目
ControlSource	指定用作选择项的数据源
Value	当前选中的单选按钮序号或当前选中的单选按钮的 Caption 属性值
Caption	单选按钮的显示文本

说明：若 Value 的初始值为数值型，则该属性返回当前选中的单选按钮的序号；若初始值为字符型，则该属性返回当前选中的单选按钮的 Caption 属性值。默认是数值型。

注意：选项按钮组是容器，若想编辑容器里的控件，有两种办法：第一种是右击选项按钮组，选择快捷菜单下的“编辑”命令；第二种是右击选项按钮组，选择快捷菜单下的“生成器”命令。

例 10.11 在“学生信息”表单（例 10.10）里添加一个标签和一个复选框，用于显示学生的性别信息，如图 10-33 所示。

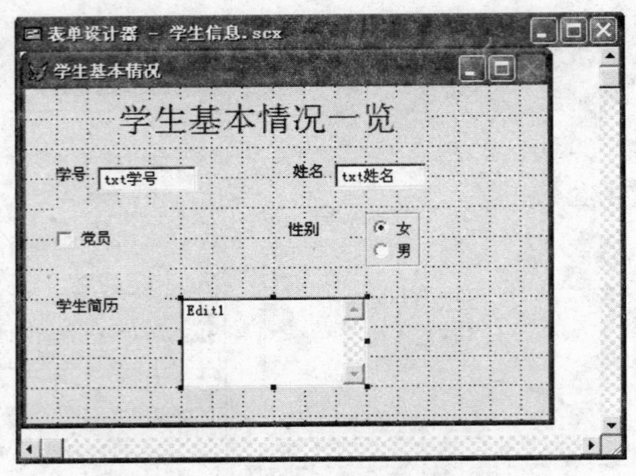

图 10-33 例 10.11 的示意图

操作步骤如下：

（1）打开表单，在表单上添加一个标签控件，标签的 Caption 属性设为“性别”。

（2）在表单上添加一个选项按钮组，并设置其属性：ButtonCount 属性为 2；ControlSource 属性为“学生.性别”。

右击选项按钮组，从快捷菜单中选择“编辑”命令，在该对象周围出现蓝绿色的环绕框，然后选中里面的 Option1 对象设 Caption 属性为“女”，Option2 对象设 Caption 属性为“男”。

（3）保存表单并运行，运行结果如图 10-34 所示。

例 10.12 设计一个能浏览学生管理数据库中表的表单，表单文件名为“浏览”，要求界面如图 10-35 所示。

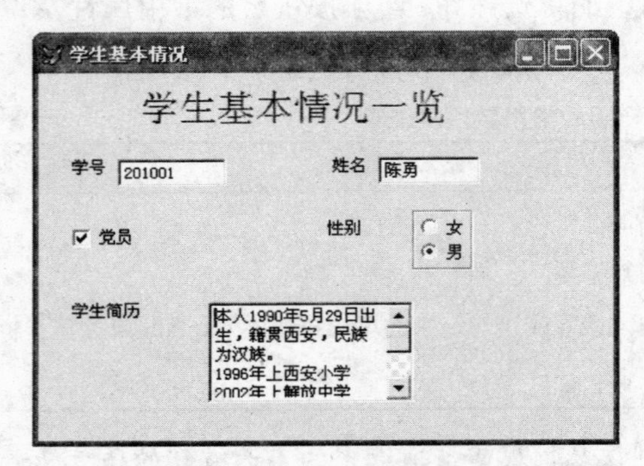

图 10-34 例 10.11 的表单运行结果

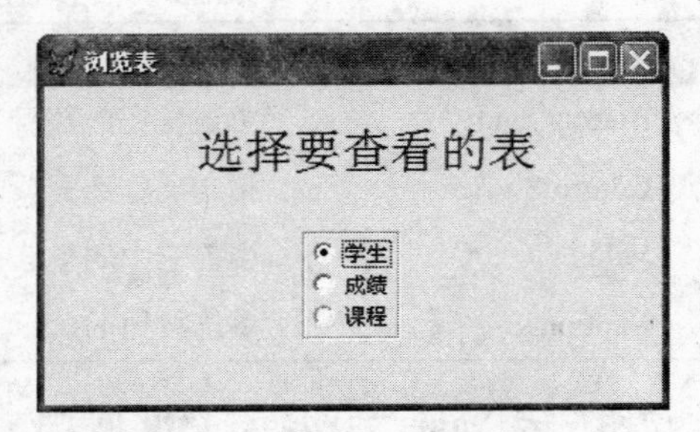

图 10-35 例 10.12 的示意图

操作步骤如下：

（1）在表单上增加一个标签，利用选项按钮组生成器，生成选项按钮组如图 10-35 所示。

（2）在选项按钮组的 Click 事件中写入如下代码。

```
do case
case this.Value=1
   select * from 学生
case  this.Value=2
   select * from 成绩
case this.Value=3
   select * from 课程
endcase
```

程序运行后，单击选项按钮组中的选项按钮，在屏幕上显示不同的数据表。

由于选项按钮组是一个容器控件，因此将程序代码写在其 Click 事件中，要使用其 Value 属性判断各个选项按钮的状态，当然也可将程序代码直接写在选项按钮组中各个选项按钮的 Click 事件中，此时就不需要判断各个按钮的状态。如果在选项按钮组和按钮组的选项按钮的 Click 事件中都写入如下代码，则只执行选项按钮中 Click 事件的代码。

10.5.7　命令按钮组控件

命令按钮组控件（CommandGroup）是一组包含命令按钮的容器控件，用户可以单个或作为一组来操作其中的控件，常用来执行一些特定的程序代码以完成相应功能，其常用属性及说明如表 10-16 所示。

表 10-16　命令按钮组的一些常用属性及说明

属　性	说　明
ButtonCount	命令按钮组中按钮的数目
Value	当前选中的命令按钮的序号（即控件的当前状态）

例 10.13　在“学生信息”表单（例 10.11）里添加一个命令按钮组，用于操作数据记录，如图 10-36 所示。

操作步骤如下：

（1）打开表单，在表单上添加一个命令按钮组，并设置其属性：ButtonCount 属性为 4。

右击命令按钮组，从快捷菜单中选择“编辑”命令，在该对象周围出现蓝绿色的环绕框，然后依次选中命令按钮组中的 Command1、Command2、Command3、Command4，分别设置 Caption 属性：第一条、上一条、下一条、最后一条。

（2）分别编辑每个命令按钮的 Click 事件代码：

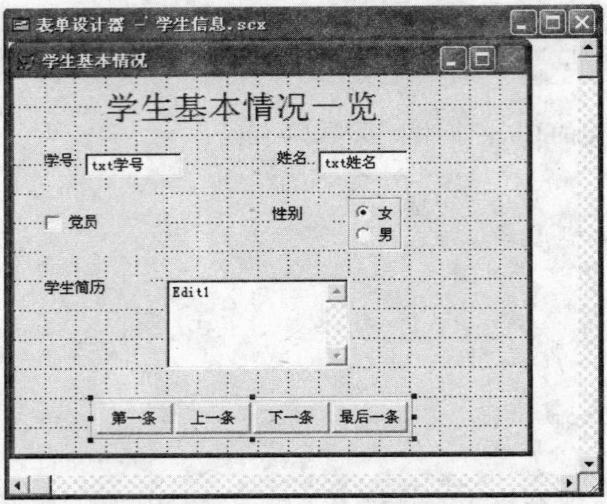

图 10-36　例 10.13 的示意图

```
Command1:
    go top
    thisform.refresh
Command2:
    skip -1
    if bof()
    go top
    endif
    thisform.refresh
Command3:
    skip
    if eof()
    go bottom
    endif
    thisform.refresh
Command4:
    go bottom
    thisform.refresh
```

（3）保存表单并运行。

10.5.8　列表框控件

列表框控件（List）用于提供一组条目（数据项），用户可以从中选择一个或多个条目。但不能直接编辑列表框的数据，当列表框不能同时显示所有项目时，它将自动添加滚动条，使用户可以滚动查阅所有选项。列表框的常用属性及说明如表 10-17 所示。

表 10-17 列表框的常用属性及说明

属 性	说 明
ColumnCount	指定控件中列对象的数目
ColumnLines	显示或隐藏列之间的分隔线
ColumnWidths	指定控件的列宽，有多列时指定
ControlSource	指定与控件建立联系的数据源
ListCount	指定控件所列数据项的数目
Selected	判断用户是否选中了该数据项
ListIndex	列表框中选定数据项的索引值
RowSource	指定控件中数据项的数据源
RowSourceType	指定数据源的类型，可以是下面的一种：0—无；1—值；2—别名；3—SQL 语句；4—查询；5—数组；6—字段；7—文件；8—结构；9—弹出式菜单
MultiSelec	指定列表框是否能多选
Value	返回被选定的数据项

RowSourceType 属性用于指定列表框的数据源类型，有 10 种取值：

（1）RowSourceType 设为 0—无：此时不能自动填充数据项，可用 Additem 方法添加数据项。

```
thisform.List1.RowsurceType=0
thisform.List1.AddItem("长春")
thisform.List1.AddItem("吉林")
```

（2）RowSourceType 设为 1—值：若将 RowSourceType 属性设置为 1，则可用 RowSource 属性指定多个要在数据项中显示的值，数据项之间用英文逗号（,）分隔。

```
thisform.List1.RowSourceType=1
thisform.List1.RowSource="one,two,three,four"
```

（3）RowSourceType 设为 2—别名：若将 RowSourceType 属性设置为 2，则可以在列表中包含打开表的一个或多个字段值。如果 ColumnCount 属性设为 0 或 1，则列表将显示表中第一个字段值；如果 ColumnCount 属性设为 3，则列表将显示表中最前面的三个字段的值，以此类推。

（4）RowSourceType 设为 3—SQL 语句：此时在 RowSource 属性中包含一个 SQL 语句。

```
thisform.List1.RowSourceType=3
thisform.List1.RowSource="Select * From  学生  Into Cursor  tt"
```

在程序中设置 RowSource 属性时，要将 Select 语句用引号括起来。在默认情况下，不带 Into 子句的 Select 语句立刻在“浏览”窗口中显示得出的临时表。由于 RowSource 的 SQL 语句很少这样要求，因此应该在 Select 语句中包含 Into Cursor 子句。

（5）RowSourceType 设为 4—查询：如果将 RowSourceType 属性设置为 4，则可以用查询的结果填充列表框，即要将 RowSource 属性设置为.QPR 文件。例如，用下面的一行代码可将列表框的 RowSource 属性设置为一个查询 MyQuery.qpr。

```
thisform.List1.RowSourceType=4
thisform.List1.RowSource="MyQuery.qpr"
```

（6）RowSourceType 设为 5—数组：如果将 RowSourceType 属性设置为 5，那么可以用数组中的项填充列表。例如，将一个属于表单 Forml 的数组作为填充列表数据源。

```
thisform.List1.RowSourceType=5
thisform.List1.RowSource="ThisForm.Myarray" &&Myarray 是该表单的一个数组
```

如果要显示多维数组，那么可以将 RowSourceType 设为 5；将 RowSource 设为该多维数组名；将 ColumnCount 设为要显示的列数；将每列的 ColumnWidths 属性设为需要的宽度。

（7）RowSourceType 设为 6—字段：如果将 RowSourceType 属性设置为 6，则可指定一个字段或多个字段来填充列表。例如，学生表中的学号、姓名、性别。

```
thisform.List1.RowSourceType=6
thisform.List1.RowSource="学生.学号，姓名,性别"
```

对于 RowSourceType 属性为 6 的组合框，可在 RowSource 属性中包含下列几种信息：①字段。②别名.字段。③别名.字段，字段，字段…

（8）RowSourceType 设为 7—文件：如果将 RowSourceType 属性设置为 7，则表示可将当前目录下的文件填充列表，且列表中的选项允许选择不同的驱动器和目录，并在列表中显示其中的文件名。可将 RowSource 属性设置为列表中显示的文件类型（如*.doc）。

```
thisform. List1.RowSourceType=7
thisform. List1.RowSource="*.doc"
```

（9）RowSourceType 设为 8—结构：此时表示用 RowSource 属性指定的表中的字段名来填充列表。

（10）RowSourceType 设为 9—弹出式菜单：用已定义的弹出式菜单来填充列表。

例 10.14 设计一个名为“显示表”的表单，如图 10-37 所示。表单中有两个标签，一个选项按钮组，一个列表框和一个命令按钮。设置控件的相应属性值。运行表单时，根据选项按钮组所选的表，列表框中显示相应表中的数据。单击“关闭”按钮则关闭表单。

操作步骤如下：

（1）在数据环境添加三个表：学生.dbf、成绩.dbf、课程.dbf。

（2）添加如图 10-38 所示的控件，并设置属性。

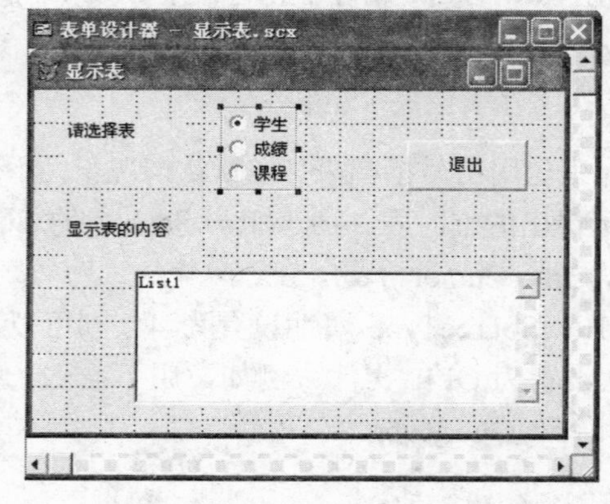

图 10-37 例 10.14 的示意图

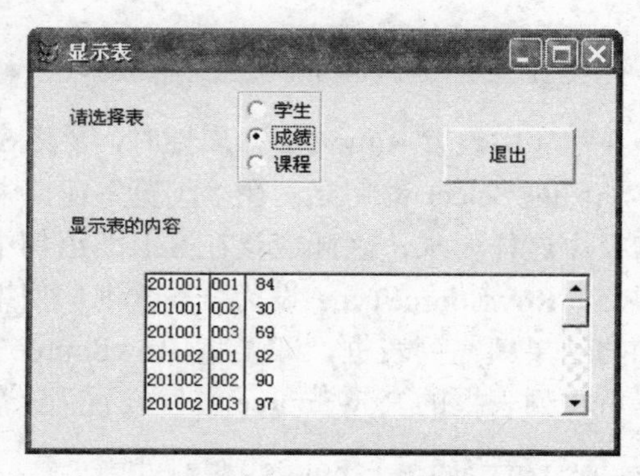

图 10-38 例 10.14 的运行结果

（3）选项按钮组的 Click 事件代码：

```
do case
case this.value=1
    thisform.List1.RowSourceType=2
    thisform.List1.ColumnCount=7
    thisform.List1.RowSource="学生"
case this.value=2
    thisform.List1.RowSourceType=2
    thisform.List1.ColumnCount=3
    thisform.List1.RowSource="成绩"
case this.value=3
    thisform.List1.RowSourceType=2
    thisform.List1.ColumnCount=3
    thisform.List1.RowSource="课程"
endcase
```

（4）保存表单并运行，运行结果如图 10-38 所示。

10.5.9　组合框控件

组合框控件（Combo）兼有编辑框和列表框的功能，用于提供一组数据项（供用户从中选择一个数据项）主要用于从列表项中选取数据并显示在编辑窗口。组合框的主要属性与列表框相同，与列表框不同的特殊属性如表 10-18 所示。

表 10-18　组合框常用属性

属 性 名	说　明
Style	指定控件的样式，0——下拉组合框；2——下拉列表框

组合框控件常用事件如表 10-19 所示。

表 10-19　组合框常用事件列表

事 件 名	设 置 意 义
InteractiveChange	当选择项目有所变化时，自动触发的事件
Click	单击项目时发生的事件

组合框与列表框的不同主要表现在以下两点：

（1）组合框只有一个条目可见，列表框可有多个可见（视列表框大小而定）。

（2）组合框不提供多重选择，而列表框可以从中选择一项或多项，由 MultiSelect 属性决定。

例 10.15　在“学生信息”表单（例 10.13）里添加一个组合框，用于选择学生的民族，如图 10-39 所示。

操作步骤如下：

（1）打开表单，在表单上添加一个标签和一个组合框，并设置其属性：

标签的属性：

```
caption：民族
```

组合框的属性：

```
ControlSource: 学生.民族
RowSourceType: 3
RowSource: select dinstinct 民族 from 学生 into cursor  nn
```

（2）保存表单并运行。

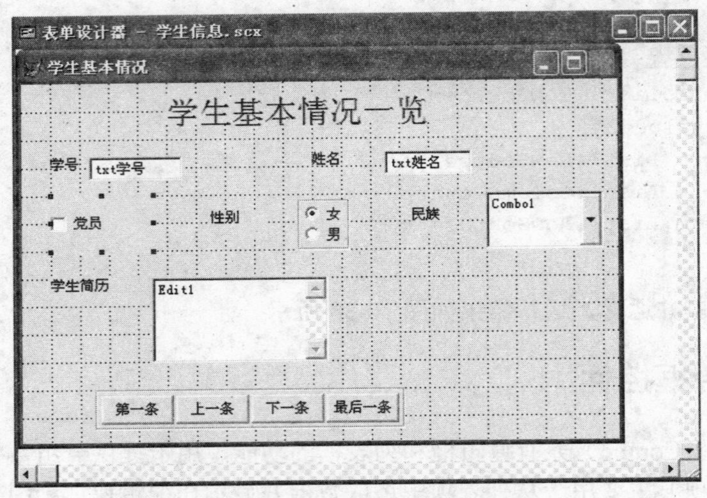

图 10-39　例 10.15 的示意图

10.5.10　表格控件

表格控件（Grid）是将数据以表格形式表示出来的一种容器控件。表格提供了一个全屏幕输入输出数据表记录的方式，它也是一个以行列的方式显示数据的容器控件。一个表格控件包含一些列控件（在默认的情况下为文本框控件），每个列控件都能容纳一个列标题和列控件。表格控件能在表单或页面中显示并操作行和列中的数据。表格控件的常用属性如表 10-20 所示。

表 10-20　表格对象的常用属性

属　性	设 置 意 义
ColumnCount	指定表格中要显示的列的数目。默认值为-1，表明自动创建足够的列，以容纳数据源中的所有字段。最大列数是 255
RecordSource	指定与表格控件相绑定的数据源。设计时可用，运行时只读
RecordSourceType	设定表格控件中数据来源于何处，默认值为 1—别名
ScrollBars	设定表格所具有的滚动条的类型。0—无；1—水平；2—垂直；3—水平和垂直

说明：其中表格的 RecordSourceType 属性取值有：

0—表，数据来源由 RecordSource 属性指定的表，该表能被自动打开。

1—别名，默认值。数据来源于已打开的表，由 RecordSource 属性指定该表的别名。

2—提示，在运行时向用户提示记录源，如果某个数据库已打开，那么用户可以选择其中的一个表作为数据源。

3—查询，数据来源于查询，由 RecordSource 属性指定一个查询文件（.QPR）。

4—SQL 说明，数据来源于 SQL，由 RecordSource 属性指定一条 SQL 语句。

例 10.16 打开文件名为“男女信息”的表单（例 10.5），要求在该表单上添加一个表格控件，用来显示“女生信息”和“男生信息”，表单界面如图 10-40 所示。表单运行的结果如图 10-41 所示。

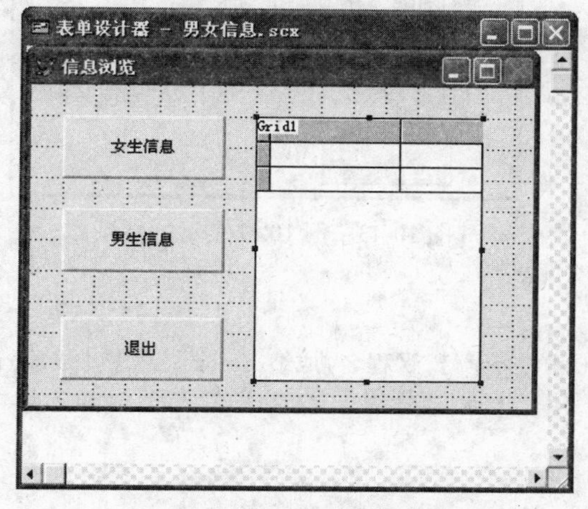

图 10-40 例 10.16 的示意图

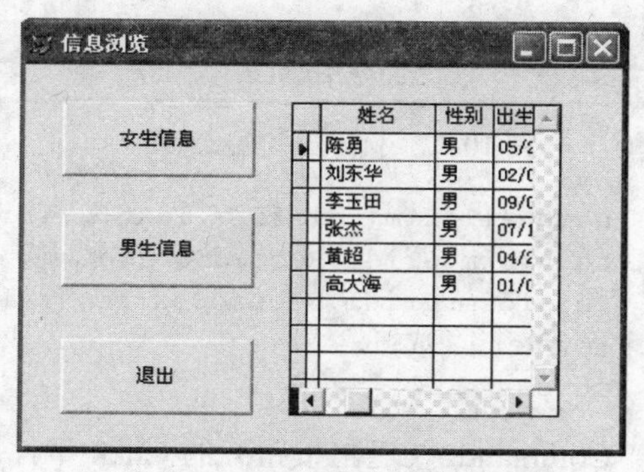

图 10-41 例 10.16 的运行结果

女生信息按钮代码：

```
Thisform.Grid1.RecordSourceType=4
Thisform.Grid1.RecordSource="select * from 学生 where 性别=[女]  into cursor
tt"
```

男生信息按钮代码：

```
Thisform.Grid1.RecordSourceType=4
Thisform.Grid1.RecordSource="select * from 学生 where 性别=[男]  into cursor
tt"
```

例 10.17 利用表单设计器完成如图 10-42 所示的表单设计，表单文件名为“成绩浏览”。要求：

① 按表单的界面要求加入相应的控件并设置相应的属性。

② 当向文本框 Text1 中输入学生表中的学生姓名后，按下“查询”命令按钮时，表格中将显示该学生的学号、课程名和成绩。

③ 当按下“退出”按钮时，释放表单。

④ 保存并运行表单，结果如图 10-43 所示。

操作步骤如下：

（1）新建一个表单，添加一个标签 Label1，一个文本框 Text1，一个表格控件 Grid1 和两个命令按钮 Command1、Command2。

（2）Command1（查询按钮）的 Click 事件：

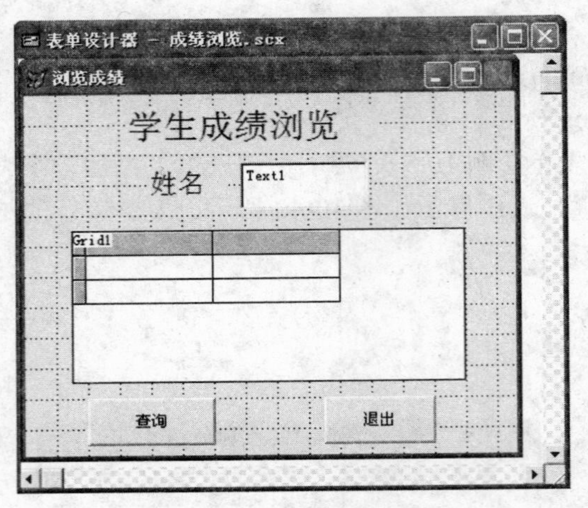

图 10-42　例 10.17 的示意图

图 10-43　例 10.17 的运行结果

```
name=alltrim(thisform.Text1.value)
thisform.Grid1.RecordSourceType=4
thisform.Grid1.RecordSource="select 学生.学号,课程名,成绩 from  学生, 成绩,课
程 where  成绩.学号=学生.学号 and 成绩.课程号=课程.课程号 and 学生.姓名=name into
cursor  Lk"
```

Command2（退出按钮）的 Click 事件：

```
Thisform.release
```

10.5.11　页框控件

页框控件（PageFrame）是包含页面的容器对象。在表单中，一个页框可以有两个以上的页面。它们共同占有表单中的一块区域。在某一时刻只有一个活动页面，而且只有活动页面中的控件才是可见的，可以通过单击需要的页面来激活这个页面。表单中的页框是一个容器控件，它可以容纳多个页面，每个页面中又可以包含容器控件或其他控件。若想要编辑每一个页面，则应该右击页框，在快捷菜单中选择“编辑”命令。页框控件的主要属性及说明如表 10-21 所示。

表 10-21　页框控件属性及说明

属　性	说　明
TabStretch	用于显示选项卡的长标题。如果选项卡的标题太长，应设为 0（堆积）。默认为 1（裁剪）
Tabs	确定页面的选项卡是否可见
PageCount	页框的页面数，默认值为 2
Activepage	页框当前活动的页面
pages	数组，pages（i）表示第 *i* 个页面对象

例 10.18　建立如图 10-44 所示的表单，表单文件名为“信息浏览”，要求：

① 表单的标题为：“学生信息管理”，在表单上添加控件，如图 10-44 所示（页框：三个页面和“退出”命令按钮）。

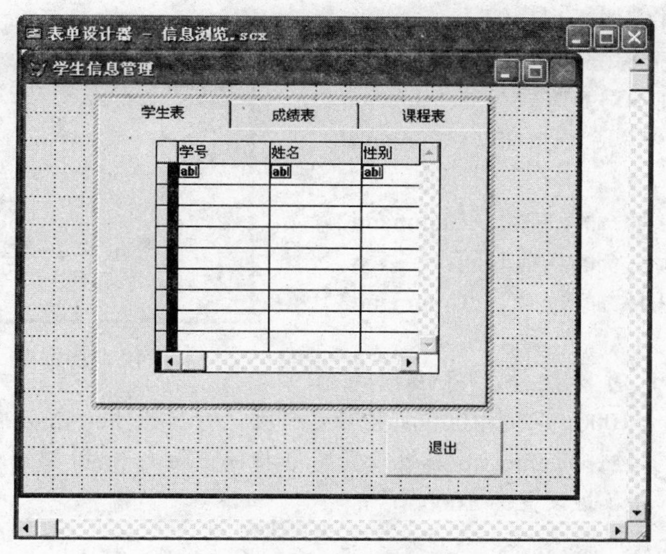

图 10-44　例 10.18 的示意图

② 为表单建立数据环境，依次向数据环境中添加“学生”、“成绩”和“课程”表。

③ 三个选项卡的标题的名称分别为“学生表”、“成绩表”、“课程表”，每个选项卡上均有一个表格控件，分别显示对应表的内容。

④ 单击“退出”按钮关闭表单。

操作步骤如下：

（1）新建一个表单，添加控件。

（2）将“学生表”、“成绩表”和“课程表”分别拖拽到第一、二、三页上（右键选择编辑）。

10.5.12　计时器控件

计时器控件（Timer）是 Visual FoxPro 提供的用于定时的特殊控件，它可以指定时间间隔，在后台控制系统时钟，当计时器多于预订时间间隔时，系统会自动触发其 Timer 事件，以便完成其中指定的操作。使用此控件可以周期性的执行某些重复的操作，它最短可以每毫秒一次，最长大约可以 596.5 小时一次，计时器控件在设计时显示为一个小时钟图标，而在运行时不可见。

计时器控件的属性和事件很少，常用的属性和事件有两个。

1. Interval 属性

用于定义两次计时器事件触发的时间间隔（毫秒级）。范围为 0～2147483647（596.5 小时）毫秒。

2. Timer 事件

计时器每间隔 Interval 属性所规定的时间，就会触发一次该事件，运行其中用户自定义代码。

例 10.19　设计如图 10-45 所示的表单，表单标题为“时钟”，表单运行时自动显示系统的当前时间。并完成下列功能：

① 显示时间为标签控件 Label1（要求在表单中居中，标签文本对齐方式为居中）；

② 单击“暂停”命令按钮（Command1）时，时钟停止；

③ 单击“继续”命令按钮（Command2）时，时钟继续显示系统的当前时间；

④ 单击“关闭”命令按钮（Command3）时，关闭表单。

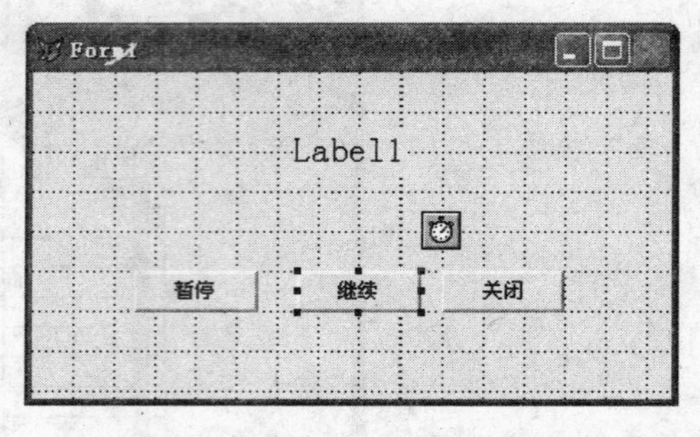

图 10-45 例 10.19 的示意图

提示：使用计时器控件，将该控件的 Interval 属性设置为 1000，即每 1000 毫秒触发一次计时器控件的 timer 事件（显示一次系统时间）；将计时器控件的 Interval 属性设置为 0 将停止触发 timer 事件；在设计表单时将 timer 控件的 Interval 属性设置为 1000。

操作步骤如下：

（1）新建一个表单，添加一个标签控件 Label1，一个计时器控件 Timer1，三个命令按钮。

（2）计时器控件 Timer1 的 Interval 属性设置为 1000。

（3）各个控件的事件代码内容如下：

```
Command1(暂停)按钮的 Click 事件为:
ThisForm.Timer1.Interval=0
Command2(继续)按钮的 Click 事件为:
ThisForm.Timer1.Interval=1000
Command3(关闭)按钮的 Click 事件为:
ThisForm.Release
Timer1 的 timer 事件为:
ThisForm.Label1.Caption=time()
```

本章小结

本章介绍了表单的设计方法、向表单中添加控件的方法，以及常用控件的功能和使用方法，使读者掌握了面向对象编程的思想，提高了人机交互能力。

综合练习

一、选择

1. 在命令窗口执行 CREATE　FORM 命令，能够（　　）。

   A. 打开表单向导　　　　B. 打开表单设计器

   C. 保存表单　　　　　　D. 关闭表单

2. 在 Visual FoxPro 中，运行表单 T1.SCX 的命令是（　　）。

   A. DO T1　　　　　　　B. RUN FORM1 T1

C．DO FORM T1　　　　　　　　D．DO FROM T1

3．下列关于控件的描述正确的是（　　）。

A．用户可以在组合框中进行多重选择

B．用户可以在列表框中进行多重选择

C．用户可以在一个选项组中选中多个选项按钮

D．用户对一个表单内的一组复选框只能选中其中一个

4．表单释放的命令是（　　）。

A．ThisForm.refresh　　　　　　B．ThisForm.delete

C．ThisForm.release　　　　　　D．ThisForm.hide

5．下列关于表单数据环境的叙述，其中错误的是（　　）。

A．可以在数据环境中加入与表单操作有关的表

B．数据环境是表单的容器

C．可以在数据环境中建立表之间的联系

D．表单自动打开其数据环境中的表

6．有关控件对象的 Click 事件的正确叙述是（　　）。

A．双击对象时引发　　　　　　B．单击对象时引发

C．右击对象时引发　　　　　　D．释放对象时引发

7．表格控件的数据源可以是（　　）。

A．视图　　　　　　　　　　　B．表

C．SQL SELECT 语句　　　　　D．以上三种都可以

8．假设表单上有一选项组：●男○女，其中第一个选项按钮"男"被选中。请问该选项组的 Value 属性值为（　　）。

A．.T.　　　　B．"男"　　　　C．1　　　　D．"男"或 1

二、填空

1．如果要修改表单的标题，应修改其（　　）属性。

2．控件的类型分为（　　）和（　　），其中表单是（　　）。

3．要编辑容器中的对象，必须首先激活容器。激活容器的方法是：右击容器，在弹出的快捷菜单中选择（　　）命令。

4．在将设计好的表单存盘时，系统生成扩展名分别是 SCX 和（　　）的两个文件。

5．在 Visual FoxPro 中，运行当前文件夹下的表单 T1.SCX 的命令是（　　）。

6．组合框有两种形式：下拉列表框和下拉组合框，可以通过设置组合框的（　　）属性来选择。

第11章 报表设计与标签设计

报表与标签是数据库管理系统中各种统计信息最常用的输出形式，它可以直接和数据库相联系，利用已定义好的格式、布局和数据源，生成用户需要的各种打印样式后打印输出。

11.1 报表概述

报表主要由数据源和布局两个部分组成。数据源通常是数据库中的表，也可以是视图、查询或自由表。报表布局定义了报表打印的格式。设计报表就是根据报表的数据源和应用需要来设计报表的布局。

11.1.1 报表布局的类型

创建报表之前，首先应确定报表的基本布局，如图 11-1 所示。表 11-1 所示为报表的常规布局说明。

学生情况表

11/22/10

学号	姓名	性别	出生日期	党员	民族
201001	陈勇	男	05/29/90	Y	汉族
201002	王晓丽	女	12/03/92	N	朝鲜族
201003	李玉田	男	09/09/92	N	满族
201004	高大海	男	01/01/89	N	朝鲜族
201005	于丽莉	女	10/11/90	N	汉族
201006	刘英	女	02/06/91	Y	汉族
201007	张杰	男	07/18/92	Y	汉族
201008	刘东华	男	02/08/91	N	汉族
201009	黄超	男	04/22/90	N	汉族
201010	于娜	女	11/05/91	Y	汉族

列报表

学号 201001
姓名 陈勇
性别 男

学号 201008
姓名 刘东华
性别 男

学号 201005
姓名 于丽莉
性别 女

学号 201003
姓名 李玉田
性别 男

学号 201006
姓名 刘英
性别 女

行报表

图 11-1　报表的基本布局

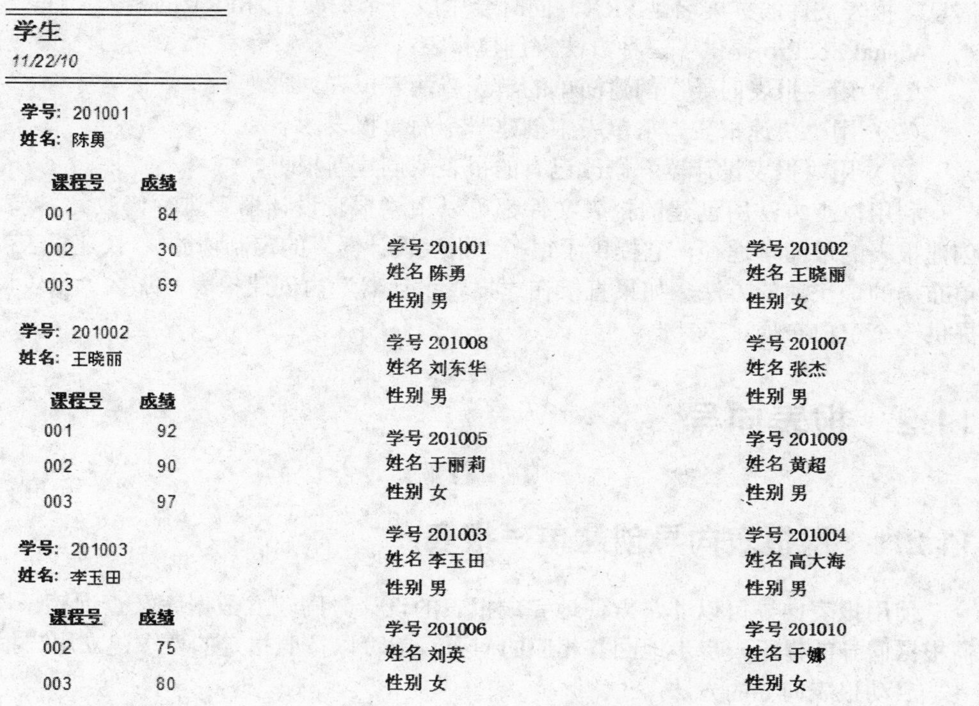

学生
11/22/10

学号: 201001
姓名: 陈勇

课程号	成绩
001	84
002	30
003	69

学号: 201002
姓名: 王晓丽

课程号	成绩
001	92
002	90
003	97

学号: 201003
姓名: 李玉田

课程号	成绩
002	75
003	80

一对多报表

学号 201001 姓名 陈勇 性别 男	学号 201002 姓名 王晓丽 性别 女
学号 201008 姓名 刘东华 性别 男	学号 201007 姓名 张杰 性别 男
学号 201005 姓名 于丽莉 性别 女	学号 201009 姓名 黄超 性别 男
学号 201003 姓名 李玉田 性别 男	学号 201004 姓名 高大海 性别 男
学号 201006 姓名 刘英 性别 女	学号 201010 姓名 于娜 性别 女

多栏报表

图 11-1 报表的基本布局（续）

表 11-1 报表的常规布局说明

常规布局	说明	示例
列报表	每行一个记录，每列一个字段	分组/总计报表，财政报表，存货清单，销售总结
行报表	每行一个字段，在一侧竖放	列表
一对多报表	一对多关系	发票，会计报表
多栏报表	页面多栏，记录分栏依次排放	电话号码簿，名片

11.1.2 报表设计的步骤

在 Visual FoxPro 中，报表设计通常包括如下四个步骤：

（1）决定要创建的报表类型。

（2）选择报表的数据来源。

（3）创建和定制报表布局。

（4）预览和打印报表。

11.1.3 创建报表文件

报表文件用于存储报表的详细说明，记录报表中的数据源、各元素在页面上的位置等信息。报表文件的扩展名是.FRX，同时会生成一个扩展名为.FRT 的相关文件。

Visual FoxPro 提供了三种方法来创建报表：

（1）用“报表向导”创建简单的单表或两表报表。

（2）用“快速报表”从单表中创建一个简单报表。

（3）用“报表设计器”修改已有的报表或创建新报表。

利用以上方法所创建的报表文件都可以用“报表设计器”进行修改。“报表向导”是创建报表的最简单途径，它提供了很多“报表设计器”的定制功能。“快速报表”是创建简单布局的最快速的方法。如果直接在“报表设计器”内创建报表，那么“报表设计器”将提供一个空白布局。

11.2 报表向导

11.2.1 用报表向导创建单一报表

使用报表向导可以非常方便地完成报表的设计。同建立数据库及查询等一样，用户只需根据向导的提示一步步地回答相应的问题，就可以按照指定的要求建立用户报表。

启动报表向导的方法：

（1）选择“文件”菜单下的“新建”命令，在“新建”对话框中选择“报表”文件类型，然后单击“向导”按钮。

（2）选择“工具”菜单下的“向导”命令，然后选择“报表”。

“向导选取”对话框如图 11-2 所示。

单一报表是用一个表创建的报表。

例 11.1 使用报表向导建立一个名为“学生打印”的报表。要求：

① 选择“学生”表中的学号、姓名、性别、出生日期、党员和照片字段。报表样式为“账务式”，报表标题为“学生”。

② 报表布局为列报表，列数为 1，方向为“纵向”。

③ 排序字段为学号（升序排序）。

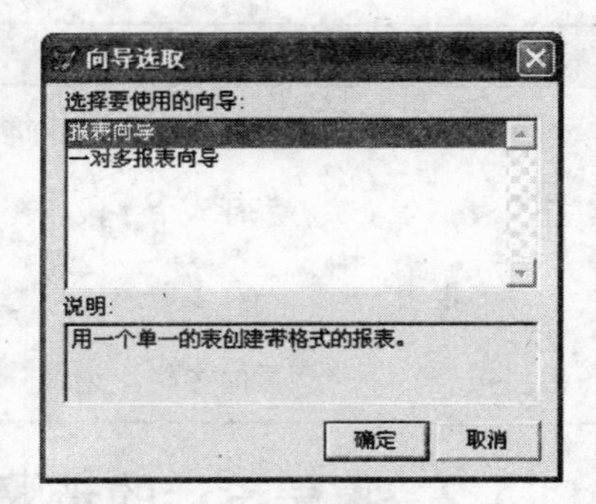

图 11-2 “向导选取”对话框

操作步骤如下：

（1）字段选取，如图 11-3 所示。在数据库和表列表框中选择需要创建报表的表或者视图，然后选取相应字段。

（2）对记录进行分组，如图 11-4 所示。用户最多可以建立三层分组层次。使用数据分组将记录分类和排序，这样可以很容易地读取它们。在本例中没有字段进行分组。

单击“总结选项”按钮可以进入“总结选项”对话框，如图 11-5 所示。从中可以选择对某一字段取相应的特定值，如平均值，进行总计并添加到输出报表中去。

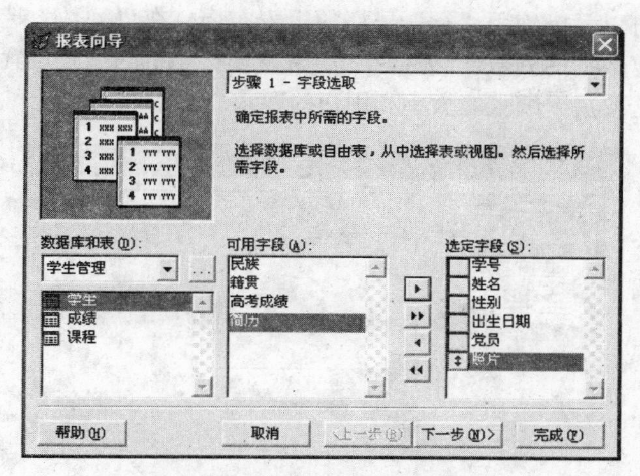

图 11-3　确定报表中的字段

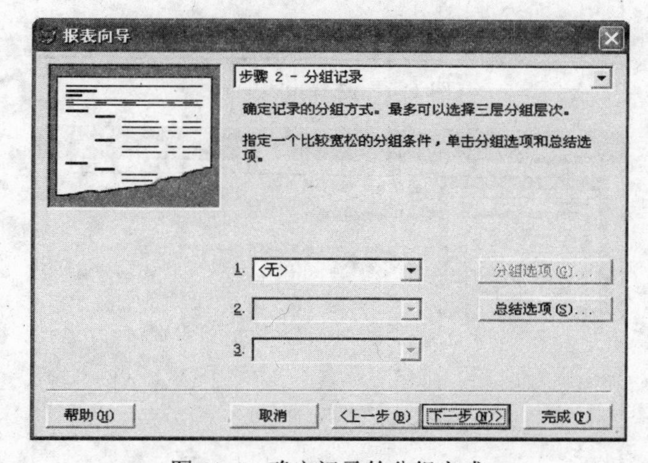

图 11-4　确定记录的分组方式

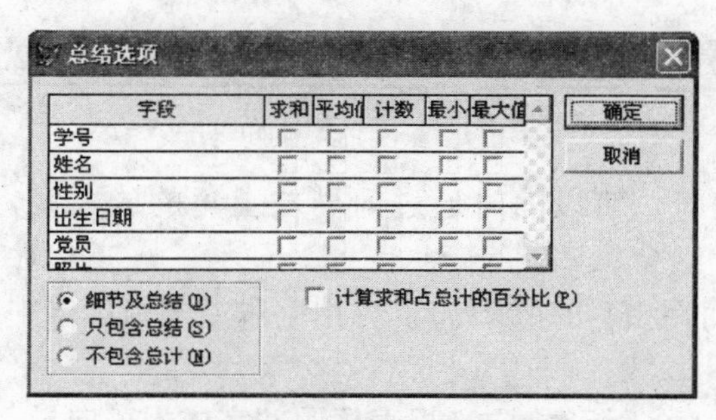

图 11-5　“总结选项”对话框

（3）选择报表样式，如图 11-6 所示。有五种标准的报表风格供用户选择，当单击任何一种模式时，向导都在放大镜中更新成该样式的示例图片。

（4）定义报表布局，如图 11-7 所示。该对话框可以定义报表显示的字段布局。当报表中的所有字段可以在一页中水平排满时，可以使用“列”风格来设计报表，这样可以在一个页面中显示更多的数据。而当每个记录都有很多的字段时，此时，一行中可能容纳不下所有的字段，就可以考虑使用“行”风格的报表布局。在“列数”选项中，用户可以决定在一页内显示重复数据的列数。“方向” 用来设置打印机的纸张设置，可以横向布局，也可以纵向布局，这取决于纸张的大小和用户的要求。

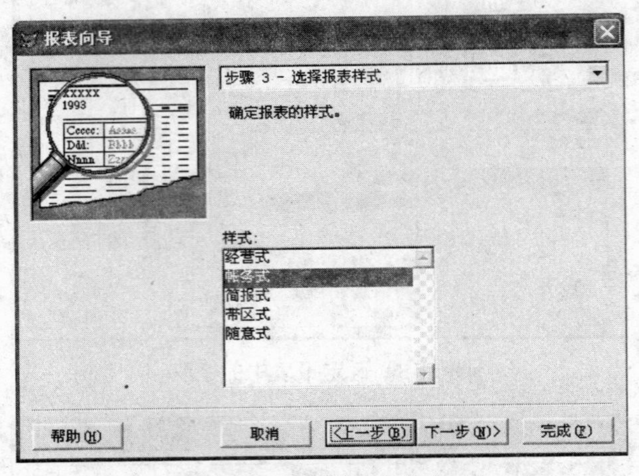

图 11-6 选择报表样式

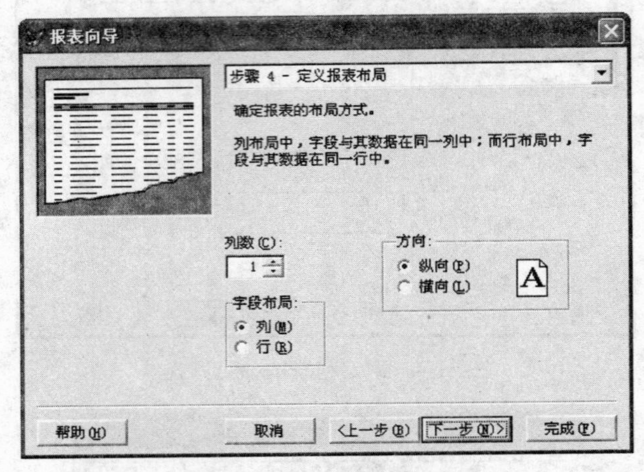

图 11-7 定义报表布局

当指定列数或布局时，可以随时通过向导左上角的放大镜，查看选定布局的实例图形。

（5）排序记录，如图 11-8 所示。从可用字段或索引标志中选择用来排序的字段，并确定升、降序规则。

（6）完成，如图 11-9 所示。定义报表标题并完成报表向导。

如果在报表的单行指定宽度之内不能放置选定数目的字段，那么 Visual FoxPro 会自动将字段换到下一行上。如果不希望字段换行，可以取消选中“对不能容纳的字段进行折行处理”选项。

单击“预览”按钮，可以在离开向导前显示报表，如图 11-10 所示。保存报表后，可以像其他报表一样在“报表设计器”中打开或修改它。

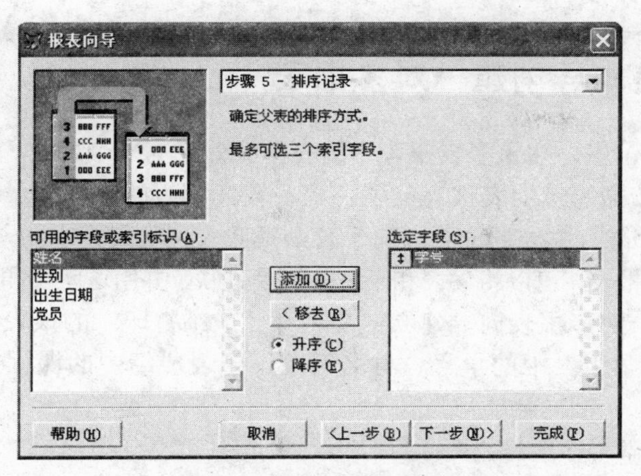

图 11-8　定义报表布局

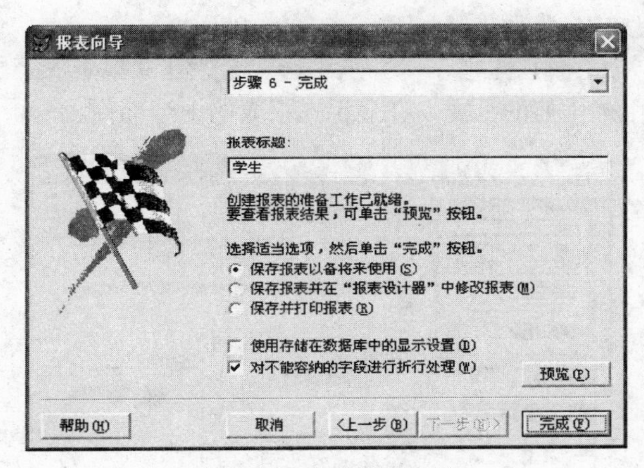

图 11-9　完成报表向导

学生

11/07/10

学号	姓名	性别	出生日期	党员	照片
201001	陈勇	男	05/28/90	Y	
201002	王晓丽	女	12/03/92	N	
201003	李玉田	男	09/09/92	N	
201004	高大海	男	01/01/89	N	
201005	于丽莉	女	10/11/90	N	

图 11-10　预览报表

11.2.2 用报表向导创建一对多报表

在 Visual FoxPro 中，规定多表报表中的表不能处于同一个层次，即所引用的表的地位是不平等的，处在较高等级的表称为父表，处在较低等级的表称为子表。一般来说，父表是唯一的，在窗体中占有主导的位置，而子表则是嵌入到父表当中的，与关联数据表相似。

通过创建一对多报表，可以将父表和子表的记录关联，并用这些表和相应的字段创建报表。

例 11.2 使用一对多报表向导建立一个名为“成绩打印”的报表，要求：

① 选择父表“学生”中的学号、姓名字段，子表成绩中的课程号，成绩字段，报表样式为“简报式”。

② 排序字段为学号（升序排序）。

③ 报表标题为“学生成绩”。

创建“一对多报表”，具体步骤如下：

（1）确定父表，如图 11-11 所示，并从中选定希望建立报表的字段。这些字段将组成“一对多报表”关系中最主要的一方，并显示在报表的上半部分。

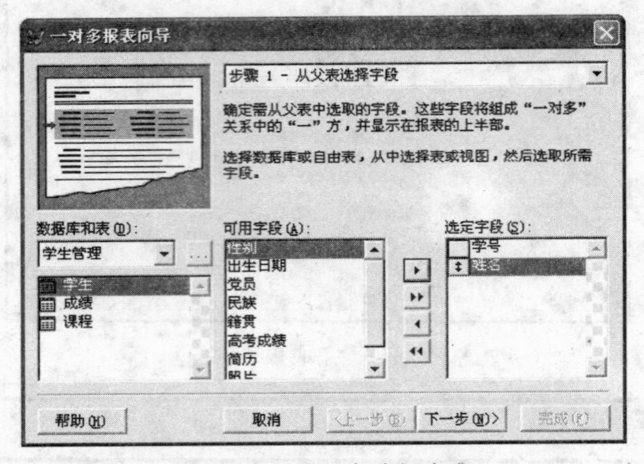

图 11-11 从父表选择字段

（2）确定子表，如图 11-12 所示，并从中选取字段。子表的记录将显示在报表的下半部分。

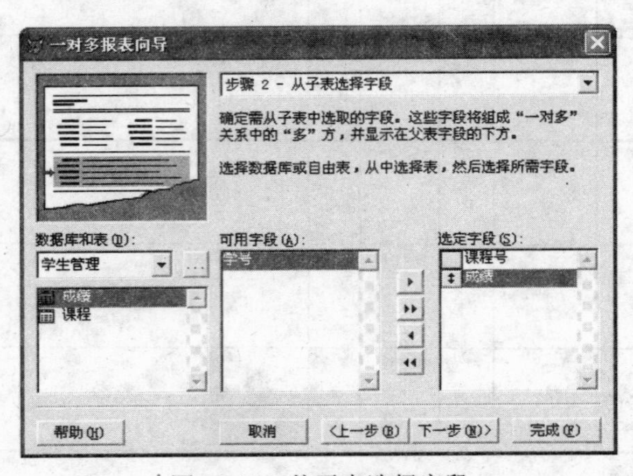

图 11-12 从子表选择字段

（3）在父表与子表之间确立关系，如图 11-13 所示，从中确定两个表之间的相关字段。

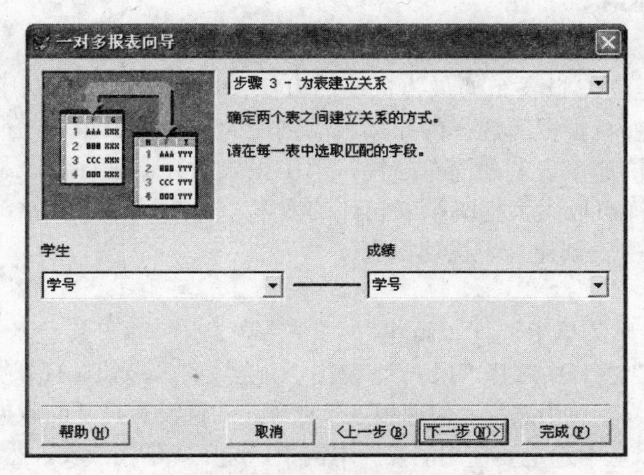

图 11-13　建立父表与子表之间的关系

（4）确定父表的排序方式，从可用字段或索引标志中选择用于排序的字段并确定升降序规则。

（5）选择报表样式。

（6）定义报表标题并完成“一对多报表”向导，用户可以通过单击“预览”按钮来查看报表输出效果，如图 11-14 所示。

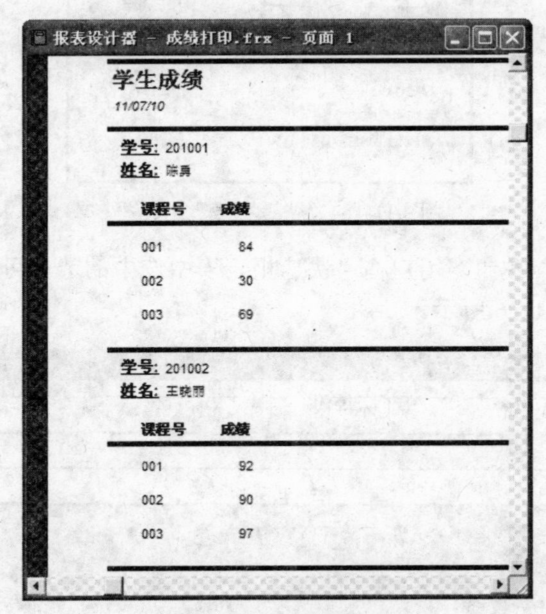

图 11-14　预览报表

此时，报表的设置将完全按照 Visual FoxPro 的默认值进行设定，用户可以在“报表设计器”中对其进行修改。

11.3 快速报表

“快速报表”是创建报表布局最为快速的方法，用户只需要在其中选择基本的报表组件，Visual FoxPro 就会根据所选择的布局自动创建简单的报表布局，但生成的布局偏于简单。一般可以利用快速报表创建简单布局，再用报表设计器进行修改和完善，以得到较满意的报表布局，这样可以大大提高报表设计的效率。

例 11.3 为学生表创建一个快速报表。

操作步骤如下：

（1）在“文件”菜单中选择“新建”。

（2）在“新建”窗口中选择“报表”，单击“新建文件”按钮，打开“报表设计器”窗口。

（3）在“报表”菜单中选择“快速报表”选项，如果没有打开的数据源（表），系统将弹出“打开”对话框，从中选定要使用的表。本例中，选定“学生”表，然后单击确定按钮，出现如图 11-15 所示的“快速报表”对话框。在对话框中可以为报表选择所需要的字段、字段布局以及标题和别名选项。对话框的上方有两个大按钮，左边的是按列布局，右边的是按行布局。

“字段”按钮是用来选取表中的可用字段。本例中选取的是学生表中的学号、姓名、性别、出生日期、党员、民族和籍贯字段。

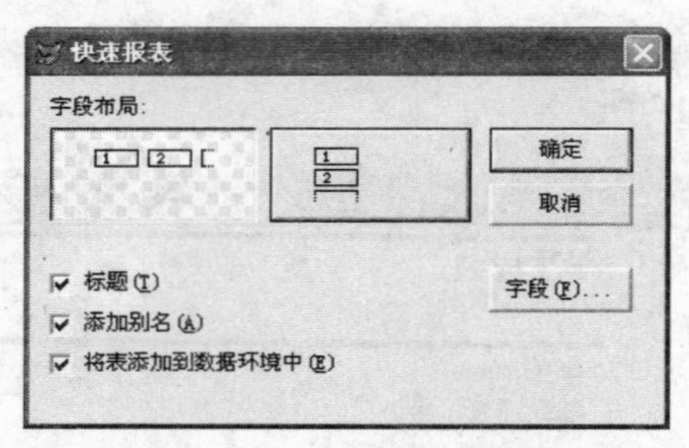

图 11-15 “快速报表”对话框

（4）单击“确定”按钮，用户在“快速报表”中选中的选项可反映在“报表设计器”的报表布局中，如图 11-16 所示。

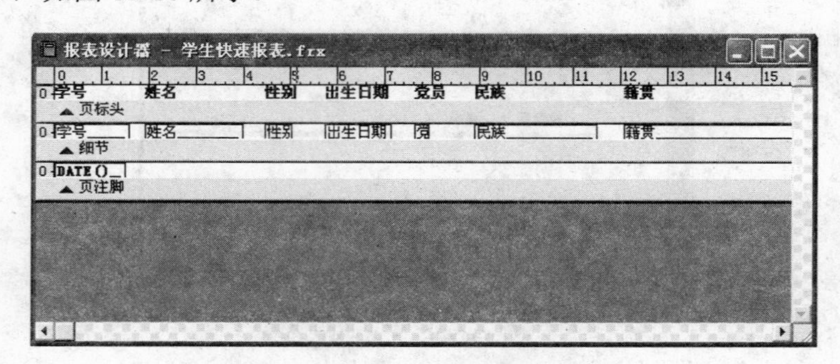

图 11-16 快速报表设计的报表

（5）在“报表设计器”的报表布局中右击，在快捷菜单中选择“预览”，在“预览”窗口中可以看到快速报表的结果，如图 11-17 所示。

（6）选择“文件”菜单下的“保存”选项，保存报表，其文件名为“学生快速报表.FRX”。

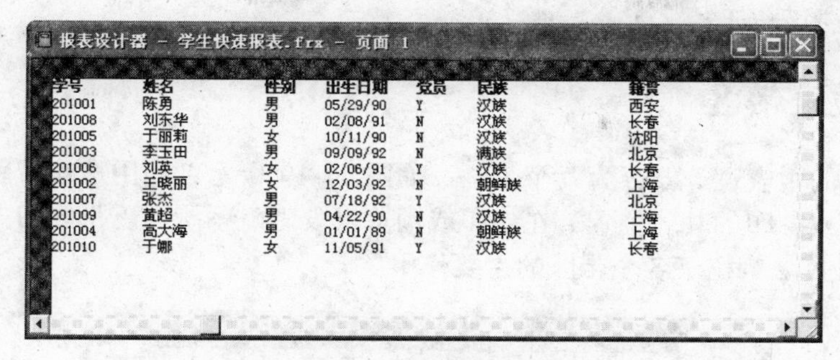

学号	姓名	性别	出生日期	党员	民族	籍贯
201001	陈勇	男	05/29/90	Y	汉族	西安
201008	刘东华	男	02/08/91	N	汉族	长春
201005	于丽莉	女	10/11/90	N	汉族	沈阳
201003	李玉田	男	09/09/92	N	满族	北京
201006	刘英	女	02/06/91	Y	汉族	长春
201002	王晓丽	女	12/03/92	N	朝鲜族	上海
201007	张杰	男	07/18/92	Y	汉族	北京
201009	黄超	男	04/22/90	N	汉族	上海
201004	高大海	男	01/01/89	N	朝鲜族	上海
201010	于娜	女	11/05/91	Y	汉族	长春

图 11-17　预览报表

11.4　报表设计器

在多数情况下，使用“报表向导”创建的报表并不能完全满足用户的要求，用户可能希望对报表的设计细节做一些调整。此时，可以使用“报表设计器”来实现。

利用“报表设计器”，用户可以向不同带区插入各种控件，以及包含打印报表中指定的字段、标签、变量及表达式，另外，Visual FoxPro 还提供了向报表中添加图片、各种多边形及 OLE 控件等功能，从而加强了报表设计的视觉效果和可读性。

11.4.1　用报表设计器建立报表

打开报表设计器窗口的方法如下。

1. 菜单方式

选择“文件”→“新建”，在“新建”对话框中选择“报表”类型，然后单击“新建文件”按钮。

2. 命令方式

```
CREATE REPORT <报表文件名>
```

用上述方法都可打开报表设计器，如图 11-18 所示。默认划分为三个带区：页标头、

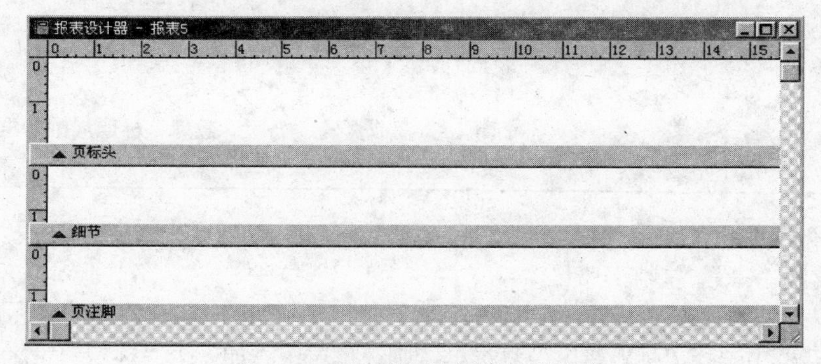

图 11-18　典型的报表设计器界面

细节和页注脚。在每一带区的底部都有一个分隔符栏，带区名称显示于靠近蓝箭头的栏，蓝箭头指示该带区位于栏之上。

11.4.2 报表带区

一个完整的报表设计器分为九个带区，如图 11-19 所示，利用这些带区可以控制数据在页面上显示或打印的具体位置。在打印或预览报表时，系统会以不同的方式处理各个带区的数据。表 11-2 列出了各个带区的主要作用。

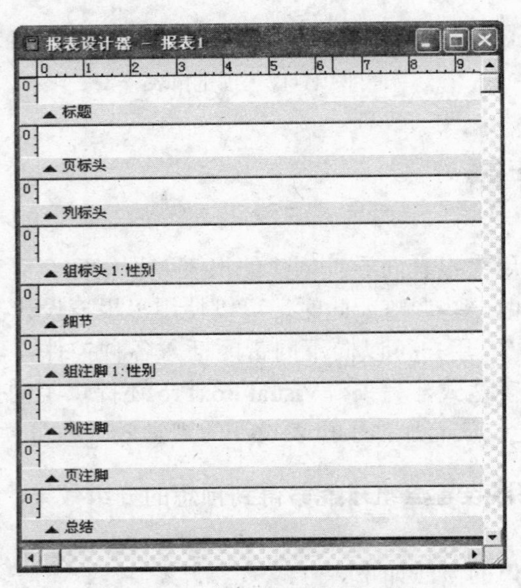

图 11-19 报表设计器的各个带区

表 11-2 报表设计器中的带区说明

带 区	打 印	内 容
页标头	每个页面一次	包括报表标题、栏标题和当前日期
细节	每个记录一次	包含来自表中的一行或多行记录
页注脚	每个页面一次	包含出现在页面底部的一些信息如页码、节等
列标头	每列一次	列标题
列注脚	每列一次	总结，总计
组标头	每组一次	数据前面的文本
组注脚	每组一次	组数据的计算结果值
标题	每个报表一次	标题、日期或页码、公司、徽标、标题周围的框
总结	每个报表一次	总结文本

1. 添加带区

（1）设置“标题/总结”带区

从“报表”菜单选择“标题/总结”命令，系统将显示如图 11-20 所示的“标题/总结”对话框。在该对话框中选择“标题带区”复选框，则在报表中添加一个“标题”带区，系统会自动把“标题”带区放在报表的顶部，若希望标题内容单独打印一页，则应选择“新页”复选框。

选择“总结带区”复选框，则在报表中添加一个“总结”带区，系统会自动把“总结”带区放在报表的尾部，若希望标题内容单独打印一页，则应选择“新页”复选框。

（2）设置“列标头/列注脚”带区

设置“列标头”和“列注脚”带区用于创建多栏报表。从“文件”菜单选择“页面设置”命令，系统将显示如图 11-21 所示的“页面设置”对话框。把“列数”的值调整为大于 1，报表将添加一个“列标头”带区和“列注脚”带区。

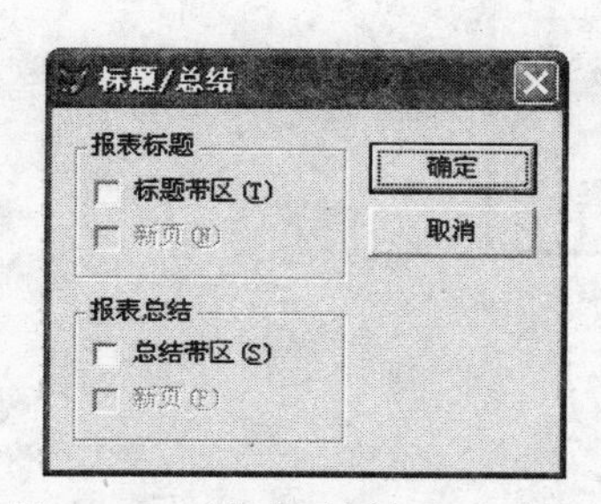

图 11-20 “标题/总结”对话框

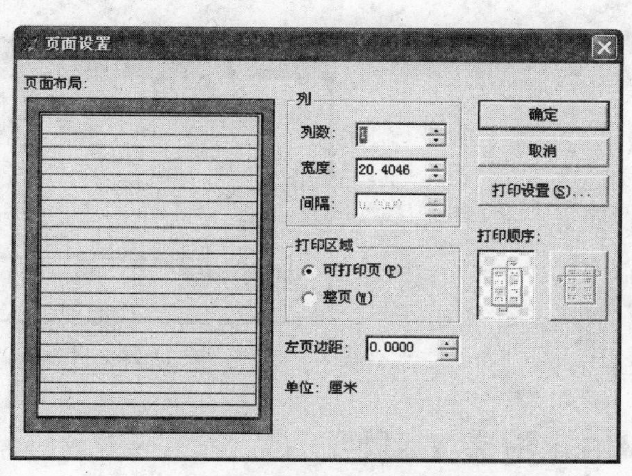

图 11-21 “页面设置”对话框

（3）设置“组标头/组注脚”带区

只有对表的索引字段设置分组才能够得到预想的分组效果，只有表中索引关键字段相同值的记录集中在一起，报表中的数据才能组织到一起。

从“报表”菜单选择“数据分组”命令，或单击“报表设计器”工具栏上的“数据分组”按钮，系统将显示如图 11-22 所示的“数据分组”对话框。单击在该对话框中的省略号按钮，弹出“表达式生成器”对话框，如图 11-23 所示。从中选择分组表达式，如“学生.性别”。在报表设计器中将添加一个或多个“组标头”带区和“组注脚”带区，带区的数目取决于分组表达式的数目。

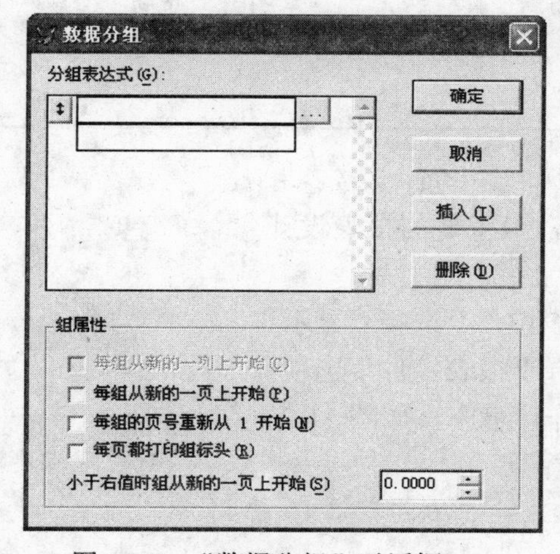

图 11-22 “数据分组”对话框

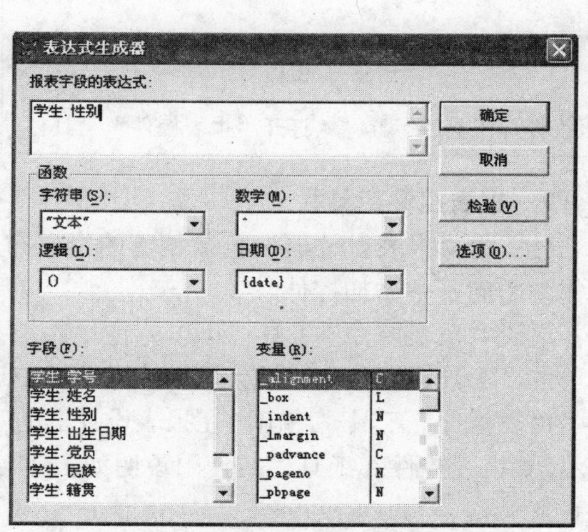

图 11-23 “表达式生成器”对话框

2. 调整带区

报表设计器窗口中各带区的高度可以根据需要进行调整，但不能使带区的高度小于添加到该带区中的控件的高度。调整带区高度的方法有两种：

（1）用选中需要调整高度的带区标识栏，上下拖动该带区，直至需要的高度。

（2）双击带区的标识栏，在出现的对话框中直接输入高度值。使用这种方式可以精确地设置带区高度，如图 11-24 所示。

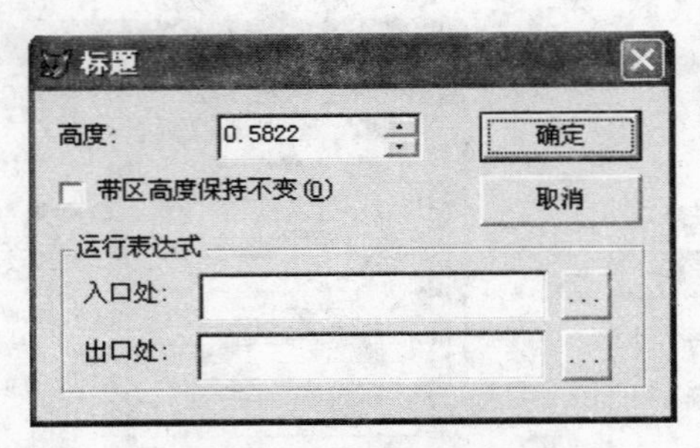

图 11-24　带区高度

11.4.3　报表工具栏

1. 报表设计器工具栏

默认情况下，在打开报表设计器时，主窗口中会自动出现“报表设计器”工具栏，如图 11-25 所示。也可以选择“显示/工具栏”命令，在“工具栏”对话框中选择“报表设计器”工具栏。工具栏上各按钮的含义如表 11-3 所示。

图 11-25　“报表设计器”工具栏

表 11-3　报表设计器按钮含义

按　钮	含　义	按　钮	含　义
数据分组	打开“数据分组”对话框	调色板工具栏	打开“调色板”工具栏
数据环境	打开“数据环境设计器”窗口	布局工具栏	打开“布局”工具栏
报表控件工具栏	打开“报表控件”工具栏		

2. 报表控件工具栏

对于由“报表设计器”直接创建的空白布局，最重要的报表设计工作就是向其中添加控件。

通过“报表控件”工具栏可以方便地添加报表控件。选择“显示”菜单的“工具栏”命令，并从弹出的对话框中选择“报表控件”选项，则“报表控件”工具栏将出现在报表设计器的工作环境中，如图 11-26 所示。“报表控件”工具栏的使用说明如表 11-4 所示。

图 11-26　“报表控件”工具栏

表 11-4 “报表控件”工具栏说明

按钮	命令	说明
	选定对象	移动或更改控件的大小。在创建了一个控件后，会自动选定“选定对象”按钮，除非单击了“按钮锁定”按钮
	标签	创建一个标签控件，用于保存不希望用户改动的文本，如复选框上面或图形下面的标题
	域控件	创建一个字段控件，用于显示表字段、内存变量或其他表达式的内容
	线条	设计时用于在报表上画各种线条样式
	矩形	用于在报表上画矩形
	圆角矩形	用于在报表上画椭圆和圆角矩形
	图片或者 ActiveX 绑定控件	用于在报表上显示图片或通用数据字段的内容
	按钮锁定	允许添加多个同种类型的控件，而不需多次按此控件的按钮

11.4.4　报表的数据环境

报表是数据信息的输出形式，因此，报表总是和一定的数据源相联系。应该把数据源添加到报表的数据环境中，它们会随着报表的运行而自动打开，随着报表的关闭而自动关闭。使用“数据环境设计器”能够可视化地创建和修改报表的数据环境。

启动“数据环境设计器”的方法是：打开“报表设计器”窗口，选择“显示/数据环境”命令，或者单击“报表设计器”工具栏上的“数据环境”按钮，也可以右击“报表设计器”窗口，从快捷菜单中选择“数据环境”命令。“数据环境设计器”窗口如图 11-27 所示。

图 11-27 “数据环境设计器”窗口

可以在“数据环境”中添加多个表或视图，以及在它们之间建立适当的联接。联接是用鼠标拖动父表字段到子表的索引项上，在父表字段与子表的相应索引项之间出现的一条关系线，如图 11-28 所示。

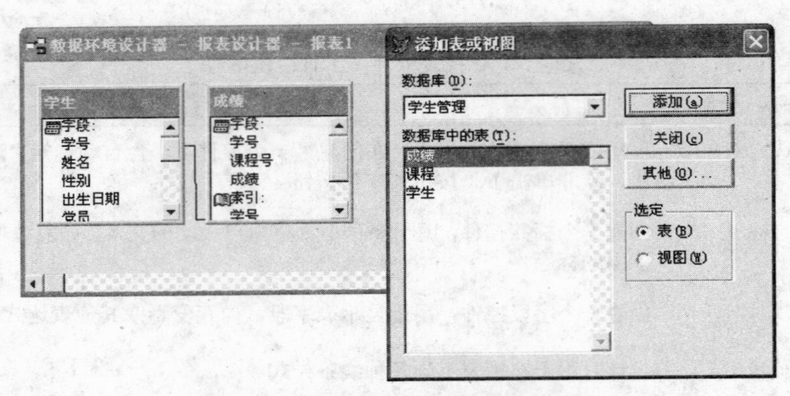

图 11-28　数据环境表之间建立联系

11.4.5　报表控件的使用

1. 标签控件

标签控件用来保存不希望用户改动的文本，如标题等。

（1）添加标签控件

在“报表控件”工具栏中选中“标签”控件，然后在报表的合适位置单击，出现一个插入点，即可输入标签内容。输入完毕后，在空间外的任意位置单击，该标签就设计好了。

（2）格式化标签文本

单击选定要格式化的标签控件，然后选择“格式/字体”命令，在“字体”对话框中选择合适的字体、样式、大小和颜色。

如果希望更改“标签”控件中的文本，可以按照以下步骤进行：

（1）在“报表控件”快捷工具栏中单击“标签”按钮。

（2）单击想要修改的标签。

（3）输入修改内容。

例 11.4　利用报表设计器创建一个名为“课程打印”的报表文件，然后在标题带区输入标题“课程信息”，如图 11-29 所示。

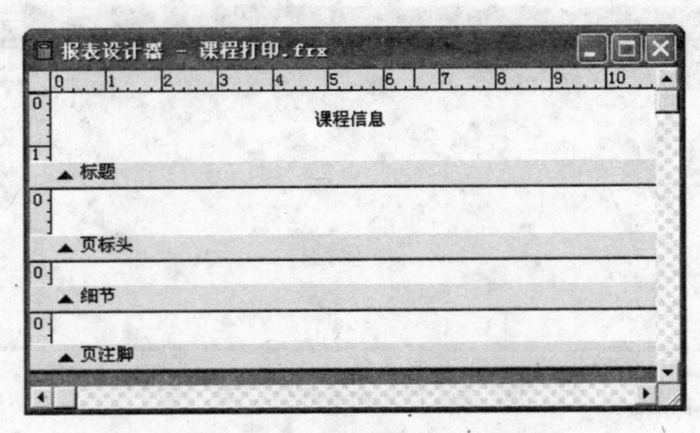

图 11-29　例 11.4 的示意图

操作步骤如下：

（1）新建一个空白报表。

（2）选择“报表”菜单下的“标题/总结”命令，选择“标题”带区。

（3）单击“标签”控件按钮，然后在标题带区定位并输入标题“课程信息”。

（4）选择“文件”下的“保存”选项，文件名为“课程打印”。

2. 域控件

域控件是报表设计中最重要的控件，用于表达式、字段、内存变量的显示，通常用来表示表中字段、变量和计算结果的值。

（1）添加域控件

添加域控件有两种方法：

① 从“数据环境设计器”中将相应的字段名拖入“报表设计器”窗口中。

② 从“报表控件”快捷工具栏中单击域控件按钮。选择欲添加字段控件的位置及大小。Visual FoxPro 将弹出“报表表达式”对话框，用户可以在其中设置所需的字段或者字段表达式，如图 11-30 所示。

单击“表达式”文本框后边的按钮，将弹出“表达式生成器”对话框，在其中可以选择需要添加入报表中的字段或者字段表达式。

单击“计算”按钮，弹出“计算字段”对话框，如图 11-31 所示。

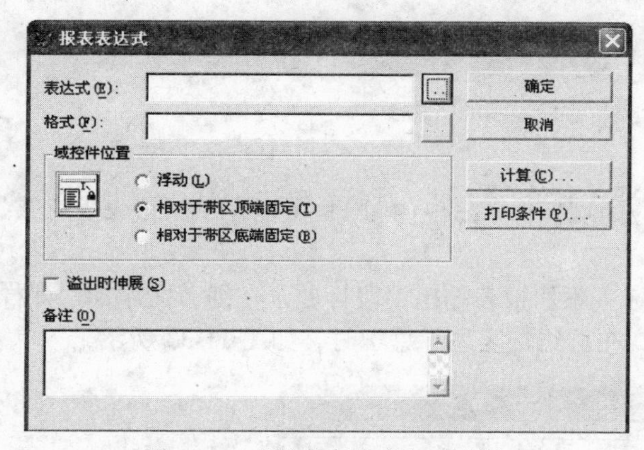

图 11-30 “报表表达式”对话框

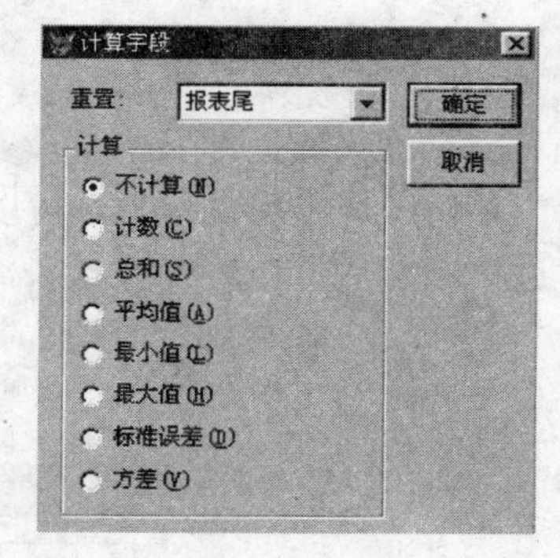

图 11-31 “计算字段”对话框

该对话框中的设置值用于把设置显示的字段或满足字段表达式的字段值进行计数、求和、求平均值、最大值、最小值、方差等统计运算，并将其显示输出在指定的位置处。如果不想输出这些统计值，可选择“不计算”选项。该对话框的设置对于经常需要进行统计计算的数值型记录来说非常有用。

（2）添加表示当前时间的控件

要想在报表文件中插入表示当前日期的字段控件，可以按照以下步骤进行：

① 在“报表设计器”中的某个带区插入一个“域控件”。

② 在“报表表达式”对话框的“表达式”文本框中输入 DATE()函数。

③ 单击“确定”按钮。

（3）插入表示页码的控件

对于使用“向导”或“快速报表”创建的报表，页码会自动地加入到页注脚带区中，但是使用“报表设计器”开始创建的报表不会加有页码。如果希望在报表中添加页号，可以按照以下步骤进行：

① 在“报表设计器”中插入一个“域控件”。

② 在“报表表达式”对话框中单击“表达式”框右边的“…”按钮。

③ 在随之出现的“表达式生成器”中双击“变量”列表框中的_pageno 变量。

④ 单击“确定”按钮。

⑤ 在“报表表达式”对话框中单击“确定”按钮。

（4）定义域控件的格式

单击“格式”文本框后边的“…”按钮，进入“格式”对话框，如图 11-32 所示，在其中可以分别设置字符型、数值型和日期型字段的输出格式。

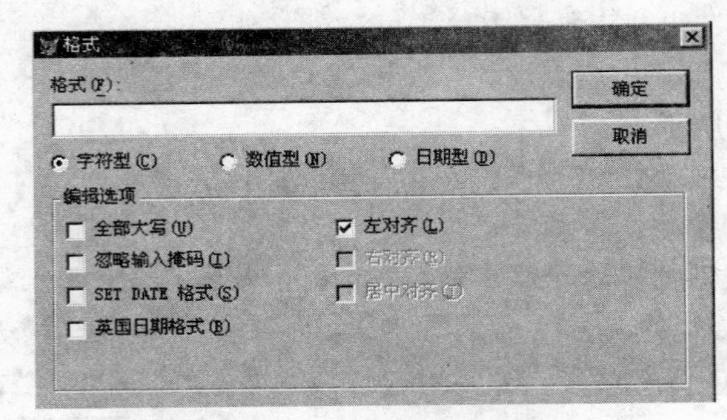

图 11-32　设置字段显示的格式

（5）修改域控件

要修改域控件的属性，可以双击相应的域控件，出现如图 11-30 所示的“报表表达式”对话框，然后重新进行设置。

例 11.5　在“课程打印”报表的页标头添加报表输出字段标题，在细节区添加“课程号”、“课程名”、“学时”三个字段变量，在总结带区显示总学时。如图 11-33 所示。

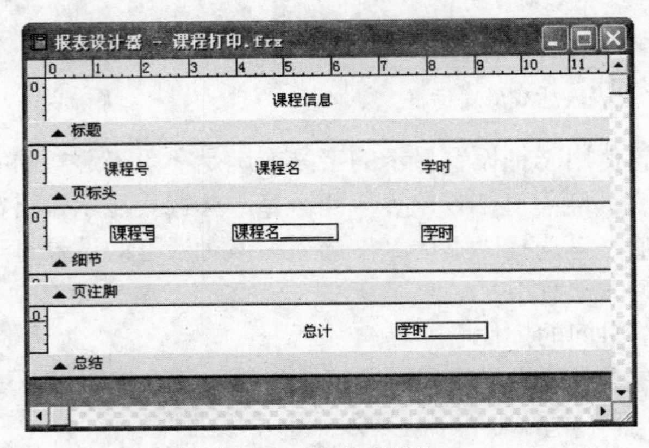

图 11-33　报表设计

操作步骤如下：

（1）打开报表“课程打印”，然后画三个标签控件在页标头，标签的标题分别为“课程号”、“课程名”、“学时”。

（2）打开“数据环境设计器”窗口，添加“课程”表到数据环境中。

（3）从“数据环境设计器”中直接将这三个字段分别拖到细节区或者选择域控件自行设置。

（4）选择“报表”菜单下的“标题/总结”命令，选择“总结”带区。在总结带区先添加一个标签控件为“总计”，然后画一个域控件，打开“报表表达式”对话框，选择“学时”字段，然后再单击“计算”按钮，打开“计算字段”对话框，在“重置”选项中选择“报表尾”，在“计算”选项中选择“总和”。

（5）保存报表并预览，如图 11-34 所示。

报表设计器 - 课程打印.frx - 页面 1

课程信息

课程号	课程名	学时
001	高等数学	68
002	大学英语	64
003	计算机基础	132
	总计	264

图 11-34　预览报表

3. 添加通用字段和图片

通过“报表控件”上的控件，用户可以向报表中插入包含 OLE 对象的通用型字段，也可以插入图片作为报表的一部分。文件中的图片是静态的，它们不会随着记录的变化而更改。如果希望根据记录来显示不同的图片，那么可以插入通用型字段。

如果要插入通用型字段，可以按照以下步骤进行：

（1）在“报表控件”快捷工具栏中，选择“图片/ActiveX 绑定控件”单选按钮。

（2）弹出“报表图片”对话框，如图 11-35 所示。

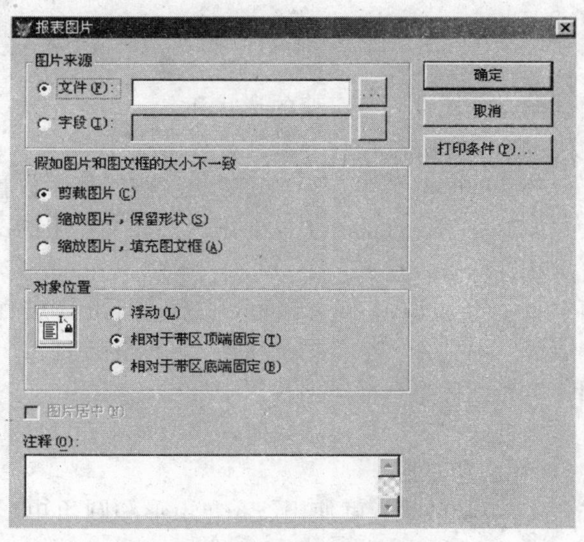

图 11-35　“报表图片”对话框

（3）在“图片来源”选项中选择“字段”。

（4）在“字段”框中输入通用字段名，或者单击右边的“…”按钮，在“选择字段/变量”对话框中选择需要加入的通用字段。

（5）单击“确定”按钮。

如果用户希望向报表中添加图片，可以按照以下步骤进行：

（1）在“报表控件”快捷工具栏中选择“图片/ActiveX 绑定控件”单选按钮。

（2）在“报表图片”对话框中的“图片来源”选项中选择“文件”。

（3）在“文件”框中加入要插入图片的文件名，或者单击右边的“…”按钮，在弹出的“打开”对话框中选择要输入的图片的位置和名称。

（4）单击“确定”按钮。

如果通用字段中的图片与定义的图文框的大小不一致，那么可以在“报表图片”对话框中选择设置“缩放图片”或者“剪裁图片”，设置图片在图文框中居中放置。

默认情况下，插入到文本框中的图片与图文框均保持原形，如果图文框比图片小，则自动将超出图文框的图片内容裁剪。

如果用户希望在一个图文框中放置一个完整的、不变形的图片（可能无法填满整个图文框），可以按照以下步骤进行：

（1）双击已添加的“图片/ActiveX 绑定控件”框，进入“报表图片”对话框。

（2）选择“缩放图片，保留形状”选项。

（3）单击“确定”按钮。

以上设置将使图片完全显示出来并保持原形，尽可能地与控件框架相适应。

如果希望添加的图片充满整个图文框（图片可能会变形），可以按照以下步骤进行：

（1）双击已添加的“图片/ActiveX 绑定控件”框，进入“报表图片”对话框。

（2）选择“缩放图片，填充图文框”选项。

（3）单击“确定”按钮。

整个图片将按照图文框定义的边框进行填充。对于和边框形状不一致的图片，可能会在横向或者纵向发生变形。图 11-36 分别表示了两种设置的区别。

图 11-36　不同插图方式的显示效果

在通用字段中的 ActiveX 控件具有可变的形状和尺寸。如果在通用字段中的 ActiveX 控件对象比控件的框架小，它将默认位于框架的左上角。用户可以设置将其居中放置，这样可以保证比控件框架小的所有对象都能够置于控件的中央。对于存储在文件中的图片，由于形状和尺寸是固定的，因此不能对其进行居中设置。

要居中放置通用字段中的 ActiveX 对象，可以按照以下步骤进行：

（1）在“报表设计器”中打开一个“图片/ActiveX 绑定控件”。

（2）在“报表图片”对话框中选择“图片居中”。

用“打印预览”或“打印报表”显示结果时，该图片将在图文框内居中显示。

4. 添加线条、矩形和圆角矩形

为了增强报表布局的视觉效果，可使用线条、矩形和圆角矩形来强调报表中的部分内容。

（1）添加线条

使用“线条”控件可以在报表布局中添加垂直和水平直线，例如在报表文件的页眉、页脚处添加水平线。

如果要绘制线条，可以按照以下步骤进行：

① 在“报表控件”快捷工具栏中单击“线条”按钮。

② 在“报表设计器”中拖动并调整线条。

该线条控件只能用来添加水平或垂直直线，不能用来添加斜线。用户可以随时用鼠标左键将其选中并拖动直线到选定位置。选中直线后，按 Del 键，可以删除不要的直线。

（2）添加矩形

布局上的矩形是为了醒目地组织打印在页面上的信息，也可以把它们当作报表设置的页面使用。

要向报表中添加“矩形”控件，可以按照以下步骤进行：

① 在“报表控件”快捷工具栏中单击“矩形”按钮。

② 在“报表设计器”中拖动并调整矩形的大小。

（3）添加“圆角矩形”

要向报表中添加“圆角矩形”控件，可以按照以下步骤进行：

① 在“报表控件”快捷工具栏中单击“圆角矩形”按钮。

② 在“报表设计器”中拖动并调整圆角矩形的大小。

③ 双击圆角矩形的边框，弹出如图 11-37 所示的对话框，用户可以在其中选择圆角矩形的样式并设置打印条件等。

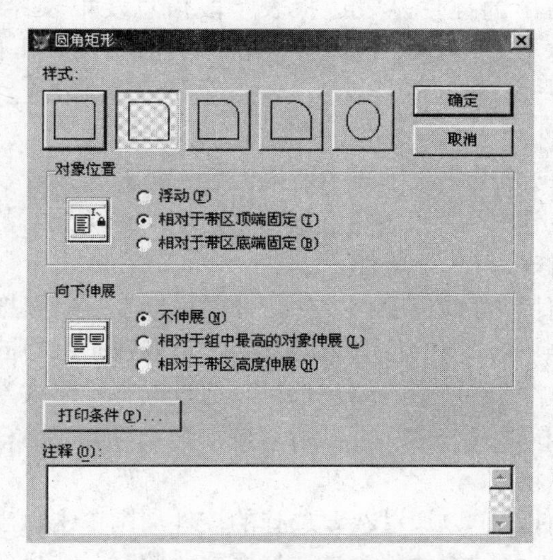

图 11-37　选择圆角矩形的样式

（4）设置矩形控件的填充

可以将一个封闭的图形控件，如矩形、圆角矩形的内部按照指定格式进行填充，如使用前景色填充控件、填充其他图形方案等。

要选择矩形、圆角矩形的填充方式，可以按照以下步骤进行：

① 选中需要进行填充的矩形或圆角矩形。

② 在“格式”菜单中选择“填充”命令。

③ 在“填充”对话框中确定需要的填充方式。

（5）设置线条粗细或样式

在线条、矩形及圆角矩形中，使用的线条是可以调整的，除了可以改变颜色外，还可以改变线条的粗细，或者设置成点划线、虚线等样式。

要想改变线条的粗细，可以按照以下步骤进行：

① 选中需要进行设置的线条、矩形或者圆角矩形。

② 从“格式”菜单中选择“绘图笔”命令。

③ 在“绘图笔”对话框中选择需要的反映线条粗细的磅值或样式。

图 11-38 所示为使用不同字体设置的标签及矩形填充和线条样式设置的显示结果。

图 11-38　对报表控件的不同设置的显示结果

5. 控件的操作

Visual FoxPro 报表中的控件是表达报表字段信息及报表界面控制的基本单位。通过改变它们的大小和位置，用户可以调整报表界面的布局，下面将对它们的操作进行介绍。

（1）选择和移动控件

当用户通过“报表向导”建立了一个新报表后。打开“报表设计器”对话框，就可以看到 Visual FoxPro 根据用户在“报表设计器”中定制的选项建立的控件。可以同时对一组控件处理，也可以单独修改每一个控件。

如果要移动一个控件，可以选中该控件，并用鼠标左键将其拖动到用户指定的新位置上，控件将以增量移动到布局内的位置。增量的大小取决于网格的设置，通过在拖动控件时按下 Ctrl 键，可以忽略网格增量。用户也可以通过选择“格式”菜单的“网格刻度”命令分别设置网格的水平和垂直增量。可以用“显示”菜单的“网格线”命令来调整是否在“报表设计器”内显示网格。

如果要选择多个控件，可以通过在要选择的控件周围单击，当鼠标光标变成“手”的形状，拖动鼠标，将要选择的控件包含进选择框中。此时，选择句柄将出现在每个控件的周围，从而可以实现对多个控件同时进行移动、复制或删除等操作。选择的多个控件可以不在一个带区内。

通过将控件标志在一个组里，可以为许多任务将一组控件相互关联。要将控件分在一组，可以先选中需要处理的所有控件，然后从“格式”菜单中选择“分组”命令，则选择句柄将移动到整个组之外。这样就可以把整组控件作为一个单元处理了。取消分组可以使用“格式”菜单的“取消分组”命令，此时，选择句柄将出现在每个控件的周围。

（2）调整控件大小

当布局上含有控件时，可以单独地更改其尺寸或调整整组控件以使它们彼此相匹配。在 Visual FoxPro 中，用户可以调整除标签外的任何报表控件的大小，标签的大小是由文字、字体及磅值决定的。

可以通过鼠标左键拖动该控件相应的选择句柄到需要的大小来调整单个控件的大小。如果需要匹配多个控件的大小，则应先选中所有需要有相同设置的控件，并从“格式”菜单中选择“大小”命令。用户可以从以下子命令中做出选择：

① 对齐网格：指定当用户拖动对象时，以网格为增量调整对象的大小。

② 调整到最高：把全部选定对象的大小调整到最高选定对象的高度。

③ 调整到最短：把全部选定对象的大小调整到最低选定对象的高度。

④ 调整到最宽：把全部选定对象的大小调整到最宽选定对象的宽度。

⑤ 调整到最窄：把全部选定对象的大小调整到最窄选定对象的宽度。

（3）对齐控件

通过 Visual FoxPro 的“布局”快捷工具栏，用户可以为控件设置布局，例如，设置控件在带区内水平居中或者垂直居中、设置控件置前或置后；也可以在多个控件间按照一定的规则确立彼此之间的关系，如水平对齐、设置相同高度、居中对齐等。

如果要想调整控件之间的相对位置，可以按照以下步骤进行：

① 选择需要调整的控件组。

② 在“布局”快捷工具栏中选定相应的对齐方式。

如果希望调整控件之间的相对大小，可以按照以下步骤进行：

① 选择需要调整的控件组。

② 在“布局”快捷工具栏中单击相应的按钮，可以设置控件高度相同、宽度相同或者长宽均相同，此时选取的对齐高度、宽度为控件中的最大高度及宽度。

如果多个控件重叠，那么用户可以选择控件之间的摆置方式，并按照以下步骤进行：

① 从重叠放置的多个控件中选定需要进行设置的控件。

② 在“布局”快捷工具栏上选择置前或置后放置。

图 11-39 从左至右分别是设置了使实体控件与其他控件左对齐、相同高度及置前放置的显示结果。

（4）改变字段控件及标签控件的字体

可以对每个字段控件及标签控件中的文本改变字体的设置。为了简化设计，还可以改变整个报表的默认字体设置。

如果要在报表中改变一个控件显示的字体，可以按照以下步骤进行：

① 选择相应的域控件或标签控件。

② 从“格式”菜单中选择“字体”命令。

③ 在弹出的“字体”对话框中设置相应的字型、样式、效果及字体大小等。

④ 单击“确定”按钮。

在 Visual FoxPro 中，一个控件中的文本保持相同的字体。因此，如果用户使用鼠标或者 Shift 键加上下及左右箭头选择局部文本后再设置字体，所有控件中的文本均相应发生改变。

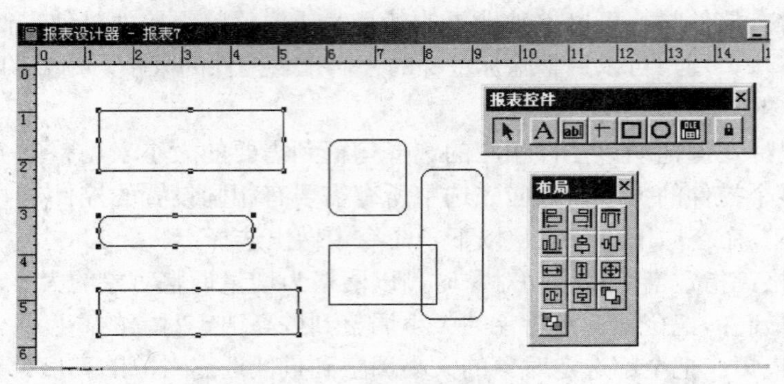

图 11-39　设置图片的布局

如果要改变默认字体的设置，可以按照以下步骤进行：

① 在“报表”菜单中选择“默认字体”命令。

② 在弹出的“字体”对话框中设置需要作为默认字体的相应设置。

③ 单击“确定”按钮。

改变默认字体的设置并不会对已经输入的文本的字体产生影响，它只从设置默认字体的操作完成后才开始起作用。要想改变原有文本的字体设置，可以选中所有包含这些文本的控件，然后从“格式”菜单的“字体”命令中对字体进行设置。

11.4.6　数据分组

通过指定字段或字段表达式来给记录分组显示，可以使报表更加便于阅读。分组可以明显地分隔每组记录和为组添加介绍和总结性数据，例如，将学生表按性别分组打印。

1. 设置报表的记录顺序

如果数据源的物理顺序不适合于分组，那就需要对数据源进行适当的索引或排序，这样才能达到合理分组显示记录的目的。例如，要按性别建立分组，事先必须先按照性别建立一个索引，并且要设置为当前索引，因为一个表可能有多个索引。

可以在数据环境中为表指定当前索引，操作方法如下：

① 打开数据环境，右击要设置索引的表，从快捷菜单中选择“属性”，打开“属性”窗口。

② 在“属性”窗口中选择 Order 属性项，从索引列表中选择一个索引，如图 11-40 所示。

2. 建立一级数据分组

可以基于字段或者表达式来建立单级分组，若要添加单个组，则可以按照以下步骤进行：

（1）在“报表”菜单中选择“数据分组”命令。

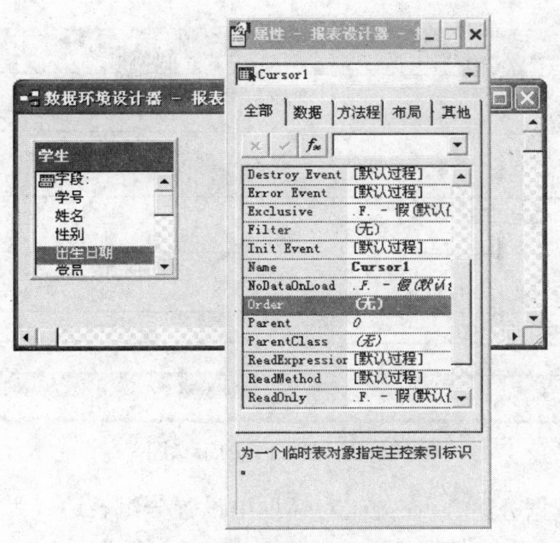

图 11-40　在数据环境设置当前索引

（2）进入“数据分组”对话框，如图 11-41 所示。

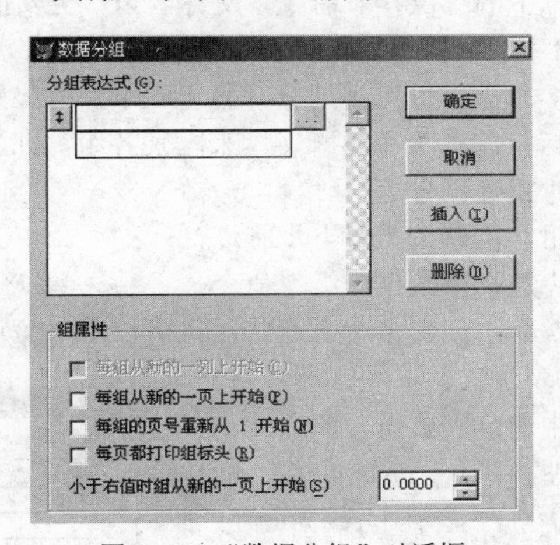

图 11-41　“数据分组”对话框

（3）在“分组表达式”框中创建表达式，也可以单击旁边的“...”按钮，并在弹出的“表达式生成器”中创建分组表达式。

（4）在“组属性”框中选定需要设置的属性。

（5）单击“确定”按钮。

例 11.6　设计一个名为“男女信息.FRX”的报表，按性别输出结果，如图 11-42 所示。

操作步骤如下：

（1）新建一个空白报表。

（2）在数据环境里添加“学生”表，然后右击该表，从快捷菜单中选择“属性”，打开“属性”窗口。在“属性”窗口中选择 Order 属性项，设置为“性别”。

（3）选择“报表”菜单下的“标题/总结”命令，选择“标题”带区。单击“标签”控件，然后在标题带区定位并输入标题“男女信息一览”。

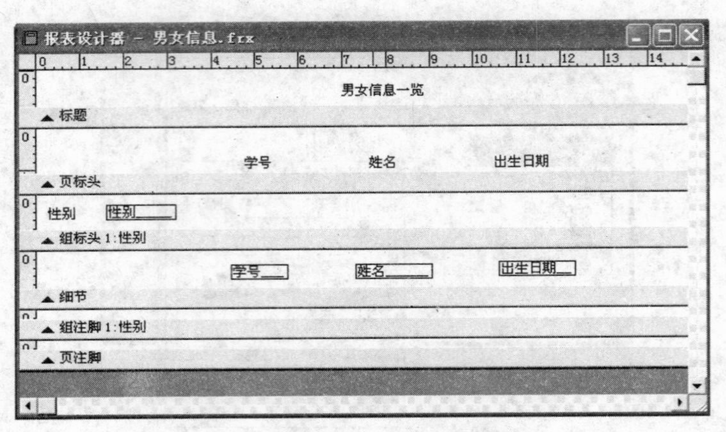

图 11-42 例 11.6 的示意图

（4）选择“报表/数据分组”，在分组对话框中设置分组表达式为“性别”。报表设计器中会出现“组标头”和“组注脚”带区。

（5）其余带区的设置如图 11-42 所示。

（6）选择“文件”菜单下的“保存”命令，文件名为“男女信息”。

3. 建立多级数据分组

用户可以为记录创建多个组，以可视地分开各组记录，并显示各组的介绍信息和总体信息。这里的属性设置包括打印标头和注脚文本来区别各组，在新的一页上打印每一组，当某组在新页上开始打印时重置页号等。

要想为报表建立多个组，可以按照以下步骤进行：

（1）在“报表”菜单中选择“数据分组”命令。

（2）在“分组表达式”框中创建多个表达式，也可以单击旁边的“插入”按钮，并用“表达式生成器”创建分组表达式。

（3）在“组属性”框中选定需要设置的属性。

（4）单击“确定”按钮。

多个组将按照创建时的顺序显示在“数据分组”框中。单击“确定”按钮后，可以看见多个组在“报表设计器”中的排列情况，如图 11-43 所示。

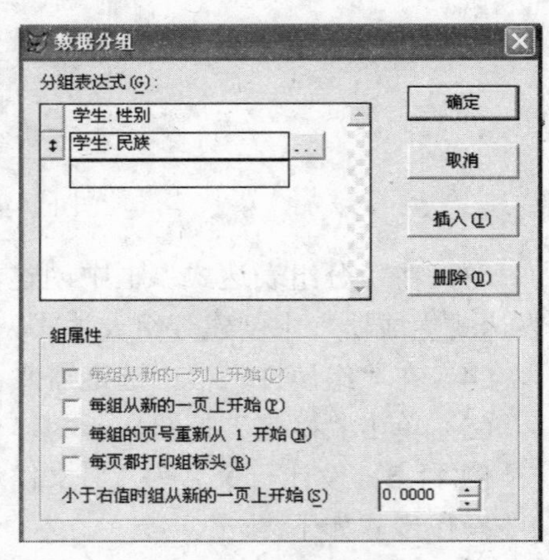

图 11-43 多级分组

4. 更改组带区及分组顺序

如果要修改组带区，可选择“报表”菜单的“数据分组”命令，在“数据分组”对话框中插入或者删除分组表达式，即可以添加或者删除组带区。其操作可以参照前边建立组带区的介绍。

要调整组带区的顺序，从而重新布置报表的输出版面，可以按照以下步骤进行：

（1）在“报表”菜单中选择“数据分组”命令。

（2）在“数据分组”对话框中选择“分组表达式”中的表达式。

（3）用鼠标左键按住分组表达式左边的按钮，并上下拖动，可以将该分组表达式移动到新的位置上。

（4）单击“确定”按钮，完成设置。

11.4.7 设计多栏报表

当报表设置完成以后，用户有必要对报表打印输出的页面进行设置，例如，设置左边界、打印的列设置等。使用“文件”菜单的“页面设置”命令，可以调整报表中列的宽度和页面布局。

要设置报表页面，可以按照以下步骤进行：

（1）选择“文件”菜单的“页面设置”命令。

（2）将弹出如图 11-44 所示“页面设置”对话框。

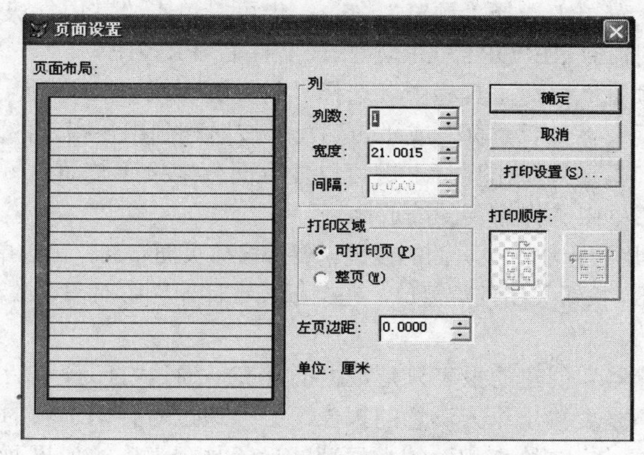

图 11-44 “页面设置”对话框

（3）在“页面设置”对话框中，用户可以调整报表中列的宽度和页面布局。其中可调整的设置取决于安装的打印机，并与报表一起保存。

（4）在“列”框中，使用“列数”指定页面上要打印的列数；“宽度”选项可指定一列的宽度（以英寸或厘米为单位）；“间隔”选项可指定列之间的空间（以英寸或厘米为单位）。

（5）在“打印区域”框中，使用“可打印页”指定由当前选用的打印机驱动程序确定最小页边距；“整页”选项可指定由打印纸尺寸确定最小页边距。

（6）在“左页边距”框中指定页面的左边界，可以用英尺或厘米为单位指定列宽度和间隔。

（7）当报表页面有多列时，可以用“打印顺序”框中的按钮来指定记录如何换行。

（8）在“打印设置”中可以设置打印机类型、纸张大小、来源等打印设置选项。

（9）单击“确定”按钮，完成报表页面的设置。

在“页面设置”对话框中，用户可以通过左侧的“页面布局”框中显示的页面布局随时查看报表页面设置的情况并及时进行修改。

注意： 在“报表设计器”中调节相邻分隔符栏之间的距离可以改变各带区输出值之间的行间距。例如，增大“细节”分隔符栏和“页标头”分隔符栏之间的距离可以使输出记录在“行”方向上变疏。

11.4.8 报表输出

当用户完成报表的定制后，可以预览设计结果。一般情况下，可以在定制报表的过程中随时预览设计结果。当确认报表设计满意后，就可以将报表打印输出了。

1. 预览结果

通过预览报表，用户可以不用打印就能够看到报表页面的显示情况，从而可以检查报表字段的位置设置是否合适、字段大小及间距是否合理，或者查看报表是否返回需要的数据。当预览窗口打开时，会同时打开“打印预览”快捷工具栏。用户可以使用上面的按钮来前后翻页、显示指定页上的内容、设置显示比例等。

要预览报表布局，可以按照以下步骤进行：

（1）在“显示”菜单中选择“预览”命令。也可以单击“常用”快捷工具栏上的“打印预览”按钮，或用命令 REPORT FORM<报表文件名>PRIVIEW。

（2）在“打印预览”快捷工具栏中，选择“前一页”或“后一页”按钮来切换页面，也可以单击“第一页”、“最后一页”或“转到页”按钮翻到用户指定的页面上。

（3）在预览窗口里通过单击鼠标左键可以使页面分别按照整面或 100%格式显示。也可以在“缩放”列表框中选择需要的缩放比例。

在预览窗口中，用户无法修改页面的设置。要想修改页面布局，可以单击“打印预览”快捷工具栏中的“退出”按钮关闭预览窗口，在“报表设计器”中对需要改动的地方进行修改。

2. 打印报表

使用“报表设计器”创建的报表只是数据的外壳，通过打印预览后用户可以初步查看设计的显示效果。但是要输出令人满意的报表，必须通过对打印选项的设置来完成。在打印一个报表文件之前，应该检查相关的数据源的设置是否正确。如果要打印报表，可以按照以下步骤进行：

（1）在“文件”菜单中选择“打印”命令。

（2）在标准的“打印”对话框中单击“选项”按钮。

（3）弹出如图 11-45 所示的对话框。

（4）在“类型”框中选择“报表”选项，并在“文件”框中输入相应的报表文件名。也可以单击右边的“...”按钮，并从弹出的“打印文件”对话框中指定需要打印输出的报表文件位置及名称。

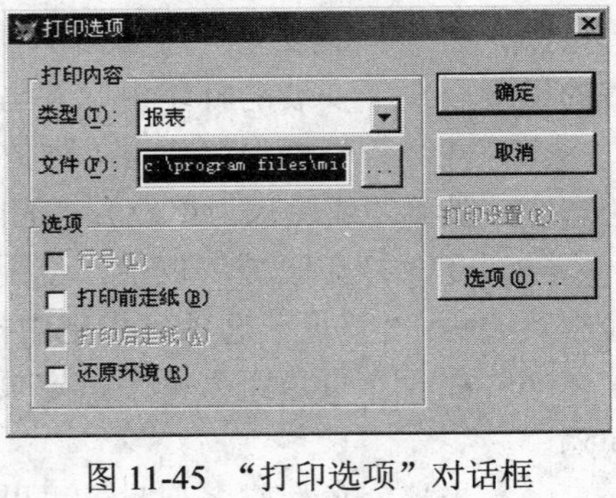

图 11-45 “打印选项”对话框

（5）设置相应的打印选项。

（6）单击“确定”按钮，完成打印设置。

如果报表文件和打印机设置正确，Visual FoxPro 将把报表发送到打印机上。

11.5 创建标签

标签文件是另外一种为满足专用纸张要求而设计的特殊类型的报表。在实际工作中，各种各样的标签具有广泛的应用。创建标签就是用来设计标签的格式和布局，然后将数据表中各记录的有关信息以标签的形式打印出来。标签实际上是一种多栏报表，因而标签的设计与报表的设计十分相似。标签通常以表中的记录数据为单位，一条记录生成一个标签。

用户既可以用 Visual FoxPro 提供的“标签向导”或“标签设计器”设计创建标签，也可以用“报表设计器”设计创建标签。

11.5.1　标签向导

下面通过“标签向导”方式建立一个标签文件，打印学生表中的学生信息，如图 11-46 所示。

图 11-46　学生信息标签

如果要使用“标签向导”，那么可以在“工具”菜单的“向导”子菜单中选择“标签”命令，进入“标签向导”，或“文件”菜单的“新建”命令，然后按照以下步骤进行：

（1）选择需要建立标签的数据库表、自由表或视图文件。

（2）选择所需的标签样式，如图 11-47 所示，向导列出了 Visual FoxPro 安装的标准标签类型。

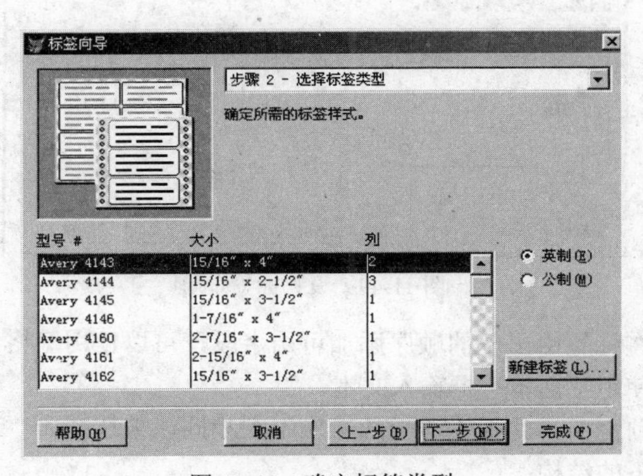

图 11-47　确定标签类型

用户可以选择一种标准标签类型，也可以通过单击“新建标签”按钮，建立用户自定义标签布局。当用户在“自定义标签”对话框中选择“新建”命令后，Visual FoxPro 将弹出如图 11-48 所示的对话框。

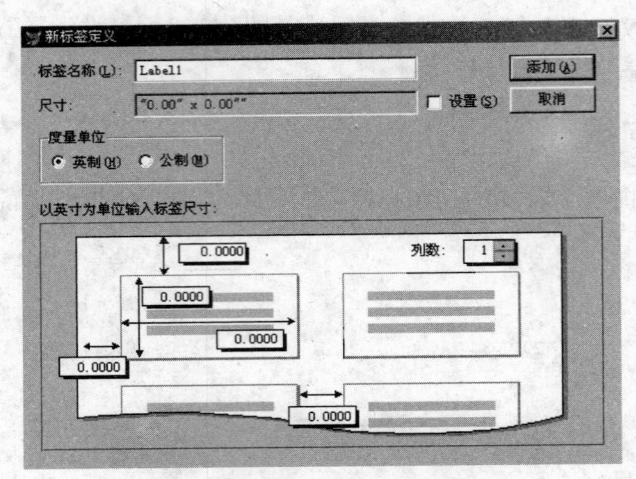

图 11-48　定制用户自定义标签

在“新标签定义”对话框的“标签名称”框中，用户可以为新的标签定义输入一个名字，当创建完一个新标签时，该名字会显示在“新标签”对话框中。

在标签说明上面显示的文本框中，可以输入标签的高度、宽度和边距，也可以在“列数”微调按钮中指定在一行中打印多少标签。

（3）定义布局，如图 11-49 所示。

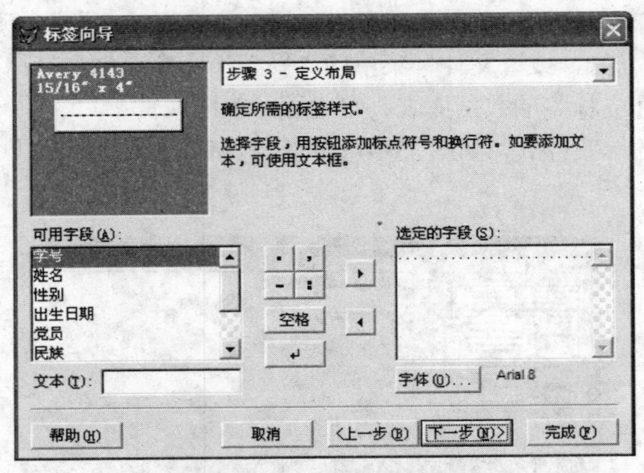

图 11-49　设置标签布局

用户可以按照在标签中出现的顺序添加可用字段，可以使用空格、标点符号、换行符等格式化标签，并使用“文本”框输入文本。

其中的操作与前面所讲的报表向导的操作不大相同，被选送到“选定的字段”窗口中的字段一般具有如下的结构：

文本名称 + 冒号（或空格）+ 相应文本名称的字段

其中，“文本名称”是在左下角的“文本”输入框中输入并送入“选定的字段”窗口中的。要在标签中显示“学号、姓名、性别”等信息，具体做法如下：

在“文本”输入框中输入“学号”，然后添加到“选定的字段”窗口中，单击中间的“冒号按钮”按钮，则在“选定的字段”窗口中显示一个冒号，接下来双击“可用字段”中的“学号”将其送入“选定的字段”窗口。单击中间的回车按钮，另起一行，按照上述的操作流程，将姓名、性别字段的信息添加到“选定的字段”窗口中。

单击“字体”按钮，可以为标签设置字体。

当向标签中添加各项时，向导窗口中的图片会被更新，以近似地显示标签的外观。可查看该图片，看选择的字段在自己的标签上是否合适。如果文本过多，则文本行会超出标签的底边。

（4）选择排序记录方式，系统将按照选定字段的顺序对记录进行排序。

（5）单击“预览”按钮，查看标签设置的效果。用户可以通过单击“上一步”按钮来修改预览后认为不合适的设置。当确认标签设置并输入标签文件名后，保存标签，完成标签的新建。

11.5.2　标签设计器

标签设计器的使用方法和前面所讲的报表设计器的使用方法相同。

本章小结

本章详细介绍了有关 Visual FoxPro 报表文件与标签文件的生成与设置，以及一些常用报表控件的用法。

综合练习

一、选择

1．报表的数据源可以是（　　）。

A．表或视图　　B．表或查询

C．表、查询或视图　　D．表或其他报表

2．在创建快速报表时，基本带区包括（　　）。

A．标题、细节和总结　　B．页标头、细节和页注脚

C．组标头、细节和组注脚　　D．报表标题、细节和页注脚

3．报表标题要通过（　　）控件定义。

A．域控件　　B．标签　　C．布局　　D．线条

4．调用报表格式文件 PP1 预览报表的命令是（　　）。

A．REPORT FROM PP1 PREVIEW　　B．DO FROM PP1 PREVIEW

C．REPORT FORM PP1 PREVIEW　　D．DO FORM PP1 PREVIEW

5．为了在报表中打印当前时间，应该插入一个（　　）。

A．表达式控件　　B．域控件　　C．标签控件　　D．文件控件

6．在 Visual FoxPro 系统中，一个报表设置了数据分组，报表中会自动出现两个带区（　　）。

A．页标头和页注脚　　B．组标头和组注脚

C．行标头和行注脚　　D．列标头和列注脚

7．利用系统提供的（　　）可以创建一个快速的报表。

A．报表设计器　　B．快速报表　　C．报表向导　　D．报表控件

8．修改报表需要在（　　）环境下进行。

A．报表向导　　B．报表设计器和报表向导

C．报表设计器　　D．快速报表

二、填空

1．首次启动报表设计器时，报表布局中只有三个带区，它们分别是页标头、（　　）和页注脚。

2．报表是由（　　）和（　　）两部分组成的。

3．在报表中，打印输出内容的主要区是（　　）带区。

第12章 菜单设计

一个好的软件一定有一个友好、使用方便的用户界面。用户在使用软件时，首先通过菜单来了解软件的功能，然后通过菜单来完成各种相关的操作。Visual FoxPro 系统为用户提供了创建菜单的工具——菜单设计器，用户利用它可以方便、快捷地设计出自己的菜单系统。

12.1 菜单系统

12.1.1 菜单的类型与结构

在 Windows 环境下，常见的菜单类型有两种：下拉菜单和快捷菜单。

1. 下拉菜单

Visual FoxPro 的下拉菜单是一个树型结构，如图 12-1 所示。菜单由菜单栏（主菜单）、子菜单（下拉菜单）及菜单项组成。

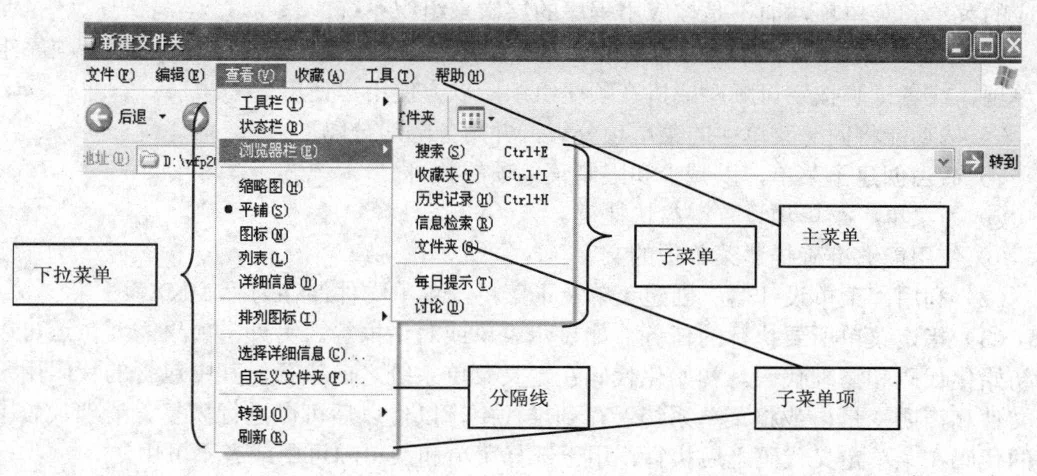

图 12-1 下拉菜单

2. 快捷菜单

快捷菜单一般属于某个界面对象，如表单。当右击该对象时，就会在右击处弹出快捷菜单。快捷菜单通常列出了与处理对象有关的一些功能命令。快捷菜单只有弹出式菜单，没有条形菜单，如图 12-2 所示。

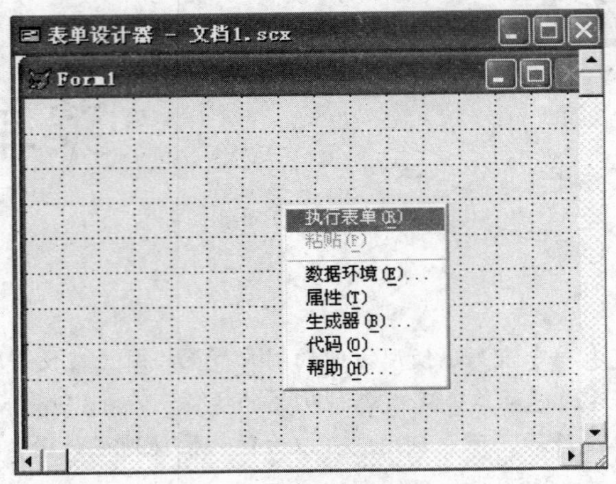

图 12-2 快捷菜单

12.1.2 菜单系统的设计步骤

不管应用程序的规模有多大，创建的菜单有多复杂，创建一个完整的菜单系统都需以下步骤。

（1）规划菜单系统。确定需要哪些菜单、菜单出现在界面的位置以及哪几个菜单要有子菜单等。在规划菜单系统时，应该从以下几方面考虑。

① 按照用户思考问题的方法和完成任务的方法来规划和组织菜单的层次系统，设计相应的菜单和菜单项，而不是按应用程序的层次来组织系统。

② 给每个菜单一个有意义的菜单标题。按照估计的菜单项使用频率、逻辑顺序组织菜单项，或者干脆按字母顺序或拼音顺序组织，以方便用户使用。

③ 按功能将同一菜单中的菜单项分组，并用分隔线分隔。

④ 适当创建子菜单，以减少和限制菜单项的数目。

⑤ 为菜单、菜单项设置键盘快捷键。

⑥ 使用能够准确描述菜单项的文字。

（2）利用“菜单设计器”创建菜单及子菜单，菜单文件保存为“.MNX”。

（3）指定菜单所要执行的任务，如显示表单或对话框等。另外，如果需要，还可以包含初始化代码和清理代码。初始化代码在定义菜单系统之前执行，其中包含的代码用于打开文件和声明变量，或将菜单系统保存到堆栈中，以便以后可以进行恢复。清理代码中包含的代码在菜单定义代码之后执行，用于选择菜单和菜单项可用或者不可用。

（4）选择预览按钮，预览整个菜单系统。

（5）从“菜单”菜单上选择“生成”命令，生成扩展名为“.MPR”的菜单程序。

（6）从“程序”菜单中选择“执行”命令，然后执行已生成的“.MPR”程序。也可使用命令“DO<文件名>”，但文件的扩展名“.MPR”不能省略。

12.2　下拉菜单

12.2.1　菜单的建立

1. 打开“菜单设计器”

使用 Visual FoxPro 的“菜单设计器”可以完成用户菜单界面的设计。使用“菜单设计器”进行菜单设计，可以按照以下三种方式进行。

（1）菜单方式

① 选择“文件”菜单的“新建”命令。

② 在“新建”对话框中选择“菜单”选项，并单击“新建文件”按钮。

（2）项目管理器方式

① 在“项目管理器”中选择“其他”选项卡。

② 选择“菜单”选项，单击“新建”按钮。

（3）命令方式

```
CREATE  MENU  <菜单文件名>
```

无论使用以上哪种方法，都会弹出如图 12-3 所示的“新建菜单”对话框，然后单击“菜单”按钮，打开如图 12-4 所示的“菜单设计器”窗口。

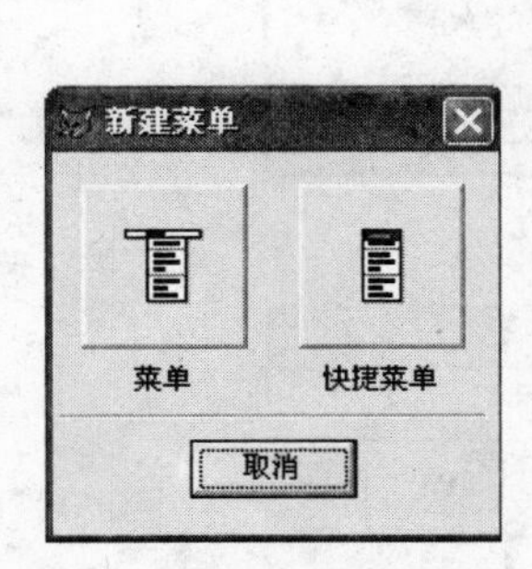

图 12-3 “新建菜单”对话框

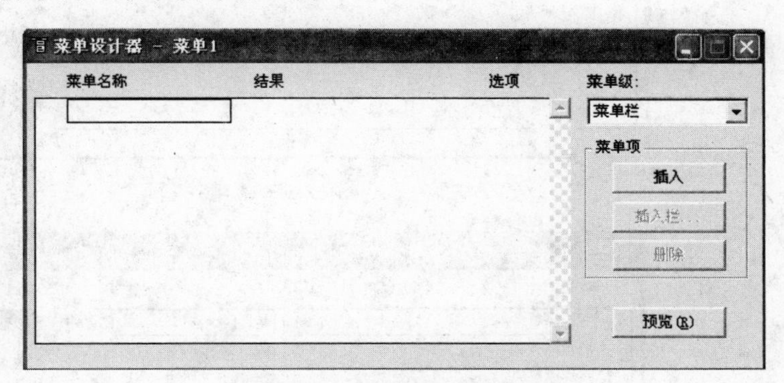

图 12-4　“菜单设计器”窗口

2. 菜单设计器的组成

（1）“菜单名称”列

“菜单名称”用来输入菜单项的名称。该文字是显示在菜单上的，不是程序中的菜单名。

在 Visual FoxPro 中，允许用户在菜单项名称中为该菜单定义访问键。菜单显示时，访问键用有下划线的字符表示；菜单运行后，只要按下“Alt+访问键”，该菜单项就被执行。定义访问键的方法是在要定义的字符前加上“\<”两个字符。例如在菜单名称“退出”后加上“(\<T)”，如图 12-5 所示。如果在“菜单名称”栏中输入“\-”，则在此处插入了一条水平分组线。

（2）“结果”列

“结果”用来指定在选择菜单项时发生的动作。其中包含命令、过程、子菜单和填充名称等四项内容。

① 命令

选择该项后，在组合框的右边会出现一个文本框。可以在文本框内输入一条具体的命令，运行菜单后，选择该菜单项，就会运行该命令。

② 过程

选择该项后，在组合框的右边会出现一个“创建”命令按钮，单击该按钮后，出现一个文本编辑窗口，在此可输入程序语句。若“过程”中已有内容，则“创建”按钮变成了“编辑”按钮。

③ 子菜单

选择该项后，在组合框的右边会出现一个“创建”命令按钮，菜单设计器进入到子菜单页，供用户建立和修改子菜单。这里选择子菜单，单击“创建”后，显示如图 12-6 所示的菜单页。若“子菜单”中已有内容，则“创建”按钮变成“编辑”按钮。

通过在图 12-6 右侧“菜单级”下的组合框中选择“菜单栏”选项，可返回第一级菜单，如图 12-5 所示。

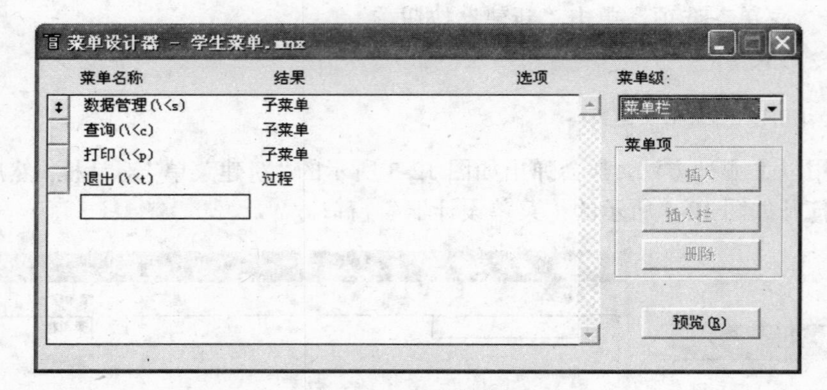

图 12-5 菜单栏窗口

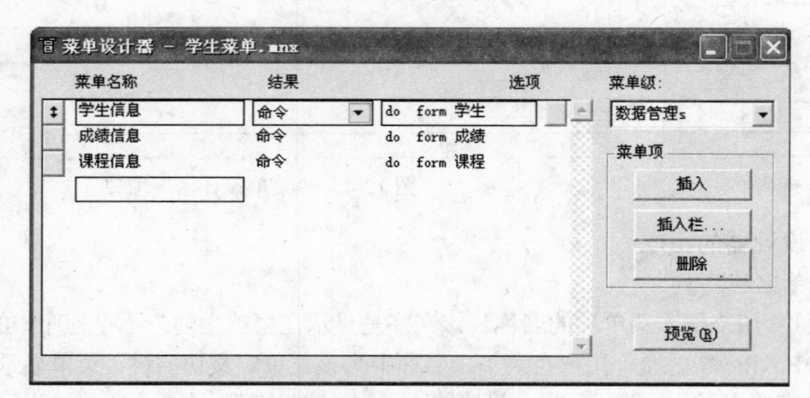

图 12-6 子菜单窗口

④ 填充名称或菜单项#

该选项用于定义第一级菜单的菜单名或子菜单的菜单项序号。当前若是一级菜单，则显示的就是“填充名称”，表示由用户自己定义菜单名；当前如果是子菜单项则显示“菜单项#”，表示由用户自己定义菜单序号。定义时名字或序号输入到它右边的文本框中。

其实，系统会自动设定菜单名称和菜单序号，只不过系统所取的名字难记忆，不利于阅读菜单程序和在程序中引用。

（3）“选项”列

每个菜单行的“选项”列中都有一个没有标题的按钮，单击该按钮后，显示一个对话框，用于定义菜单项的附加属性，如果为该菜单项定义过属性，则该按钮显示符号“√”。“提示选项”对话框中的主要选项如下。

① 定义快捷键

快捷键是指菜单项右边的组合键。如 Visual FoxPro “文件”菜单下“新建”子菜单的快捷建为 Ctrl+N。快捷键与访问键不同的是：在菜单还未打开时，使用快捷键就可运行菜单项。

“键标签”文本框用于为菜单项设置快捷键，定义方法是将光标移动到该文本框中，按下要定义的快捷键“Ctrl+字母”，字符串会自动填充到文本框中，如图 12-7 所示。要取消已经定义的快捷键，当光标在该文本框中时，按空格键即可。

② “跳过”文本框

用于设置菜单或菜单项的跳过条件，用户可以在其中输入一个表达式表示条件。当表达式条件为真时，该菜单项以灰色显示，表示不可选用。

③ 显示状态栏信息

“信息”文本框用于设置菜单项的说明信息，该说明信息显示在状态栏中。

（4）“菜单设计器”的按钮

① “插入”按钮

单击该按钮，可在当前菜单项之前插入一个新的菜单项行。

② “插入栏”按钮

在当前菜单项之前插入一个 Visual FoxPro 系统菜单命令的方法是：单击该按钮，打开“插入系统菜单栏”对话框，如图 12-8 所示。然后在对话框中选择所需的菜单命令，并单击“插入”按钮。

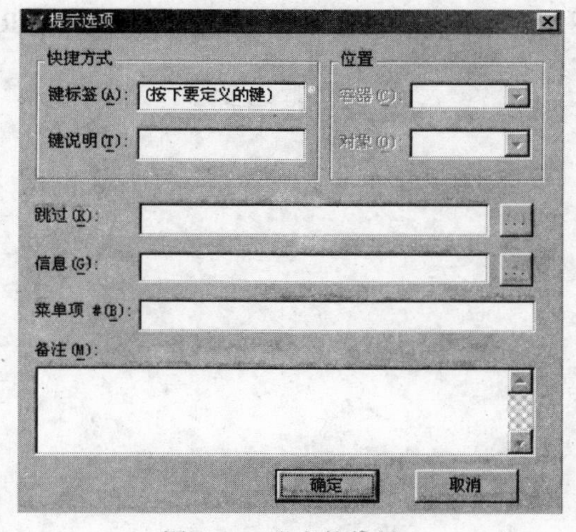

图 12-7 定义快捷键

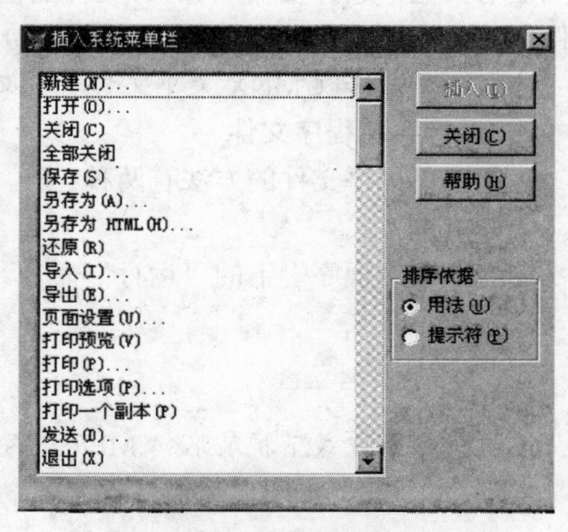

图 12-8 “插入系统菜单栏”对话框

③ “删除”按钮

单击该按钮，可删除当前菜单项行。

④ “预览”按钮

单击该按钮，可预览菜单效果。

⑤ “移动”按钮

每一个菜单项的左侧都有一个“移动”按钮，拖动该按钮可以改变菜单项在当前菜单项中的位置。

3. 菜单的保存与修改

菜单设计完成后，应将菜单文件保存，此时的文件扩展名为“.MNX”。保存菜单的方法如下：

（1）菜单“文件”下的“保存”命令。

（2）单击常用工具栏中的“保存”按钮。

若想修改已经关闭的菜单文件，方法如下：

（1）选择菜单“文件”下的“打开”命令，选择“菜单”类型和要修改的文件名。

（2）输入 MODIFY MENU<菜单文件名>命令。

12.2.2 菜单程序的生成及运行

1. 生成菜单程序文件

在菜单文件设计结束后，必须生成菜单程序文件才可使用，此时文件的扩展名为“.MPR”。选择菜单中的“菜单”→“生成”命令，弹出“是否保存菜单”的对话框后，单击“是”按钮，显示如图 12-9 所示的“生成菜单”对话框。

图 12-9 “生成菜单”对话框

在对话框中选择要输入 MPR 文件的位置和名字，单击“生成”命令按钮，将生成“.MPR”文件。

注意：每当修改 MNX 菜单文件时，必须重新生成 MPR 菜单程序文件。

2. 运行菜单程序文件

运行菜单程序文件的方法有两种：

（1）菜单方式

选择菜单“程序”下的“运行”命令。

（2）命令方式

```
DO 菜单文件名.MPR
```

注意：命令方式下扩展名“.MPR”不可以省略。

12.2.3 显示菜单的“常规选项”和“菜单选项”

1. 常规选项

打开菜单设计器时，Visual FoxPro 的“显示”菜单中会出现“常规选项”菜单项，如图 12-10 所示。

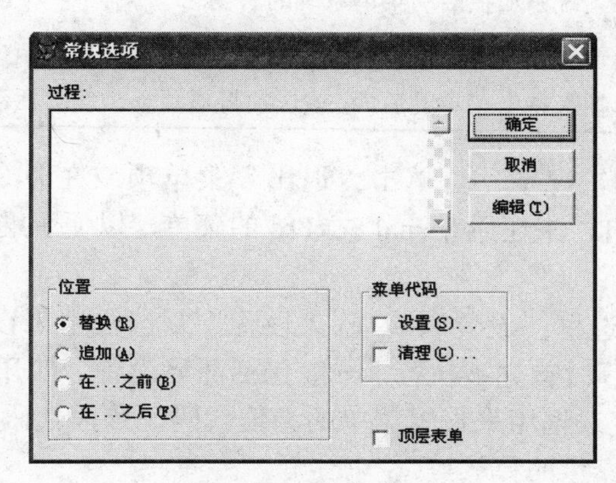

图 12-10 常规选项

（1）过程

如果菜单栏级的某些菜单项没有规定具体动作，则可以在编辑框内为这些菜单项写入公共过程。当运行菜单并选择这些菜单项时，将执行在这里输入的代码。可以在“过程”编辑框里直接输入代码，也可以单击“编辑”按钮，打开一个专门的文本编辑窗口。

（2）位置

按照这种方法建立的菜单，菜单运行后将放置在 Visual FoxPro 的菜单栏上，默认情况下，菜单替换了 Visual FoxPro 系统菜单，如图 12-11 所示。

用户可以设置主菜单项添加到其他指定位置。通过选择“菜单设计器”中的“显示”菜单的“常规选项”命令可以完成这样的任务。

要想指定菜单项添加的位置，可以按照以下步骤进行：

① 选择“显示”菜单的“常规选项”命令。

② 在“位置”选择框中选择需要将菜单添加的位置，如图 12-12 所示。

Microsoft Visual FoxPro
数据管理(s) 查询(c) 打印(p) 退出(t)

图 12-11 运行菜单

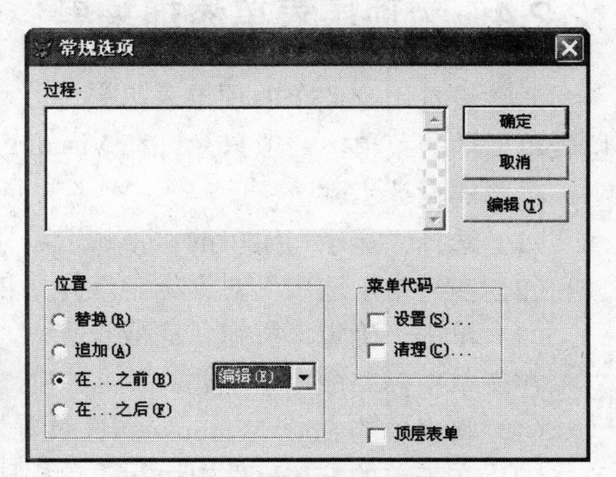

图 12-12 设置菜单项的位置

各位置选项的设置及说明如表 12-1 所示。

表 12-1 位置选项的设置及说明

设 置	说 明
替换	使用新的菜单系统替换已有的菜单系统
追加	将新菜单系统添加在活动菜单系统的右侧
在…之前	将新菜单插入指定菜单的前面。该选项将显示一个包含活动菜单系统名称的下拉列表
在…之后	将新菜单插入指定菜单的后面。该选项将显示一个包含活动菜单系统名称的下拉列表

在图 12-11 所示的情况下，可单击“退出”菜单项或在命令窗口中输入命令：SET SYSMENU TO DEFAULT，来还原 Visual FoxPro 的菜单，以便于继续进行其他的程序设计。

（3）菜单代码

菜单代码有两个复选框：设置和清理。“设置”复选框用来设置菜单系统的初始化代码。该段代码在菜单运行时首先被执行，一般包括环境设置、打开必要的文件、声明常量、全局变量等。“清理”复选框用来设置菜单的清理代码，该段代码在菜单程序的最后执行，一般包括环境的复原、变量的释放等。

（4）顶层表单

若“顶层表单”复选框被选中，则表示当前编辑的菜单将在一个顶层表单中运行。

2. 菜单选项

选择“显示”菜单中的“菜单选项”，打开如图 12-13 所示的“菜单选项”对话框。该对话框中有一个“过程”编辑框，如果用户定义的子菜单的某些菜单项没有规定具体动作，则可以在该编辑框内为这些菜单项写入公共过程，当运行菜单并选择这些子菜单项时，将执行在这里输入的代码。可以直接在编辑框输入，也可通过单击“编辑”按钮打开一个过程编辑窗口来输入。

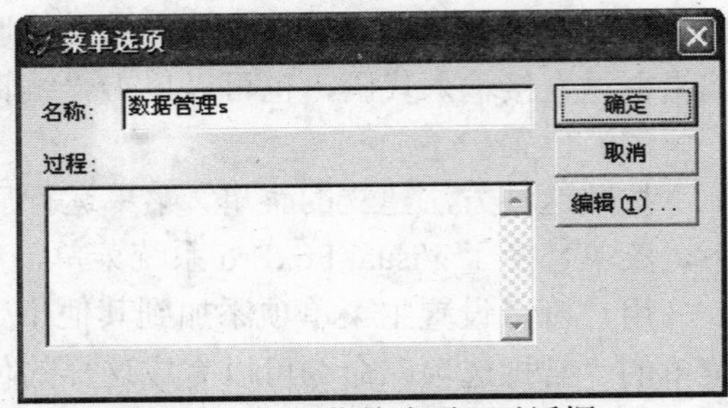

图 12-13 “菜单选项”对话框

12.2.4 为顶层表单添加菜单

通过设置用户菜单的顶层表单属性，可以扩大用户菜单的使用范围。对于没有设置顶层表单属性的菜单，一般只允许在 Visual FoxPro 中使用该菜单。

菜单的设计步骤：

（1）选择“显示”菜单的“常规选项”命令。

（2）在“常规选项”对话框中选择“顶层表单”复选框。

（3）单击“确定”按钮，完成设置。

在表单中需完成以下操作：

（1）将表单的 ShowWindow 属性设置为 2，使其成为顶层表单。

（2）在表单的 Init 事件中运行菜单程序。命令如下：

```
DO 菜单文件名.MPR with This , .T.
```

设置完的用户菜单系统可以在用户定义的顶层表单中使用。

例 12.1　建立如表 12-2 所示的菜单，菜单文件名为“学生菜单.MPR”。

表 12-2　菜 单 结 构

主　菜　单	子　菜　单	命令或过程
数据管理（S）	学生信息	Do form 学生
	成绩信息	Do form 成绩
	课程信息	Do form 课程
查询（C）	学生查询	Do form 男女信息
	成绩查询	Do form 成绩浏览
打印（P）	学生基本情况	report form 学生打印 preview
	学生成绩	report form 成绩打印 preview
退出（T）		Set sysmenu to default

操作步骤如下：

（1）选择菜单“文件”下的“菜单”类型，然后单击“新建文件”按钮。

（2）在“新建菜单”中选择“菜单”按钮，弹出“菜单设计器”窗口。

（3）在“菜单设计器”窗口中完成菜单设置，如图 12-14 所示。

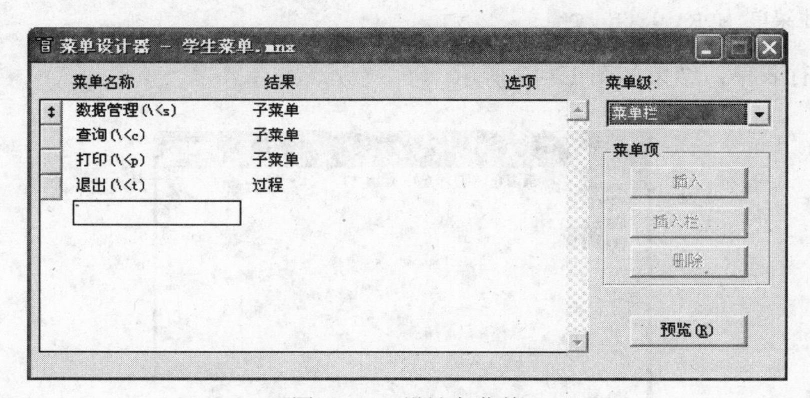

图 12-14　设计主菜单

（4）保存并生成菜单程序。

（5）运行菜单，结果如图 12-15 所示。

图 12-15　菜单运行的结果

例 12.2　首先创建一个表单“学生管理”，然后把菜单“学生菜单.MPR”加到该表单上。

操作步骤如下：

（1）打开菜单“学生菜单.MNX”，选择“显示”菜单下的“常规选项”，选中“顶层表单”复选框，单击“确定”按钮完成设置，并重新生成该菜单。

（2）建立一个文件名为“学生管理”的表单，如图 12-16 所示。

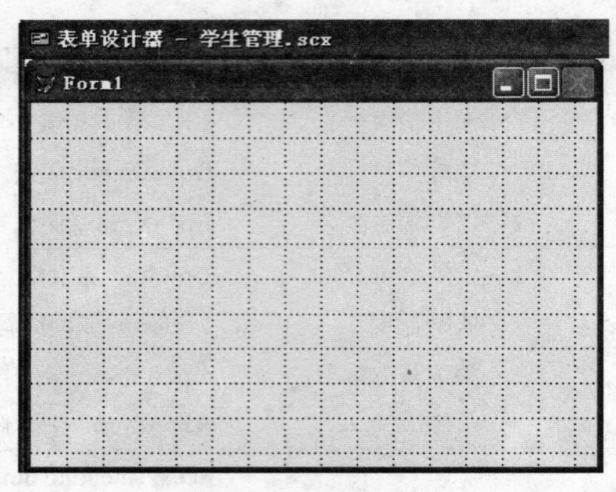

图 12-16　顶层表单

（3）在表单中，需完成以下操作：

① 将表单的 ShowWindow 属性设置为 2，使其成为顶层表单。

② 在表单的 Init 事件中运行菜单程序。

```
DO  学生菜单.MPR  with  This ,   .T.
```

（4）运行表单，结果如图 12-17 所示。

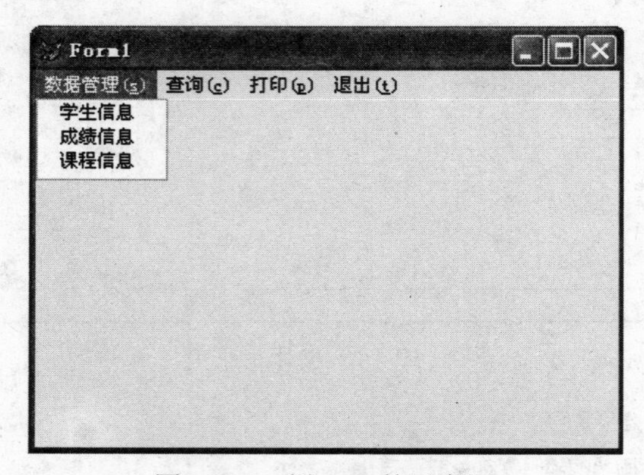

图 12-17　例 12.2 的示意图

12.3 快捷菜单

快捷菜单的运行需要从属于某个界面对象（如表单），在某个对象上右击会弹出快捷菜单，该功能给用户带来了极大的方便。其设计方法与设计下拉式菜单的子菜单的方法相似。

（1）“文件”菜单下的“新建”命令，选择“菜单”类型，单击“新建文件”按钮，在“新建菜单”中选择“快捷菜单”选项。

（2）在快捷菜单设计器里完成菜单设计。

（3）保存快捷菜单，并生成菜单程序文件。

（4）在表单设计器环境下，选择需要建立快捷菜单的对象，在对象的 RightClick 事件代码中添加调用快捷菜单程序的命令：

```
DO  快捷菜单名.MPR
```

例 12.3　为如图 12-18 所示的表单上的文本框建立一个具有撤消、剪切、复制、粘贴、清除功能的快捷菜单。

（1）打开“快捷菜单设计器”窗口，单击“插入栏”按钮，打开“插入系统菜单栏”对话框。

（2）在“插入系统菜单栏”对话框中先后选定“撤消”、“剪切”，“复制”、“粘贴”和“清除”选项，然后单击插入按钮，将它们一一插入。

（3）保存菜单，菜单的文件名为“快捷.MNX”。

（4）选择系统菜单“菜单”栏下的“生成”菜单项，生成菜单程序“快捷.MPR”。

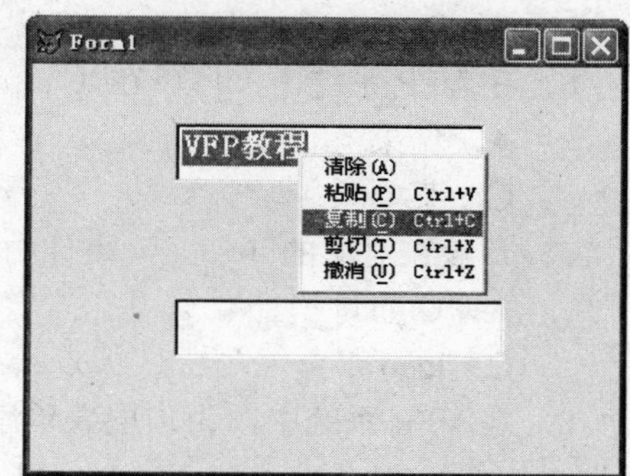

图 12-18　建立快捷菜单

（5）打开已知表单，选择一个文本框，添加该文本框的 RightClick 事件代码如下：

```
DO 快捷.MPR
```

（6）运行表单，在表单文本框中右击，出现快捷菜单。

本章小结

菜单为用户提供了一个结构化的、可访问的途径，便于使用应用程序中的功能。本章的重点是操作菜单，包括规划用户菜单系统、利用菜单设计器创建菜单、生成菜单程序、执行菜单程序等内容。以及如何应用菜单，把菜单设置在顶层表单上和为某个对象加上快捷菜单。

综合练习

一、选择

1. 假设已经生成了名为 mymenu 的菜单文件，执行该菜单文件的命令是（　　）。

A．DO mymenu　　　　B．DO mymenu.mpr

C．DO mymenu.pjx　　　　D．DO mymenu.mnx

2．如果菜单项的名称为“统计”，快捷键是 T，在菜单名称一栏中应输入（　　）。

A．统计（\<T）　　B．统计（Ctrl+T）

C．统计（Alt+T）　　D．统计（T）

3．为了从用户菜单返回到系统菜单应该使用命令（　　）。

A．SET DEFAULT SYSTEM　　B．SET MENU TO DEFAULT

C．SET SYSTEM TO DEFAULT　　D．SET SYSMENU TO DEFAULT

4．扩展名为 mnx 的文件是（　　）。

A．备注文件　　B．项目文件　　C．表单文件　　D．菜单文件

5．以下是与设置系统菜单有关的命令，其中错误的是（　　）。

A．SET SYSMENU DEFAULT　　B．SET SYSMENU TO DEFAULT

C．SET SYSMENU NOSAVE　　D．SET SYSMENU SAVE

6．在 VFP 系统中，可以在（　　）中指定菜单的快捷键。

A．结果　　B．菜单级

C．菜单项　　D．提示选项

7．一般在对象的（　　）事件中添加调用快捷菜单程序的命令。

A．Click　　B．dbclick

C．load　　D．rightclick

8．在 VFP 系统中，为顶层表单添加菜单，需要将表单的 SHOW WINDOW 的属性定义为（　　）。

A．2　　B．3　　C．4　　D．5

9．菜单设计器中不包括的按钮是（　　）。

A．插入　　B．删除　　C．生成　　D．预览

10．弹出式菜单可以分组，插入分组线的方法是在“菜单名称”框中输入（　　）两个字符。

A．/-　　B．\-　　C．-/　　D．-\

二、填空

1．在菜单设计器中的“结果”列中可选项为（　　　）、（　　　）、（　　　）和填充名称或菜单项。

2．右击弹出的是（　　　）菜单，应在对象的（　　　）事件中添加代码调用该菜单。

三、操作

1．利用菜单设计器创建设计一个如图 12-19 所示的对“学生”表进行操作的菜单。各菜单的功能如下：

（1）“文件”菜单中的“打开”子菜单的功能和对应 VFP 系统菜单项的功能相同。

（2）“关闭”可以关闭当前打开的表文件。

（3）“浏览”能浏览当前打开的表的记录。

（4）“退出”能够退出当前的菜单系统，返回 VFP 的系统菜单。

图 12-19　菜单

2．首先创建一个文件名为“FORM1”的表单，在该表单上添加如图 12-20 所示的快

捷菜单，完成“成绩”表的最高分、最低分、平均分的统计功能。

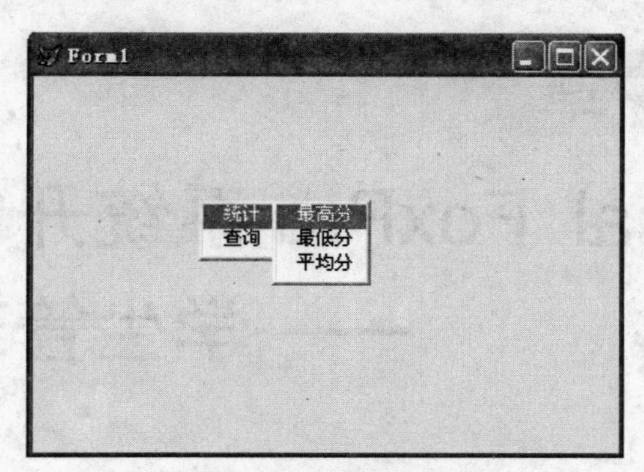

图 12-20　快捷菜单

第13章 Visual FoxPro 系统开发案例——学生管理系统

学习 Visual FoxPro 的主要目的是开发用户自己的数据库应用系统。本章将以学生管理系统的开发过程为例，介绍开发系统的方法和步骤，以及如何利用 VFP 的项目管理器将应用程序开发所需要的数据表、数据库、表单、报表及菜单等功能模块组织起来，最终生成一个可在 Windows 环境下直接运行的可执行文件。

13.1 系统开发的一般过程

要设计一个高质量的数据库应用系统，必须从系统工程的角度来考虑问题和分析问题。软件开发通常要经过分析、设计、实施、测试、维护等几个阶段。

（1）分析阶段，首先必须明确用户的各项要求，并通过对开发项目信息的收集，确定系统目标和软件开发的总体构思。

（2）设计阶段，通过第一阶段的分析，明确了系统要“做什么”，接下来就要考虑“怎么做”，即如何实现软件开发。

（3）实施阶段，经过理论上的分析和规划设计后，就要用 VFP 来实现上述方案，通常包括菜单设计、表单设计、程序设计等几个方面。

（4）测试阶段，验证程序是否正确，检验程序是否满足用户的需求。

（5）运行维护阶段，应用经过测试即可正式运行，并在运行中不断修改、调整和完善。

图 13-1 所示为应用程序开发的一般过程。

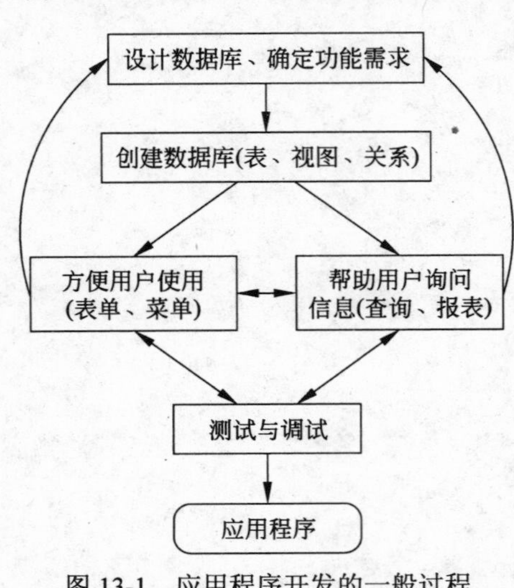

图 13-1　应用程序开发的一般过程

13.2　应用程序的生成

在 Visual FoxPro 中，使用项目管理器可以方便地管理数据库应用系统涉及的文件，并生成可以运行的可执行文件。一般应完成如下工作：

① 将数据库应用系统所涉及的文件添加到项目中。

② 设置文件的“排除”与“包含”。

③ 设置主文件。

④ 连编。

1. 将数据库应用系统涉及的文件添加到项目中

把数据库应用系统所涉及的数据库与表、视图、查询、程序、表单、菜单、报表等文件都添加到项目管理器中。

2. 设置文件的“排除”与“包含”

把文件添加到项目里时，发现有的文件左侧有一个符号“⊘”，表示排除。

（1）文件的“排除”与“包含”

“排除”与“包含”相对。在项目中将“包含”的文件在连编成应用程序后，成为“只读”文件，若用户以后还要修改文件，必须将该文件标为“排除”。

一般情况下，表单、报表、查询、菜单和程序应该设为“包含”，而数据文件则应设为“排除”。

（2）设置“排除”与“包含”

右击选定的文件，在快捷菜单上选择“包含”或“排除”。

3. 设置主文件

在 Visual FoxPro 中，使用“项目管理器”可以方便地设置主文件。一般来说，每一个项目都必须指定一个主文件。主文件是应用程序的执行起始点。菜单、表单、查询或源程序等文件均可设置为应用程序的主文件。每一个项目都必须有一个主文件，也只能有一个主文件。在构造项目时，Visual FoxPro 会默认指定一个文件为主文件。如果指定的主文件不符合要求，那么可以手工设置主文件。

若要使用“项目管理器”设置主文件，操作步骤如下：

（1）打开指定项目的“项目管理器”对话框。

（2）选择要设置为主文件的文件。

（3）在选中的文件上右击，在弹出的快捷菜单中选择“设置主文件”命令，或者从“项目”菜单中选择“设置主文件”命令。

（4）主文件在项目管理器中以黑体显示（这里指定了“主程序”为项目的主文件），如图 13-2 所示。

4. 连编项目

连编项目主要用于对项目进行测试。在项目管理器中单击“连编”按钮，打开“连编选项”对话框，如图 13-3 所示。在“连编选项”对话框中选择“重新连编项目”选项，或输入命令 BUILD PROJECT<项目名>连编项目。

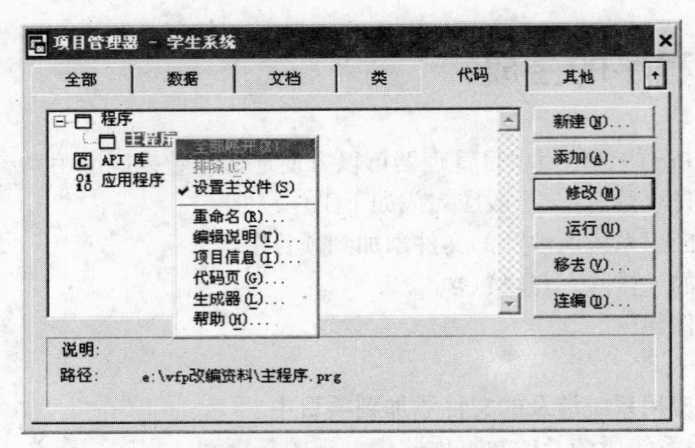

图 13-2 指定程序为主文件

5. 连编应用程序

在 Visual FoxPro 中，可将所有文件连编成一个应用程序文件，应用程序的连编结果有两种文件：

- 应用程序文件（.APP）：需要在 Visual FoxPro 中运行。
- 可执行文件（.EXE）：既可以在 Visual FoxPro 中运行，也可以在 Windows 中运行。

连编应用程序的操作步骤如下：

（1）打开指定项目的“项目管理器”对话框。

（2）在“项目管理器”对话框中单击“连编”按钮，打开“连编选项”对话框，如图 13-3 所示。

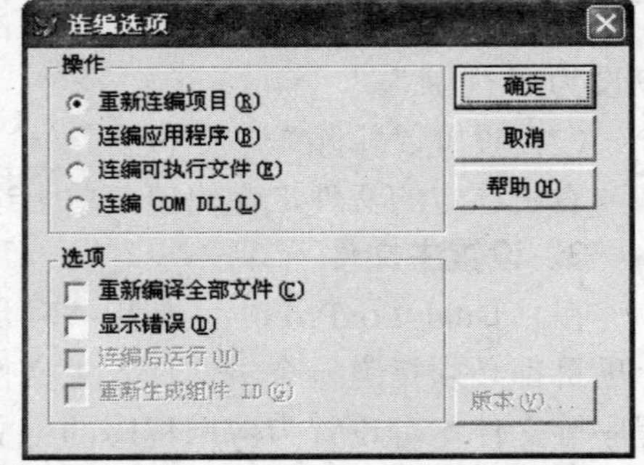

图 13-3 “连编选项”对话框

（3）如果在“连编选项”对话框中选择“连编应用程序”选项，则生成.APP 应用程序文件；若选择“连编可执行文件”选项，则生成一个.EXE 文件。

（4）单击“确定”按钮，打开“另存为”对话框。

（5）在“另存为”对话框中指定可执行文件的存放路径和文件名。

（6）单击“保存”按钮，系统立即将数据库应用系统所涉及的文件打包，并生成可运行的文件。

连编应用程序的命令是 BUILD APP 或 BUILD EXE。

例如，要从项目“学生系统.PJX”连编得到一个应用程序“学生管理系统.APP”或“学生管理系统.EXE”，命令如下：

```
BUILD APP 学生管理系统 FROM 学生系统
```

或：

```
BUILD EXE 学生管理系统 FROM 学生系统
```

6. 运行应用程序

当为项目生成了应用程序文件之后，就可运行它。

（1）运行.APP 应用程序

运行.APP 应用程序需要首先启动 Visual FoxPro，然后选择“程序”→“运行”，选择要执行的应用程序；或者在“命令”框输入“DO <应用程序文件名>”。

（2）运行可执行.EXE 文件

生成的.EXE 应用程序文件既可以像步骤（1）一样在 Visual FoxPro 中运行，也可以在 Windows 中双击该.EXE 文件的图标运行。

13.3 “学生管理系统”的开发

13.3.1 系统功能分析

学校根据对学生管理的需要，决定建立一个“学生管理系统”，以取代人工管理，开发的功能如下：

（1）能对与学生管理有关的各类数据进行输入、修改、删除与计算。

（2）能根据需要查询学生管理所需要的各类数据。

（3）打印学生基本情况和学生成绩报表。

13.3.2 系统功能模块设计

（1）数据资源，采用第 5 章介绍的“学生管理”数据库中的学生、成绩、课程三个表。

（2）系统主程序，由此启动系统登录表单。

（3）系统菜单，使用户方便、快捷地控制整个系统。

（4）系统登录表单，必须输入正确的用户名和密码，才可以使用该系统。

（5）数据管理，有学生、成绩、课程三个表单。

（6）查询，有“男女信息”、“成绩浏览”两个表单。

（7）打印，有“学生基本情况”、“学生成绩”两份报表。

（8）退出，关闭该系统。

根据设计要求，画出系统的结构图，如图 13-4 所示。

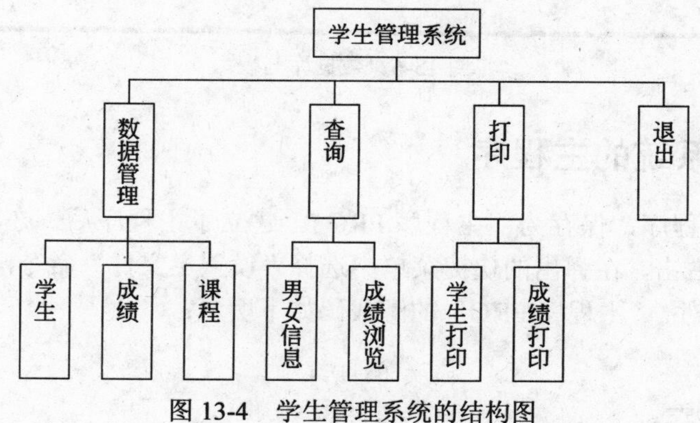

图 13-4　学生管理系统的结构图

13.3.3 建立应用程序项目

（1）新建一个“学生管理”文件夹。

（2）新建项目。在“新建”对话框中单击“新建项目”按钮。在“创建”对话框中输入项目文件名“学生系统”，如图 13-5 所示。

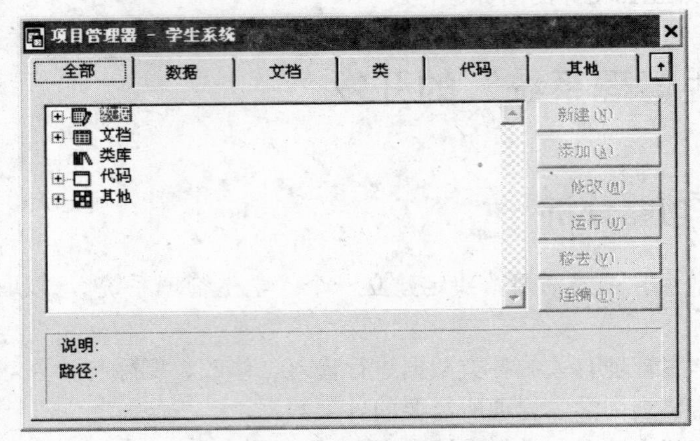

图 13-5 “学生系统”项目

13.3.4 建立数据库及数据库表

详细方法请参照第 5 章，如图 13-6 所示。

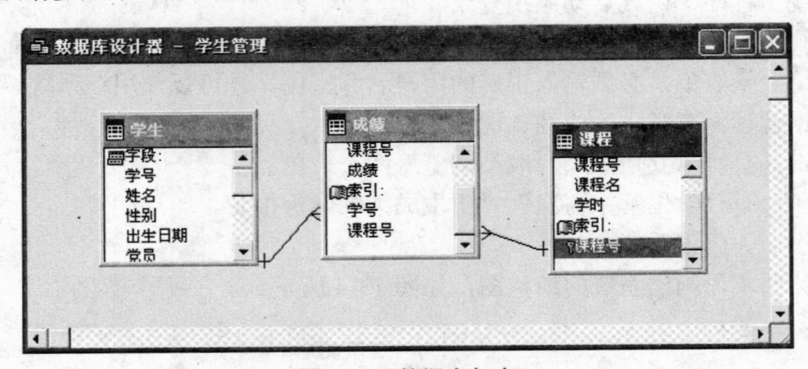

图 13-6 数据库与表

13.3.5 设计系统的主程序

建立系统的主程序，保存为“主程序.PRG”。建立了主程序后，在项目管理器中选中“主程序.PRG”并右击，在弹出的快捷菜单中选择“设置主文件”命令，将“主程序.PRG”设置为系统的主文件。“主程序.PRG”的源代码如下所示：

```
SET TALK OFF                  &&关闭对话
SET ESCAPE OFF                &&关闭 ESCAPE 键
```

```
SET EXACT ON                    &&打开完全匹配
SET EXCLUSIVE ON                &&打开独占
SET CONSOLE ON                  &&将输出结果发送到 VFP 主窗口或当前活动窗口
SET DATE TO LONG                &&设置长日期
SET SCORE OFF                   &&关闭分值栏
SET SAFETY OFF                  &&关闭安全提示
SET STATUS BAR OFF              &&关闭系统提示栏
SET CENTURY ON                  &&打开显示"世纪"的开关
SET DELETED ON                  &&屏蔽删除项
SET SYSMENU OFF                 &&关闭系统菜单
*设置系统窗口属性
_SCREEN.MaxButton = .F.              &&取消最大化按钮
_SCREEN.MaxWidth = 780               &&设置最大宽度
_SCREEN.MaxHeight = 600              &&设置最大高度
_SCREEN.Caption = "学生管理系统"     &&设置窗口标题
_SCREEN.Picture = '图片1'            &&设置窗口背景图片
_SCREEN.AutoCenter = .T.             &&指定表单自动位于主窗口中央
*打开菜单
Do 学生菜单.mpr
Do Form 登录
READ EVENTS
```

13.3.6　系统登录表单

登录表单主要用于验证用户输入的口令是否正确，若口令正确，则可进入系统环境。登录表单为“登录.SCX”，如图 13-7 所示。其界面与设计方法参照第 10 章的例 10.8。

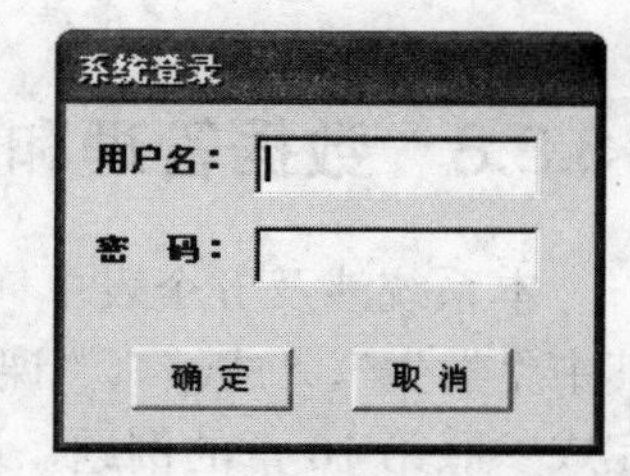

图 13-7　“登录”表单

“确定”按钮的 Click 事件代码是：

```
IF Thisform.Text1.Value="bbs" AND Thisform.Text2. Value="1234"
Thisform.Release
ELSE
Thisform.num=Thisform.num+1
   IF Thisform.num=3
     Messagebox( "用户名与密码不正确,登录失败!" ,16,"提示信息")
     Thisform.Release
   ELSE
     Thisform.text1.value=""
      Messagebox( "用户名或密码错误,请重新输入!" ,16, "提示信息")
   ENDIF
ENDIF
```

“取消”按钮的 Click 事件代码是：

```
Thisform.release
Quit
```

13.3.7 系统主菜单

根据本系统的功能，菜单系统主要由“数据管理”、“查询”、“打印”、“退出”四个菜单项及相应子菜单构成，如图 13-8 所示。菜单文件为“学生菜单.MPR”，具体设计参照第 12 章中的例 12.1。

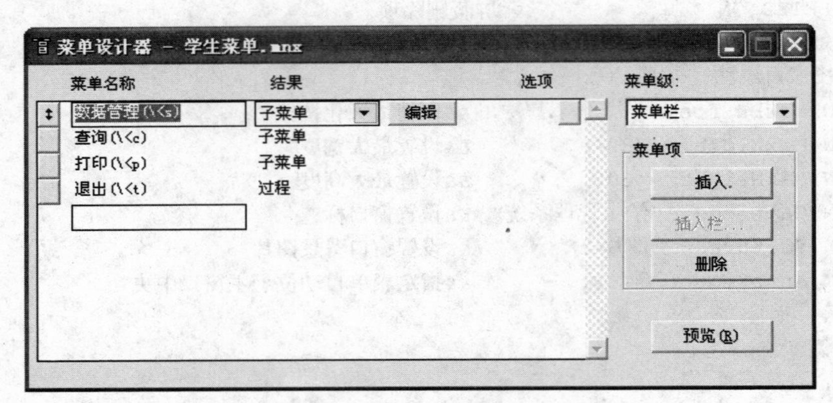

图 13-8　菜单

13.3.8 数据管理和查询表单

本系统涉及五个表单，分别为“学生”、“成绩”、“课程”、“男女信息”、“成绩浏览”。其中“学生”、“成绩”、“课程”这三张表单可以用向导完成；“男女信息”、“成绩浏览”的完成参照第 10 章的例题，运行结果分别如图 13-9～图 13-13 所示。

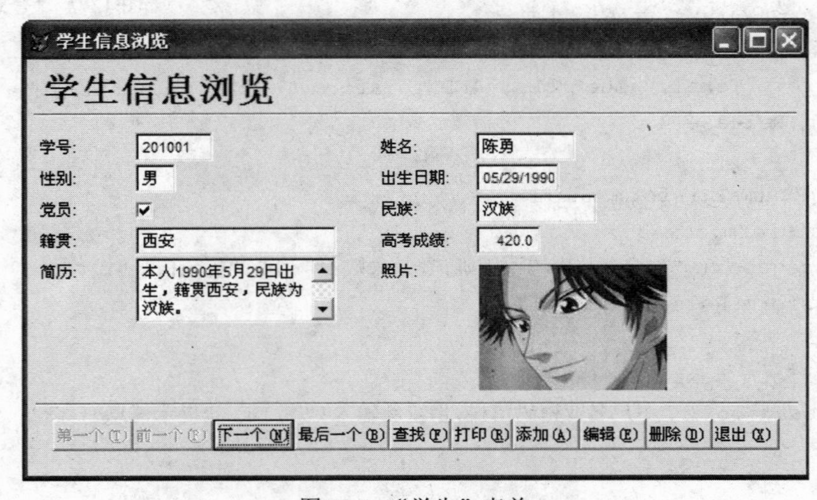

图 13-9　“学生”表单

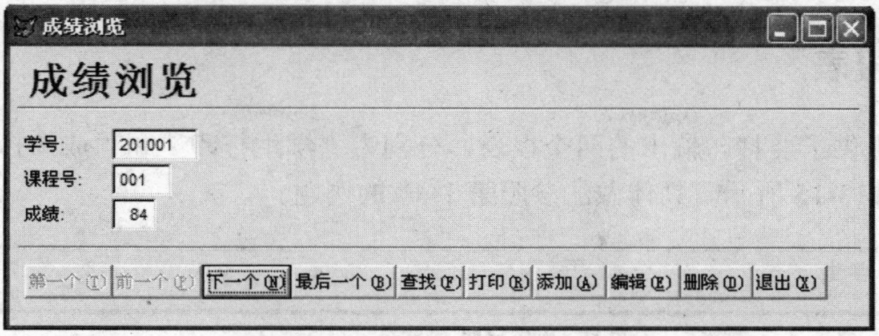

成绩浏览

成绩浏览

学号: 201001

课程号: 001

成绩: 84

第一个(T) 前一个(P) 下一个(N) 最后一个(B) 查找(F) 打印(R) 添加(A) 编辑(E) 删除(D) 退出(X)

图 13-10　“成绩”表单

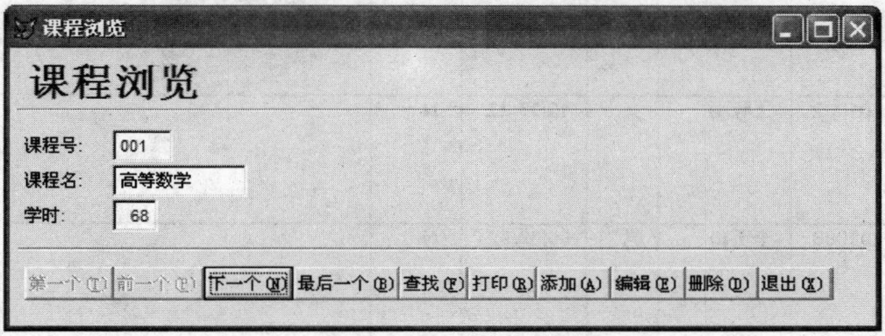

课程浏览

课程浏览

课程号: 001

课程名: 高等数学

学时: 68

第一个(T) 前一个(P) 下一个(N) 最后一个(B) 查找(F) 打印(R) 添加(A) 编辑(E) 删除(D) 退出(X)

图 13-11　“课程”表单

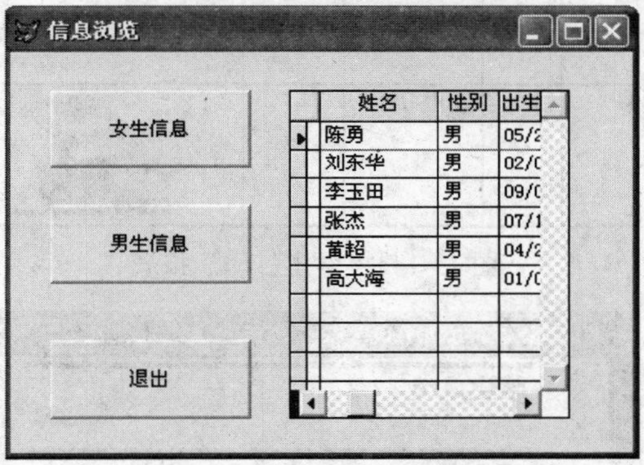

信息浏览

女生信息

男生信息

退出

姓名	性别	出生
陈勇	男	05/2
刘东华	男	02/0
李玉田	男	09/0
张杰	男	07/1
黄超	男	04/2
高大海	男	01/0

图 13-12　“男女信息”表单

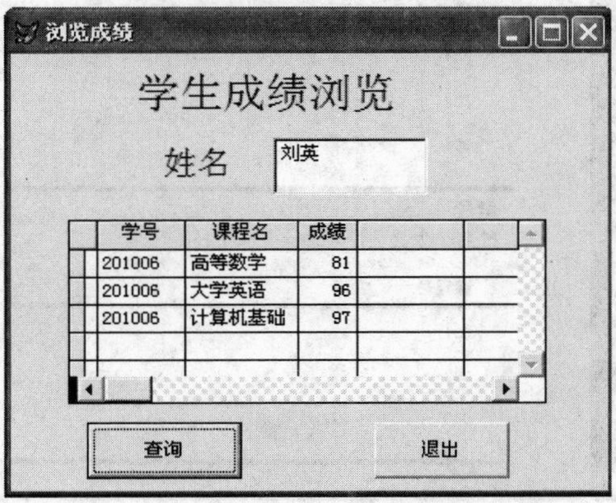

浏览成绩

学生成绩浏览

姓名 刘英

学号	课程名	成绩
201006	高等数学	81
201006	大学英语	96
201006	计算机基础	97

查询　退出

图 13-13　“成绩浏览”表单

13.3.9 报表

本系统提供了要打印输出的两个报表，分别为“学生打印”和“成绩打印”报表，如图 13-14、图 13-15 所示。具体做法参照第 11 章的例题。

学生
12/15/10

学号	姓名	性别	出生日期	党员	照片
201001	陈勇	男	05/29/90	Y	
201002	王晓丽	女	12/03/92	N	
201003	李玉田	男	09/09/92	N	
201004	高大海	男	01/01/89	N	
201005	于丽莉	女	10/11/90	N	

图 13-14 “学生打印”报表

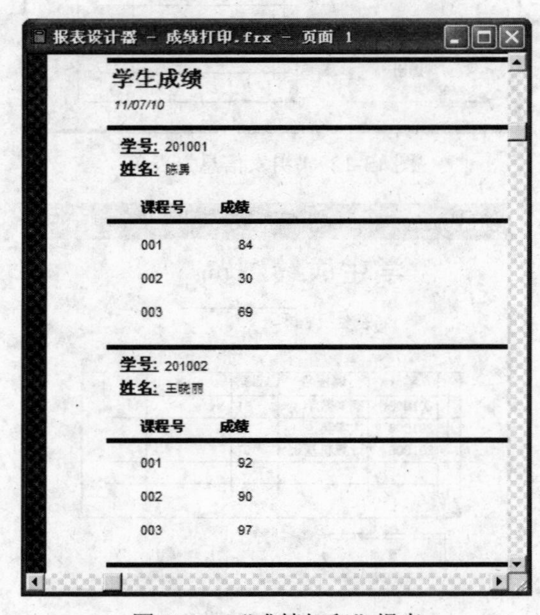

图 13-15 “成绩打印”报表

13.3.10 连编应用程序及生成可执行文件

分别调试各个模块，并确定项目中要排除或包含的文件，然后在项目管理器中单击“连编”按钮，在“连编项目”对话框中选择“重新连编项目”选项，若没有错误，则可以选择“连编为可执行文件”选项，在随后出现的“另存为”对话框中输入可执行文件名“学生管理系统.EXE”。

13.3.11 运行应用程序

双击“学生管理系统.EXE”文件，进入运行状态，检查系统是否能够正常运行，若出现问题，则可重新进入 VFP 系统进行修改，再连编运行直至正常，“学生管理系统”主界面如图 13-16 所示。

图 13-16 “学生管理系统”主界面

本章小结

本章主要介绍了数据库系统开发的步骤，以及如何用 VFP 开发一个应用系统“学生管理系统”，最终生成一个可在 Windows 环境下直接运行的可执行文件。

综合练习

一、选择

1．在 VFP 系统中，如果要使某个文件在连编后的应用程序中不能被修改，那么该文件应设置为（　　）。

A．包含　　B．排除　　C．更改　　D．主文件

2．VFP 应用程序连编后可生成.APP 和.EXE 两种类型，下列说法正确的是（　　）。

A．.APP 应用程序只能在 Windows 环境下运行

B．.APP 应用程序既可以在 Windows 环境下运行，也可以在 VFP 环境下运行

C．.EXE 应用程序只能在 Windows 环境下运行

D．EXE 应用程序既可以在 Windows 环境下运行，也可以在 VFP 环境下运行

3．在连编 VFP 应用程序前应正确设置文件的“排除”与“包含”，下列说法正确的是（　　）。

A．排除是指将该文件从项目中删除

B．包含是指将该文件添加到项目中

C．包含是指将项目连编成应用程序后，所有标记为“包含”的文件都可以被修改

D．以上都不对

二、填空

1．一个 VFP 应用程序只有一个主文件，当重新设置主文件后，原来的设置将（　　）。

2．应用程序（　　）既可以在 Windows 环境下运行，也可以在 VFP 环境下运行。

附录 A　Visual FoxPro 6.0 常用函数

函数	用途
&	宏代换函数
ABS ()	计算并返回绝对值
ACLASS ()	将对象的类名放置于数组中
ACOPY ()	复制数组
ACOS ()	计算并返回弧度制余弦值
ADATABASES ()	将打开的数据库的名字存入数组
ADBOBJECTS ()	将当前数据库中表等对象的名字存入数组
ADEL ()	删除一维数组元素，或二维数组的行或列
ADIR ()	将文件信息存入数组中并返回文件数
AELEMENT ()	通过数组下标返回数组元素号
AERROR ()	创建包含 VFP、OLE 或 ODBC 错误信息的数组
ARELDS ()	将当前表的结构存入数组中，并返回字段数
AINS ()	一维数组插入元素，二维数组插入行或列
ALEN ()	返回数组中元素、行或列数
ALIAS ()	返回表的别名，或指定工作区的别名
ALLTRIM ()	删除字符串前后空格
AMEMBERS ()	将对象的属性、过程、对象成员名代入数组
APRINTERS ()	将 Windows 打印管理器中当前打印机名存入数组
ASC ()	取字符串最左边字符的 ASCII 码值
ASCAN ()	在数组中查找指定的表达式
ASELOBJ ()	将表单设计器当前控件的对象引用存入数组
ASIN ()	计算并返回反正弦值
ASORT ()	将数组元素排序
ASUBSCRIPT ()	计算并返回数组元素行或列的下标
AT ()	求子字符串起始位置
AT_C ()	主要用于双字节字符表达式，对于单字节同 AT
ATAN ()	计算并返回反正切值
ATC ()	类似 AT，但不分大小写
ATCC ()	类似 AT_C，但不分大小写
ATCLINE ()	查找并返回子串行号函数
ATLINE ()	查找并返回子串行号函数，但不分大小写
AUSED ()	将表的别名和工作区存入数组

BAR ()	返回所选弹出式菜单或 VFP 菜单命令项号
BETWEEN ()	确定表达式值是否在其他两个表达式值之间
BINTOC ()	将整型值转换为二进制字符
BITAND ()	返回两个数字按二进制与的结果
BITCLEAR ()	清除数值表达式中的二进制指定位并返回结果值
BITLSHIFT ()	返回数值表达式中二进制左移结果
BITNOT ()	返回数字按二进制 NOT 操作的结果
BITOR ()	计算并返回两个数值进行 OR 操作的结果
BITRSHIFT()	返回数值表达式中二进制右移结果
BOF ()	记录指针移动到文件头否
CANDIDATE ()	索引标识是否是候选索引
CAPSLOCK ()	设置并返回 CapsLock 键的当前状态
CDOW ()	从日期或日期时间返回英文星期几
CDX ()	返回复合索引文件名
CEILING ()	计算并返回大于或等于数值表达式的下一个整数
CHR ()	返回 ASCII 码相应字符
CHRSAW ()	确定键盘缓冲区是否有字符
CHRTRAN ()	替换字符
CMONTH ()	从日期或日期时间返回英文月份
CNTBAR ()	返回用户自定义菜单项数
CNTPAD ()	返回菜单标题数
COL ()	返回光标当前列的位置
COMPOBJ ()	比较两个对象属性是否相同
COS ()	计算并返回余弦值
CPCONVERT ()	将备注型字段或字符表达式转换为另一代码页
CPDBF ()	返回做过标记的打开表的代码页
CREATEOBJECT ()	从类定义或 OLE 创建对象
CREAJEOFFLINE()	取消存在的视图
CTOD ()	将日期字符串转换为日期型
CTOT ()	从字符表达式返回日期时间
CURDIR ()	返回当前的目录或文件夹名
CURSORGETPROP()	返回为表或临时表设置的当前属性
CURSORSETPROP ()	为表或临时表设置属性
CURVAL ()	直接从磁盘返回字段值
DATE ()	返回当前系统日期
DATETIME ()	返回当前日期和时间
DAY ()	返回日期型和日期时间型的天数
DBC ()	返回当前数据库名字和路径
DBF ()	指定工作区中的表名

DBGETPROP ()	返回当前数据库、字段、表或视图的属性
DBSETPROP ()	为当前数据库、字段、表或视图设置属性
DBUSED ()	用于测试数据库是否打开
DDEAbort Trans()	结束 DDE（动态数据交换）事务处理
DDEAdvise ()	建立一个用于动态数据交换的通报链接或自动链接
DDEEnabled ()	允许或禁止 DDE 处理或返回 DDE 状态
DDEExecute ()	利用 DDE 执行服务器的命令
DDEInitiate ()	建立 DDE 通道
DDELastError ()	返回最后一次 DDE 函数的错误
DDEPoke ()	在客户和服务器之间传送数据
DDERequest ()	用 DDE 向服务器程序获取数据
DDESetoption ()	改变或返回 DDE 的设置
DDESetService ()	创建、释放或修改 DDE 服务名和设置
DDETerminate ()	关闭 DDE 通道
DELETED ()	返回指示当前记录是否有删除标记
DIFFERENCE ()	返回 0～4 之间的值，表示两个字符串拼法的区别
DISKSPACE ()	返回磁盘可用空间字节数
DMY ()	从日期或日期时间中返回日月年的格式
DOW ()	返回星期几
DTOC ()	将日期型转为字符型
DTOR ()	将度转为弧度
DTOS ()	从日期或日期时间中返回 yyyymmdd 格式的日期
DTOT ()	从日期表达式返回日期时间的值
EMPTY ()	确定表达式是否为空
EOF ()	测试记录指针是否在表尾后
ERROR ()	返回错误号
EVALUATE ()	计算并返回表达式的值
EXP ()	计算并返回指数值
FCHSIZE ()	改变文件的大小
FCLOSE ()	刷新并关闭文件或通信口
FCOUNT ()	返回字段数
FCREATE ()	创建并打开低级文件
FDAIE ()	用途返回最后修改日期或日期时间
FEOF ()	确定指针是否指向文件尾部
FERROR ()	返回执行文件的出错信息号
FFLUSH ()	将打开的文件刷新到磁盘
FGETS ()	取文件内容
HFLD ()	返回表中某个字段名
FILE ()	测试文件名是否存在

FILTER ()	返回由 SET FILTER 中设置的过滤器表达式
FKLABEL ()	返回功能键名（如 F1、F2、F3 等）
FKMAX ()	返回键盘中可编程功能键个数
FLOCK ()	试图对当前表或指定表加锁
FLOOR ()	计算并返回小于或等于指定数值的最大整数
FONTMETRIC ()	返回当前安装的操作系统字体，返回字体属性
FOPEN ()	打开文件
FOR ()	返回索引表达式
FOUND ()	测试最近一次搜索数据是否成功
FPUTS ()	向文件中写内容
FREAD ()	读文件内容
FSEEK ()	移动文件指针
FSIZE ()	指定字段字节数
FTIME ()	返回文件最后修改时间
FULLPATH ()	返回路径函数
FV ()	计算并返回未来值函数
FWRITE ()	将字符串写入文件
GETBAR ()	返回菜单项数
GETCOLOR ()	显示窗口颜色对话框，返回所选颜色数
GETCP ()	显示代码页对话框
GETDIR ()	显示选择目录对话框
GETENV ()	返回指定的 MS-DOS 环境变量内容
GETFILE ()	显示打开对话框，返回所选文件名
GETFLDSTATE ()	表或临时表的字段被编辑返回数字
GETFONT ()	显示字体对话框，返回选取的字体名
GETOBJECT ()	激活自动对象，创建对象引用
GETPAD ()	返回菜单标题
GETPEM ()	返回属性值或事件或方法程序的代码
GETPRINTER ()	显示打印对话框，返回所选打印机名
GOMONTH ()	返回指定月的日期
HEADER ()	返回当前表或指定表头部字节数
HOME ()	返回 VFP 和 Visual Studio 目录名
HOUR ()	返回小时
IIF ()	根据逻辑表达式，返回两个指定值之一
INDBC ()	测试指定的数据库是当前数据库，返回.T.
INKEY ()	返回所按键的 ASCII 码
INLIST ()	测试表达式是否在表达式清单中
INSMODE ()	返回或设置 INSERT 方式
INT ()	计算并取整

ISALPHA ()	测试字符串是否以数字开头
ISBLANK ()	确定表达式是否有空格
ISCOLOR ()	测试是否在彩色方式下运行
ISEXCLUSIVE ()	测试表或数据库独占打开返回.T.
ISLOWER ()	确定字符串是否以小写字母开头
ISMOUSE ()	测试有鼠标硬件返回.T.
ISNULL ()	测试表达式是 NULL 值返回.T.
ISREADONLY()	测试决定表是否只读打开
ISRLOCKED ()	测试返回记录锁定状态
ISUPPER ()	确定字符串是否以大写字母开头
JUSTRATH ()	返回路径
KEY ()	返回索引关键表达式
KEYMATCH ()	搜索索引标识或索引文件
LASTKEY ()	返回取最后按键值
LEFT ()	从字符串的最左边字符取出子串
LEFTC ()	从字符串的最左边字符取出子串，用于双字节字符
LEN ()	返回字符串长度函数
LENC ()	返回字符串长度函数，主要用于双字节字符
LIKE ()	字符串包含函数
LIKEC ()	确定字符串包含函数，主要用于双字节字符
LINENO ()	返回从主程序开始的程序执行的行号
LOADPICTURE ()	创建图形对象引用
LOCFILE ()	查找磁盘中的文件函数
LOCK ()	对表中的当前记录加锁
LOG ()	计算并求自然对数函数
LOG10 ()	计算并求常用对数函数
LOOKUP ()	搜索表中匹配的第 1 个记录
LOWER ()	将大写转换为小写
LTRIM ()	删除字符串前导空格
LUPDATE ()	返回表的最后修改日期
MAX ()	计算并求最大值
MCOL ()	返回鼠标指针在窗口中列的位置
MDX ()	返回由序号.CDX 索引的文件名
MDY ()	将日期或日期时间转换为月日年的格式
MEMLINES ()	返回备注型字段行数
MEMORY ()	返回内存可用空间
MENU ()	返回活动菜单项名
MESSAGE ()	以字符串形式返回当前出错信息
MESSAGEBOX ()	显示用户定义的信息对话框

MIN ()	计算并返回最小值函数
MINUTE ()	从日期时间表达式返回分钟
MLINE ()	从备注型字段返回指定行
MOD ()	将两数值表达式相除返回余数
MONTH ()	从日期时间表达式返回月份函数
MRKBAR ()	确定菜单项是否做选择标识
MRKPAD ()	确定菜单标题是否做选择标识
MROW ()	返回鼠标指针在窗口中列的位置
MTON ()	从货币表达式返回数值
MWINDOW ()	鼠标指针是否指定在窗口内
NDX ()	返回索引文件名
NTOM ()	从数值转换为货币
NUMLOCK ()	返回或设置当前 NumLocks 键的状态
OBJTOCLIENT ()	返回控件或与表单有关的对象的位置或大小
OCCURS ()	返回字符表达式出现的次数
OLDVAL()	返回没有更新的字段值
ON ()	测试并返回发生指定情况时执行的命令
ORDER ()	返回当前控制索引文件或标识名
OS ()	返回操作系统名称的版本号
PAD ()	以大写字母的形式返回菜单标题
PADL ()	返回在表达式左边、右边、两边用字符或空格填充
PARAMETRES ()	返回最近调用程序时传递参数个数
PAYMENT ()	计算并返回分期付款本息额函数
PCOL ()	返回打印机头当前列坐标
PCOUNT ()	返回经过当前程序的参数个数
PEMSTATUS ()	返回属性、事件或方法的特性
PI ()	计算并返回Π常数
POPUP ()	以字符串形式返回活动菜单名
PRIMARY ()	测试主索引标识，返回.T.
PRINTSTATUS ()	测试打印机在线，返回.T.
PRMBAR ()	返回菜单项文本
PRMPAD ()	返回菜单标题文本
PROGRAM ()	返回当前执行程序的程序名
PROMPT ()	返回所选的菜单标题的文本
PROPER ()	从字符串中分离首字母大写、其余字母小写的形式
PROW ()	返回打印机头当前行坐标
PRTINFO ()	返回当前指定的打印机设置
PUTFILE ()	调用 Save As 对话框，返回指定的文件名
RAND ()	返回介于 0～1 之间的一个随机数

RAT ()	返回最后一个子串位置
RECCOUNT ()	返回记录个数
RECNO ()	返回当前记录号
RECSIZE ()	返回记录长度
REFRESH ()	更新数据
RELATION ()	返回关联表达式
REQUERY ()	重新搜索数据
RGB ()	返回颜色值
RIGHT ()	返回字符串的右子串
RLOCK ()	对一个表中的记录加锁
ROUND ()	返回四舍五入数值
ROW ()	返回光标行坐标
RTOD ()	将弧度转化为角度
RTRIM ()	删除字符串尾部的空格
SAVEPICTURE ()	从图片对象创建一个位图文件
SCHEME ()	返回一个颜色对
SCOLS ()	返回屏幕列数函数
SEC ()	返回秒
SECONDS ()	返回经过秒数
SEEK ()	搜索被索引的表中的查找函数
SELECT ()	返回当前工作区号
SET ()	返回指定 SET 命令的状态
SIGN ()	符号函数，返回数值 1、-1 或 0
SIN ()	计算并返回正弦值
SKPBAR ()	确定菜单项是否可用
SKPAD ()	确定菜单标题是否可用
SOUNDEX ()	返回字符串语音表示
SPACE ()	返回产生空格字符串
SQLCANCEL ()	取消执行 SQL 语句查询
SQRT ()	计算并返回平方根
SROWS ()	返回 VFP 主屏幕可用行数
STR ()	将数字型转换成字符型
STUFF ()	用一个字符串置换另一个字符串
SUBSTR ()	从字符串表达式中取子串
SYS (0)	返回网络机器信息
SYS (2)	返回当天的秒数
SYS (5)	默认驱动器函数
SYS (9)	返回 VFP 序列号函数
SYS (12)	返回内存变量函数

SYS (13)	返回打印机状态函数
SYS (14)	返回索引表达式函数
SYS (16)	返回执行程序名函数
SYS (17)	返回中央处理器类型函数
SYS (21)	返回控制索引号函数
SYS (100)	返回 SET CONSOLE 状态函数
SYS (101)	返回 SET DEVICE 状态函数
SYS (102)	返回 SET PRINTER 状态函数
SYS (103)	返回 SET TALK 状态函数
SYS (1001)	返回内存总空间函数
SYS (1016)	返回用户占用内存函数
SYS (1037)	返回打印设置对话框函数
SYS (2001)	指定 SET 命令当前值函数
SYS (2002)	返回光标状态函数
SYS (2003)	返回当前目录函数
SYS (2004)	返回系统路径函数
SYS (2005)	返回当前源文件名函数
SYS (2006)	返回图形卡和显示器函数
SYS (2010)	返回 CONFIG.SYS 中文件设置的个数
SYS (2011)	加锁状态函数
SYS (2015)	返回唯一过程名函数
SYS (2018)	返回错误参数函数
SYS (2019)	返回 VFP 配置文件名和位置函数
SYS (2020)	返回默认盘空间
SYS (2022)	返回指定磁盘的簇中字节数
SYS (2023)	返回临时文件路径
SYS (2029)	返回表类型函数
TAG ()	返回一个.CDX 中的标识名或.IDX 索引文件名
TAGCOUNT ()	返回.CDX 标识或.IDX 索引数
TAGNO ()	返回.CDX 标识或.IDX 索引位置
TAN ()	计算并返回正切函数
TARGET ()	返回被关联表的别名
TIME ()	返回系统时间
TRANSFORM ()	按格式返回字符串
TRIM ()	去掉字符串尾部的空格
TTOC ()	将日期时间转换为字符串的格式
TTOD ()	从日期时间返回日期
TXNLEVEL ()	返回当前处理的级数
TXTWIDTH ()	返回字符表达式的长度

TYPE ()	返回表达式类型
UPDATED ()	如果当前 READ 期间数据发生变化，则返回.T.的值
UPPER ()	将小写字母变为大写字母
USED ()	确定别名是否已用或表被打开
VAL ()	将字符串转换为数字型
VARTYPE ()	返回表达式数据类型
VERSION ()	FoxPro 版本函数
WBORDER ()	确定活动窗口是否有边界函数
WCHILD ()	返回子窗数或名称函数
WCOLS ()	返回窗口列函数
WEEK ()	返回一年的星期数
WEXIST ()	确定窗口是否存在函数
WFONT ()	返回当前窗口的字体的名称、类型和大小
WLAST ()	返回前一窗口是否被激活函数
WLCOL ()	返回窗口列坐标函数
WLROW ()	返回窗口横坐标函数
WMAXIMUM ()	确定窗口是否有最大函数
WMINIMUM ()	确定窗口是否有最小函数
WONTOP ()	确定最前窗口函数
WOUTPUT ()	确定输出窗口函数
WPARENT ()	返回活动窗口或父窗函数
WROWS ()	返回活动窗口或指定窗口行数
WTITLE ()	返回活动窗口或指定窗口标题
WVISIBLE ()	确定窗口是否被激活并且未隐藏
YEAR ()	从指定日期或日期时间表达式中返回年份

附录 B Visual Foxpro 6.0 命令概要

命令	功能
#DEFINE … #UNDEF	创建和释放编译时所用的常量
#IF …#ENDIF	功能根据条件编译源代码
IFDEF# # IFNDEF…ENDIF	根据编译常量确定是否编译代码
#INCLUDE	让预处理器去处理指定头文件的内容并合并到程序中
& &	在命令行尾标明注释开始
*	在程序中用星号注释行的开始
\\\|\\	打印并显示文本行
? | ? ?	计算并输出表达式的值
???	把字符表达式输出到打印机
@ … BOX	绘制指定的边角的方框，现用 Shape 控件实现
@… CLASS	创建一个用 READ 激活的控件或对象
@… CLEAR	清除 VFP 的主窗口的部分区域
@… EDIT-编辑框	创建编辑框，现用 EditBox 控件实现
@… FILL	改变屏幕中某一区域内已存在的文本颜色
@… GET -复选框	创建复选框，现用 CheckBox 控件实现
@… GET -组合框	创建组合框，现用 ComboBox 控件实现
@… GET -按钮	创建命令按钮，现用 CommandButton 控件实现
@… GET -列表框	创建列表框，现用 ListBox 控件实现
@… GET -选项按钮	创建选项按钮，现用 OptionGroup 控件实现
@… GET -微调	创建微调控件，现用 Spinner 控件实现
@… GET-文本框	创建文本框，现用 TextBox 控件实现
@…-GET-透明按钮	创建透明命令按钮，现用 CommandButton 控件实现
@… MENU	创建一个菜单，现用菜单设计器和 CREATE MENU 命令实现
@… PROMPT	创建一个菜单栏，现用菜单设计器和 CREATE MENU 命令实现
@… SAY	在指定行列显示或打印，用 Label 控件、TextBox 控件实现
@… SAY-Picture＆OLE	显示图片和 OLE 对象，用 Image、OLE Bound、OLE Container 控件实现
@…SCROLL	在窗口中的区域上、下、左、右移动
@… TO	绘制方框、圆或者椭圆，现用 shape 控件实现
ACCEPT	从显示屏接受字符串，现用 TextBox 控件实现

ACTIVATE MENU	显示并激活一个菜单栏
ACTIVATE POPUP	显示并激活一个菜单
ACTIVATE SCREEN	激活 VFP 主窗口
ADD CLASS	添加类定义到．VCX 可视类库中
ALTER TABLE	将一个自由表添加到当前打开的数据库中
ALTER TABLE- SQL	通过编程修改表的结构
APPEND	在表的末尾添加一个或者多个新记录
APPEND FROM	将其他文件中的记录添加到当前表的末尾
APPEND FROM ARRAY	将数组的行作为记录添加到当前表中
APPEND GENERAL	从文件导入 OLE 对象，并将对象置于数据库的通用字段中
APPEND MEMO	将文本文件的内容复制到备注字段中
APPEND PROCEDURES	将文本文件中存储过程添加到当前数据库的存储过程中
ASSERT	若指定的逻辑表达式为假，则显示一个消息框
AVERAGE	计算数值表达式或者数值型字段的算术平均值
BEGIN TRANSACTION	开始一次事务处理
BLANK	清除当前记录中字段的数据
BROWSE	打开浏览窗口并显示当前表记录
BUILD APP	从项目文件中创建．APP 扩展名的应用程序
BUILD DLL	使用项目文件中的类信息创建一个动态链接库
BUILD EXE	从项目文件中创建一个可执行文件
BUILD PROJECT	创建一个项目文件
CALCULATE	对表中的字段或字段表达式执行财务和统计操作
CALL	执行指定的二进制文件、外部命令或外部函数
CANCEL	中断当前运行的 VFP 程序文件的运行
CD|CHDIR	将默认的 VFP 目录改为指定的目录
CHANGE	显示要编辑的字段
CLEAR	清除屏幕或从内存中释放指定项
CLEAR RESOURCES	从内存中清除资源文件
CLOSE	关闭各种类型的文件
CLOSE MEMO	关闭备注编辑窗口
CLOSE TABLES	关闭打开的表
COMPILE	编译程序文件并生成对应的目标文件
COMPILE DATABASE	编译数据库中的存储过程
COMPILE FORM	编译表单对象
CONTINUE	继续执行前面的 LOCATE 命令
COPY FILE	用于复制任意类型的文件
COPY MEMO	将当前记录的备注字段的内容复制到一个文本文件中
COPY PROCEDURES	将当前数据库中的存储过程复制到文本文件中

COPY STRUCTURE EXTENDED	将当前表的结构作为记录复制到新表中
COPY STRUCTURE	复制一个同当前表具有相同结构的空表
COPY TAG	从复合索引文件中的索引标识创建单索引文件.IDX
COPY TO	将当前表中的数据复制到指定新文件中
COPY TO ARRAY	将当前表中的数据复制到数组中
COUNT	统计表的记录个数
CREATE	创建一个新的 VFP 表
CREATE CLASS	打开类设计器，创建新的类定义
CREATE CLASSLIB	创建一个新的、空的可视类库文件
CREATE COLOR SET	从当前颜色选项中设置一个新的颜色集
CREATE CONNECTION	创建一个命名连接，并将其存储在当前数据库中
CREATE CURSOR -SQL	创建临时表
CREATE DATABASE	创建并打开一个数据库
CREATE FORM	打开表单设计器
CREATE LABEL	打开标签设计器制作标签
CREATE MENU	打开菜单设计器创建菜单
CREATE PROJECT	打开项目管理器并创建一个项目
CREATE QUERY	打开查询设计器
CREATE REPORT	在报表设计器中打开一个报表
CREATE REPORT …	快速报表命令，以编程方式创建一个报表
CREATE SCREEN …	快速屏幕命令，以编程方式创建屏幕画面
CREATE SQL VIEW	显示视图设计器，创建一个 SQL 视图
CREATE TABLE -SQL	创建一个具有指定字段的表
CREATE TRIGGER	创建一个表的触发器
CREATE VIEW	从 VFP 环境中建立一个视图文件
DEACTIVATE MENU	撤销用户自定义菜单栏，并将它从屏幕上消除
DEACTIVATE POPUP	关闭用 DEFINE POPUP 创建的菜单
DEACTIVATE WINDOWS	撤销用户自定义窗口，并将它们从屏幕上消除打开 VFP 调试器
DEBUG	打开 VFP 窗口
DEBUGOUT	在“调试输出”窗口中显示表达式的值
DECLEAR	创建一维或二维数组
DEFINE BAR	在 DEFINE POPUP 创建的菜单上创建一个菜单项
DEFINE CLASS	创建用户自定义的类或子类，并同时定义其属性、事件和方法程序
DEFINE BOX	在正文内容周围画一个框
DEFINE MENU	创建一个菜单栏
DEFINE PAD	在菜单栏上创建菜单标题
DEFINE POPUP	创建一个菜单

DEFINE WINDOW	创建一个窗口，并定义其属性
DELETE	为删除的记录做标记
DELETE CONNECTION	从当前的数据库中删除一个命名连接
DELETE DATABASE	从磁盘中删除一个数据库
DELETE FILE	从磁盘中删除一个文件
DELETE TAG	删除复合索引文件.CDX 中的索引标识
DELETE TRIGGER	从当前数据库中删除一个表的触发器
DELETE VIEW	从当前数据库中删除一个 SQL 视图
DIMENSION	创建一维或二维的内存变量数组
DIR 或 DIRECTORY	显示一个目录或文件夹中的文件信息
DISPLAY	显示当前表的信息
DISPLAY CONNECTIONS	显示当前数据库中的命名连接的信息
DISPLAY DATABASE	显示当前数据库的有关信息
DISPLAY DLLS	显示与共享库函数的有关信息
DISPLAY FILES	显示文件的有关信息
DISPLAY MEMORY	显示当前内存或者数组的内容
DISPLAY OBJECTS	显示一个对象或者一组对象的有关信息
DISPLAY PROCEDURES	显示当前数据库中存储过程的名称
DISPLAY STATUS	显示 VFP 环境的状态
DISPLAY STRUCTURE	显示表文件的结构
DISPLAY TABLES	显示当前数据库中的所有表及其相关信息
DISPLAY VIEWS	显示当前数据库中视图的信息
DO	执行一个 VFP 的程序或者过程
DO CASE … ENDCASE	执行第一组条件表达式为真（.T.）下的命令
DOEVENTS	执行所有等待的 Windows 事件
DO FORM	运行已编译的表单或表单集
DO WHILE … ENDDO	根据指定的条件循环运行一组命令
DROP TABLE	将表从数据库中移出，并从磁盘中删除
DROP VIEW	将视图从当前数据库中删除
EDIT	显示要编辑的字段
EIECT	向打印机发送换页符
EJECT PAGE	向打印机发出条件走纸的指令
END TRANSACTION	结束当前事务处理并保存
ERASE	从磁盘中删除一个文件
ERROR	生成一个 VFP 错误信息
EXIT	退出 DO WHILE、FOR 或 SCAN 循环
EXPORT	从表中将数据复制到不同格式的文件中
EXTERNAL	向项目管理器发出未定义的引用
FILER	打开名称为“文件管理器”的文件维护程序

FIND	现用 SEEK 命令
FLUSH	来代替将表和索引所做出的修改存入磁盘
FOR … ENDFOR	将一组命令反复执行
FUNCTION	标识用户自定义函数定义的开始
GATHER	将数组、内存变量组或对象中的数据置换表中当前记录
GETEXPR	建立表达式并将其存储在内存变量或数组元素中
GO|GOTO	移动记录指针到指定的记录号的记录中
HELP	打开帮助窗口
HIDE MENU	隐藏用户自定义的活动菜单栏
HIDE POPUP	隐藏一个或多个用 DEFINE POPUP 命令创建的活动菜单
HIDE WINDOW	隐藏一个活动窗口
IF … ENDIF	根据逻辑表达式，有条件地执行一组命令
IMPORT	从外部文件格式导入数据，创建一个新表
INDEX	创建一个索引文件
INPUT	从键盘输入数据，送入一个内存变量或元素
INSERT	在当前表中插入新记录
INSERT INTO-SQL	在表尾追加指定字段值的记录
JOIN	连接两个已有的表并创建新表
KEYBOARD	将指定的字符表达式存入键盘缓冲区
LABEL	根据表文件定义或打印标签
LIST	连续显示表或者环境信息
LIST CONNECTIONS	连续显示当前数据库中命名联接的有关信息
LIST DATABASE	连续显示当前数据库的有关信息
LIST DLLS	连续显示共享库函数的有关信息
LIST FILES	连续显示文件信息
LIST MEMORY	连续显示变量信息
LIST OBJECTS	连续显示一个或者一组对象的信息
LIST PROCEDURES	连续显示数据库中内部存储过程的名称
LIST STATUS	连续显示状态信息
LIST TABLES	连续显示存储在当前数据库中的所有表及其信息
LIST VIEWS	连续显示当前数据库中的 SQL 视图的信息
LOAD	将二进制文件、外部命令或者外部函数装入内存中
LOCAL	创建本地内存变量或者内存变量数组
LOCATE	顺序查找满足指定逻辑表达式的第一个记录
LPARAMETERS	从调用程序中向一个局部内存变量或数组传递数据
MD|MKDIR	在磁盘上建立一个新目录
MENU	创建菜单系统
MENU TO	激活菜单栏
MODIFY CLASS	打开类设计器，以便修改已定义的类或创建新的类定义

MODIFY COMMAND	打开编辑窗口，以便修改或创建程序文件
MODIFY CONNECTION	打开连接设计器，允许修改已存储在当前数据库中有名称的连接
MODIFY DATABASE	打开数据库设计器,允许用户按交互方式修改当前数据库
MODIFY FILE	打开编辑窗口，修改或创建一个文本文件
MODIFY FORM	打开表单设计器，允许修改或创建表单
MODIFY GENERAL	打开编辑窗口，编辑当前记录中的通用字段
MODIFY LABEL	打开标签设计器，以便修改或创建标签文件
MODIFY MEMO	打开一个编辑窗口，以便编辑备注字段
MODIFY MENU	打开菜单设计器，以便修改或创建菜单系统
MODIFY PROCEDURE	打开文本编辑器，为当前数据库创建或修改存储过程
MODIFY PROJECT	打开项目管理器，以便修改或创建项目文件
MODIFY QUERY	打开查询设计器，以便修改或创建查询
MODIFY REPORT	打开报表设计器，以便修改或创建报表
MODIFY SCREEN	打开表单设计器，以便修改或创建表单
MODIFY STRUCTURE	打开表设计器对话框，允许在对话框中修改表的结构
MODIFY VIEW	显示视图设计器，允许修改已有的 SQL 视图
MODIFY WINDOW	编辑用户定义的窗口
MOUSE	执行单击、双击、移动或拖动鼠标
MOVE POPUP	将菜单移到新的位置
MOVE WINDOW	将窗口移动到新的位置
ON BAR	指定要激活的菜单或菜单栏
ON ERROR	指定发生错误时要执行的命令
ON ESCAPE	确定程序或命令执行期间,指定按 Esc 键时所执行的命令
ON EXIT BAR	确定离开指定的菜单项时执行一个命令
ON KEYLABEL	当按下指定的键（组合键）或单击鼠标时，执行指定的命令
ON PAGE	确定打印输出到达报表指定行或执行 EBJECT PAGE 命令时指定执行的命令
ON PAD	确定选定菜单标题时要激活的菜单或菜单栏
ON READERROR	确定为响应数据输入错误而执行的命令
ON SELECTION BAR	确定选定菜单项时执行的命令
ON SELECTION MENU	确定选定菜单栏的任何菜单标题时执行的命令
ON SELECTION PAD	确定选定菜单栏上的菜单标题时执行的命令
ON SELECTION POPUP	确定选定弹出式菜单的任一菜单项时执行的命令
ON SHUTDOWN	确定当试图退出 VFP 或 Windows 时将执行指定的命令
OPEN DATABASE	打开一个数据库
PACK	永久删除当前表中具有删除标记的记录
PACK DATABASE	删除当前数据库中已做删除标记的记录

PARAMETERS	把调用程序传递过来的数据赋给私有内存变量或数组
PLAY MACRO	执行一个键盘宏
POP KEY	恢复用 PUSH KEY 放入栈中的 ON KEY LABEL 指定的键值
POP POPUP	恢复用 PUSH POPUP 放入栈中的指定的菜单定义
PRINTJOB … ENDPRIN JOB	激活打印作业中系统内存变量的设置
PRIVATE	从当前程序中指定隐藏调用程序中定义的内存变量或数组
PROCEDURE	标识一个过程的开始
PUBLIC	定义全局内存变量或数组
PUSH KEY	将所有当前 ON KEY LABEL 命令设置放入内存堆栈中
PUSH MENU	将菜单定义放入内存的菜单栏定义堆栈中
PUSH POPUP	将菜单定义放入内存的菜单定义堆栈中
QUIT	结束当前运行的 VFP，并把控制返回给操作系统
RD|RMDIR	从磁盘上删除目录
READ	激活控件
READ EVENTS	开始事件处理
READ MENU	激活菜单
RECALL	去掉指定记录的删除标记
REGIONAL	创建局部内存变量和数组
REINDEX	重建当前打开的索引文件
RELEASE	从内存中删除内存变量或数组
RELEASE BAR	从内存中删除指定菜单项或所有菜单项
RELEASE CLASSLIB	关闭包含类定义的可视类库文件
RELEASE MENUS	从内存中删除用户自定义菜单栏
RELEASE MODULE	从内存中删除一个单独的二进制文件、外部命令或外部函数
RELEASE PAD	从内存中删除指定的菜单标题或所有菜单标题
RELEASE POPUPS	从内存中删除指定的菜单或全部菜单
RELEASE PROCEDURE	关闭用 SET PROCEDURE 打开的过程
RELEASE WINDOWS	从内存中删除窗口
RELEASE CLASS	从可视类库中删除类定义
RELEASEI TABLE	从当前数据库中删除一个表
RENAME	将文件名改为新文件名
RENAME CLASS	对包含在可视类库的类定义重新命名
RENAME CONNECTION	给当前数据库中已命名的连接重新命名
RENAME TABLE	更换当前数据库中的表名称
RENAME VIEW	更换当前数据库中的 SQL 视图名称
REPLACE	更新表中记录

REPLACE FROM ARRAY	用数组中的值更新字段数据
REPORT FORM	显示或打印报表
RESTORE FROM	从内存变量文件或备注字段恢复已保存的内存变量和数组
RESTORE MACROS	从键盘宏文件或备注字段中恢复到内存中
RESTORE SCREEN	恢复保存在屏幕缓冲区、内存变量或数组元素中的系统主窗口
RESUME	继续执行被挂起的程序
RETRY	重新执行同一命令
RETURN	将程序控制返回给调用程序
ROLLBACK	放弃当前事务期间所做的任何改变
RUN|!	执行外部操作命令或程序
SAVE MACROS	将键盘宏保存到键盘宏文件中
SAVE SCREEN	把窗口的图像存入屏幕缓冲区、内存变量或数组元素中
SAVE TO	将当前内存变量或数组存入到内存变量文件或备注字段中
SAVE WINDOWS	把指定窗口的定义保存到窗口文件或备注字段中
SCAN … ENDSCAN	移动表的记录指针，并对满足指定条件的记录执行一组命令
SCATTER	把当前记录的数据复制到一组变量或数组中
SCROLL	全屏幕移动主窗口或用户定义的窗口的一个区域
SEEK	查找表中首次出现索引关键字与表达式匹配的记录
SELECT	选择指定的工作区
SELECT-SQL	从表中查询数据
SET	打开数据工作期窗口
SET ALTERNATE	把？、？？、DISPLAY 或 LIST 命令创建的屏幕或打印机输出定向到一个文本文件中
SET AUTOSAVE	当退出 READ 或返回到命令窗口时，确定 VFP 是否把缓冲中的数据保存到磁盘上
SET ANSI	确定 SQL 命令中如何用操作符“＝”对不同长度字符串进行比较
SET BELL	打开或关闭计算机的铃声，并设置铃声属性
SET BLINK	设置闪烁属性或高密度属性
SET BLOCKSIZE	指定 VFP 如何为保存备注字段分配磁盘空间
SET BORDER	确定为创建的方框、菜单和窗口定义边框
SET CARRY	确定是否将当前记录的数据送到新记录中
SET CENTURY	确定是否显示日期表达式的“世纪”部分
SET CLASSLIB	打开一个包含类定义的可视类库
SET CLEAR	确定是否清除 VFP 主窗口

SET CLOCK ON|OFF	确定是否显示系统时钟
SET COLLAYE	指定在后续索引和排序操作中字符字段的排序顺序
SET COLOR OFF	指定用户自定义菜单和窗口的颜色
SET COLOR OF SCHEME	指定调色板中的颜色
SET COLOR SET	加载已定义的颜色集
SET COLOR TO	指定用户自定义菜单和窗口的颜色
SET COMRATIBLE	控制与 FoxBASE＋以及其他 xBASE 语言的兼容性
SET CONFIRM ON|OFF	确定是否通过在文本框中输入最后一个字符来退出文本框
SETCONSOLE ON|OFF	启用或停止从程序内向窗口的输出
SET CPCOMPILE	指定编译程序的代码页
SET CPDIALOG ON|0FF	打开表时，指定是否显示“代码页”对话框
SET CURRENCY TO	定义货币符号，并且指定表达式中的显示位置
SET CURSOR ON|OFF	当 VFP 等待输入时，确定是否显示插入点
SET DATEBASE	指定当前的数据库
SET DATASESSION	激活指定的表单的数据工作期
SET DATE	指定日期和日期时间表达式的显示格式
SET DEBUG ON|OFF	控制能否从菜单系统中打开调试窗口和跟踪窗口
SET DEBUGOUT	将调试结果输出到文件
SET DECIMALS TO	显示数值表达式时，指定小数位数
SET DEFAULT TO	指定默认驱动器、目录和文件夹
SET DELETED ON|OFF	指定是否处理带有删除标记的记录
SET DEVELOPMENT ON|OFF	在运行程序时，比较目标文件的编译时间与程序的创建日期时间
SET DEVICE	指定@…AY 产生的输出定向到屏幕、打印机或文件中
SET DISPLAY	改变监视器上的当前显示方式
SET DOHISTORY	把程序中执行过的命令放入命令窗口或文本中
SET ESCAPE ON|OFF	确定按下 Esc 键时，中断所执行的程序和命令
SET EVENTLIST	确定调试时跟踪的事件
SET EVENTTRACKING	开启或关闭事件跟踪，或将事件跟踪结果输出到文件
SET EXACT ON|OFF	确定精确或模糊规则，比较两个不同长度的字符串
SET EXCLUSIVE	指定 VFP 以独占方式还是以共享方式打开表
SET FDOW	指定一个星期中的第一天
SET FIELDS ON|OFF	指定表中可以存取的字段
SET FILTER	指定访问当前表中记录时必须满足的条件
SET FIXED ON|OFF	确定数值数据显示时，指定小数位数是否固定
SET FORMAT TO	打开 APPEND、CHANG、EDIT 和 INSERT 等命令格式
SET FULLPATH	指定 CDX()、DBF()、IDX()和 NDX()是否返回文件名的路径

SET FUNCTION	将表达式（键盘宏）赋给功能键或组合键
SET FWEEK	指定一年的第一个星期的条件
SET HEADING ON|OFF	指定 TYPE 命令显示文件内容时，是否显示字段的列标头
SET HELP ON|OFF	确定 VFP 的联机帮助功能是否可用
SET HELPFILTER	在帮助窗口显示.DBF 风格的帮助主题
SET HOURS	设置系统时钟为 12 或 24 小时格式
SET INDEX ON|OFF	打开索引文件
SET KEY	确定基于索引键的访问记录范围
SET KEYCOMP ON|OFF	控制 VFP 的击键位置
SET LIBRARY	打开一个外部 API（应用程序接口）库文件
SET LOCK ON|OFF	打开或关闭某些文件的自动锁定命令
SET LOGERRORS ON|OFF	确定 VFP 是否将编译错误消息送到一个文本文件中
SET MACKEY	显示“宏键定义”对话框的单个键或组合键
SET MARGIN TO	设置打印机左边距，并对所有定向到打印机的输出都起作用
SET MARK OF	为菜单标题或菜单项显示或清除指定标记字符
SET MARK TO	指定日期表达式显示时的分隔符
SET MEMOWINTH	指定备注字段和字符表达式的显示宽度
SET MESSAGE	确定在 VFP 主窗口或图形状态栏中显示的信息
SET MOUSE	设置鼠标能否使用，并控制鼠标的灵敏度
SET MULTILOCKS ON|OFF	确定是否用 LOCK()或 RLOCK()锁住多个记录
SET NEAR ON|OFF	当 FIND 或 SEEK 查找不成功时，确定记录指针停留的位置
SET NOCPTRANS	防止打开表中的选定字段转到另一个代码页
SET NOTIFY ON|OFF	确定显示某种系统信息
SET NULL ON|OFF	确定 ALTER TABLE、CREATE TABLE 和 INSERT-SQL 命令是否支持 NULL 值
SET NULLDISPLAY	指定 NULL 值显示时对应的字符串
SET ODOMETER	确定处理记录的命令设置计数器的进展间隔
SET OLEOBJECT	在找不到对象时，用于确定是否搜索 OLE Registry
SET ORDER	指定表的控制索引文件或索引标识
SET PALETTE	使用 VFP 使用默认调色板
SET PATH	指定文件搜索路径
SET POINT	确定显示数值表达式或货币表达式时，确定小数点字符
SET PRINTER	确定输出到打印机
SET PROCEDURE	打开一个过程文件
SET READBORDER	确定是否在@…GET 创建的文本框周围放上边框
SET REFRESH	确定浏览窗口，是否更新网络上其他用户的修改记录

SET RELATION	建立两个或多个已打开的表之间的关系
SET RELATION OFF	清除当前选定工作区父表与相关子表之间已建立的关系
SET REPROCESS	确定一次锁定尝试不成功时，再尝试加锁的次数或时间
SET RESOURCE	指定或更新资源文件
SET SAFETY ON|OFF	确定在改写已有文件之前，确定是否显示对话框
SET SECONDS ON|OFF	确定时间部分的秒是否在日期时间值显示
SET SEPARATOR	在小数点左边，每三位数一组用分隔字符
SET SHADOWS	给窗口、菜单、对话框和警告信息放上阴影
SET SKIP TO	在表之间建立一对多的关系
SET SKIP OF	使用用户自定义菜单或系统菜单的菜单栏、菜单标题或菜单项
SET SPACE ON|OFF	确定使用“？”或“？？”命令时，在字段或表达式之间是否显示空格
SET STATUS ON|OFF	显示或清除字符表示的状态栏
SET STATUS BAR	显示或清除图形状态栏
SET STEP	为程序调试打开跟踪窗口并挂起程序
SET STICKY	在选择菜单项按 Esc 键或单击前，保持菜单下拉状态
SET SYSFORMAT ON|OFF	确定是否随当前 Windows 系统设置而更新
SET SYSMENU ON|OFF	确定在程序运行期间，是否使用 VFP 系统菜单栏
SET TALK ON|OFF	确定是否显示命令结果
SET TEXTMERGE ON|OFF	确定是否对文本合并分隔符括起的内容进行计算
SET TEXTMERGE DELIMETERS	指定文本合并分隔符
SET TOPIC	调用 VFP 帮助系统时，指定打开的帮助主题
SET TOPIC ID	调用 VFP 帮助系统时，指定显示的帮助主题
SET TRBETWEEN	在跟踪窗口的断点之间启用或废止跟踪
SET TYPEAHEAD	指定键盘输入缓冲区可以储存的最大字符数
SET UDFPARMS	确定参数传递方式
SET UNIQUE ON|OFF	确定索引关键字是否可以有重复记录保留在索引文件中
SET VIEW ON|OFF	打开或关闭数据工作期窗口，或从一个视图文件中恢复系统环境
SET WINDOW OF MEMO	指定备注字段的编辑窗口
SHOW GET	重新显示指定到内存变量、数组元素或字段的控件
SHOW GETS	重新显示所有控件
SHOW MENU	显示一个或多个用户自定义菜单栏，但不激活
SHOW OBJECT	重新显示指定控件
SHOW POPUP	显示一个或多个用户定义的菜单，但不激活

SHOW WINDOW	显示一个或多个用户定义窗口，但不激活
SIZE POPUP	改变用 DEFINE POPUP 创建的菜单的大小
SIZE WINDOW	改变窗口的大小
SKIP	使记录指针在表中向前或向后移动
SORT	对当前表排序，并将排序后的记录输出到一个新表中
STORE	将数据储存到内存变量、数组或数组元素中
SUM	对当前表的指定数值字段或全部数值字段进行求和
SUSPEND	暂停程序的执行，并返回到 VFP 交互状态
TEXT … ENDTEXT	输出文本行、表达式和函数的结果
TOTAL	计算当前表中数值字段的总和
TYPE	显示文件的内容
UNLOCK	对表中一个或多个记录解除锁定，或解除文件锁定
UPDATE	用其他表的数据更新当前工作区中打开的表
UPDATE-SQL	以新值更新表中的记录
USE	打开表及其相关索引文件或打开一个 SQL 视图，关闭表
VALIDATE DATABASE	确保当前数据库中表和索引位置的正确性
WAIT	显示一条信息并暂停 VFP 的执行
WITH … ENDWITH	指定对象的多个属性
ZAP	将表中的所有记录删除，只保留表的结构
ZOOM WINDOW	改变用户自定义窗口或系统窗口的大小及位置

参 考 文 献

[1] 祝胜林．数据库原理与应用（VFP）．广州：华南理工大学出版社，2008.

[2] 郑阿奇．Visual FoxPro 实用教程．3 版．北京：电子工业出版社，2008.

[3] 周山芙．数据库程序设计教程（Visual FoxPro 6.0）．北京：中国人民大学出版社，2008.

[4] 朱欣娟．基于 VFP 和 SQL 的数据库技术及应用．西安：西安电子科技大学出版社，2008.

[5] 邓超成．Visual FoxPro 基础．北京：科学出版社，2009.

[6] 安晓飞，张岩．Visual FoxPro 数据库设计与应用实训．北京：机械工业出版社，2010.

[7] 全国计算机考试命题研究组．Visual FoxPro 数据库设计二级辅导．北京：机械工业出版社，2010.